COMO NÓS ESTAMOS
DESTRUINDO
O PLANETA

Os fatos visualmente explicados em infográficos

COMO NÓS ESTAMOS DESTRUINDO O PLANETA

Os fatos visualmente explicados em infográficos

Tony Juniper

Tradução:
André Botelho

Editora Senac São Paulo – São Paulo – 2019

Nota do editor

Enfrentamos graves problemas ambientais em nosso planeta como resultado da atividade humana nas últimas décadas. Entender o que gerou tal contexto, suas causas e consequências é de suma importância para que possamos contribuir para a sustentabilidade do meio ambiente e também exigir condutas mais responsáveis de empresas e governos.

Com esse objetivo, o ambientalista Tony Juniper traça, nesta publicação, um panorama do meio ambiente hoje, explicando, na primeira parte do livro, quais foram as atividades humanas que ocasionaram as principais mudanças ambientais que nos desafiam atualmente. Na segunda parte, o autor expõe as repercussões desse processo e, na terceira, nos conta quais esforços têm sido feitos para minimizar o impacto ambiental, apontando projeções para os próximos anos e medidas para a contenção de danos ao planeta, estabelecidas entre diferentes países, a fim de assegurar um futuro mais sustentável a todos. Todo esse conteúdo é ilustrado por infográficos, recurso didático que dinamiza e facilita a compreensão das informações.

Ao publicar este livro, o Senac São Paulo visa criar subsídios para que mais pessoas possam se conscientizar e se mobilizar em prol do ambiente, agindo a favor da sustentabilidade.

08–13 Introdução

1 Fatores da mudança

16–17 EXPLOSÃO POPULACIONAL
18–19 Mudança populacional
20–21 Vidas mais longas
22–23 Diminuindo o ritmo

24–25 EXPANSÃO ECONÔMICA
26–27 O que é PIB?
28–29 Enriquecimento
30–31 Empresas *versus* nações
32–33 Mudança no poder global
34–35 Benefícios do comércio exterior
36–37 Dívida mundial

38–39 PLANETA DE CIDADES
40–41 Ascensão das megalópoles
42–43 Impactos urbanos

44–45 COMBUSTÍVEL PARA CRESCER
46–47 Explosão da demanda
48–49 Mundo sedento por energia
50–51 Pegada de carbono
52–53 Revolução renovável
54–55 Como funciona a energia solar
56–57 Energia eólica
58–59 Energia das ondas e maremotriz
60–61 Dilema energético

62–63 APETITE DESENFRADO
64–65 Planeta agropecuário
66–67 Explosão dos fertilizantes
68–69 Desafio do controle de pragas
70–71 Como alimentos são desperdiçados
72–73 Alimentando o mundo
74–75 Ameaças à segurança alimentar

76–77 PLANETA SEDENTO
78–79 Escassez de água doce
80–81 Ciclo da água
82–83 Pegada hídrica

84–85 PAIXÃO PELO CONSUMO
86–87 Crescimento do consumismo
88–89 Mundo do desperdício
90–91 Para onde vai tudo isso?
92–93 Coquetel químico

2 Consequências da mudança

96–97	**ERA GLOBAL**	134–135	Circuitos de retorno
98–99	Tecnologia móvel	136–137	Quanto ainda podemos queir
100–101	Voando alto	138–139	Dilema do carbono
		140–141	Ciclo do carbono
102–103	**UMA VIDA MELHOR PARA AS PESSOAS**	142–143	Metas para o futuro
		144–145	Ar tóxico
104–105	Água limpa e saneamento	146–147	Chuva ácida
106–107	Ler e escrever	**148–149**	**MUDANÇAS NA TERRA**
108–109	Vida mais saudável	150–151	Desmatamento
110–111	Mundo desigual	152–153	Desertificação
112–113	Corrupção	154–155	Corrida pela terra
114–115	Ascensão do terrorismo		
116–117	População deslocada	**156–157**	**MUDANÇAS NO MAR**
		158–159	Piscicultura
118–119	**MUDANÇAS NA ATMOSFERA**	160–161	Mares ácidos
		162–163	Mares mortos
120–121	Efeito estufa	164–165	Poluição por plásticos
122–123	Um buraco no céu		
124–125	Mundo mais quente	**166–167**	**O GRANDE DECLÍNIO**
126–127	Estações fora de sincronia	168–169	Hotspots de biodiversidade
128–129	Como funcionam os padrões climáticos	170–171	Espécies invasoras
		172–173	Serviços da natureza
130–131	Mundo extremo	174–175	Polinização por insetos
132–133	O limite de 2 graus	176–177	Valor da natureza

3 Domando as curvas

180–181 A GRANDE ACELERAÇÃO
182–183 Fronteiras planetárias
184–185 Efeitos interconectados

186–187 QUAL É O PLANO GLOBAL?
188–189 O que está funcionando?
190–191 Espaços naturais
192–193 Novos objetivos globais

194–195 DANDO FORMA AO FUTURO
196–197 Redução da intensidade de carbono
198–199 Ascensão da tecnologia limpa
200–201 Economia sustentável
202–203 Economia circular
204–205 Uma nova forma de pensar
206–207 Restaurando o futuro

208–213 Glossário
214–218 Índice remissivo
219–223 Referências e agradecimentos

INTRODUÇÃO

Introdução

Nas últimas décadas, os efeitos do crescimento econômico e populacional, aliados à maior demanda por recursos e seus impactos ambientais, vêm deixando suas cicatrizes no planeta. Tais aspectos dão espaço a questões fundamentais acerca do futuro do mundo e de como poderemos ter sucesso em sua gestão e sustentabilidade.

Entender a escala e o escopo das mudanças e as conexões entre elas é vital para compreender nosso mundo atual e antecipar quais serão os próximos passos.

As implicações concernem todas as áreas de nossas vidas, incluindo negócios, mercado financeiro, política, economia, ciência, tecnologia, comportamento e cultura.

Desde a década de 1950, a população global quase triplicou, chegando a 7,4 bilhões em 2016

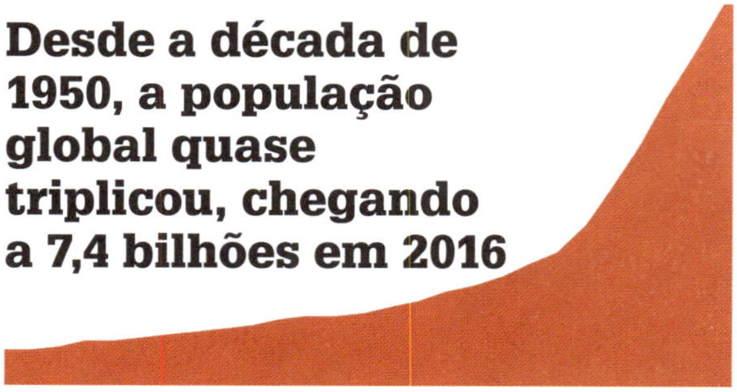

EXPLOSÃO POPULACIONAL

Mais da metade da população mundial vive atualmente em médias ou grandes cidades

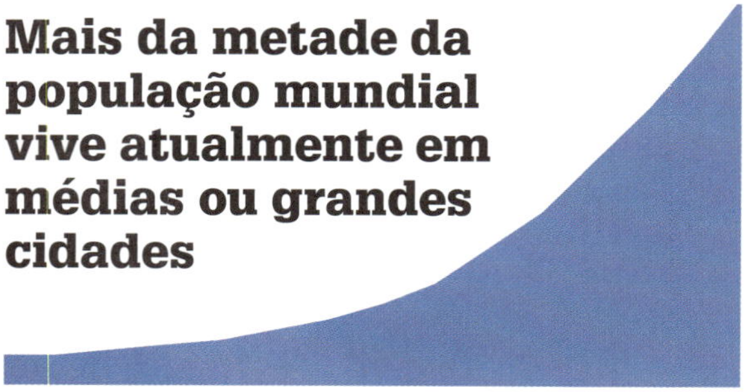

URBANIZAÇÃO DESENFREADA

Explosão populacional

Os fatores responsáveis pelas atuais mudanças que estão formando nosso futuro são fundamentais. O número de pessoas que vive na Terra está crescendo rapidamente. Em 1950, havia 2,5 bilhões de pessoas – esse número já quase triplicou. No futuro, a população deverá crescer a um ritmo de 80 milhões de pessoas por ano, aproximadamente a população atual da Alemanha. Em 2050, a previsão é a de que a população total supere os 9 bilhões. Entretanto, o impacto da população mundial não se relaciona apenas à quantidade de pessoas, mas também aos padrões de vida estabelecidos. Por isso, a rápida expansão da economia global que ocorreu nas últimas décadas é outro fator fundamental, pois permitiu que mais pessoas experimentassem os confortos e benefícios do aumento de renda e de consumo.

Os crescimentos econômico e de padrão de vida foram, em parte, alimentados pela acelerada urbanização e pela gradual mudança das pessoas saindo de zonas rurais e indo para as áreas urbanas. Nas últimas décadas, o progresso que começou com a Revolução Industrial na Inglaterra do século XVIII se expandiu para o mundo todo. Em 2007, e pela primeira vez na história da humanidade, mais da metade das pessoas na Terra viviam em ambientes urbanos.

Produção de grãos quadruplicou desde 1950

NECESSIDADES ALIMENTARES EM CRESCIMENTO

Economia global expandiu 10 vezes desde 1950

ACELERADO CRESCIMENTO ECONÔMICO

INTRODUÇÃO

Em 2050, a proporção será de dois terços. A população urbana tende a consumir mais do que a população rural, utilizando mais energia, produtos e gerando mais lixo. Crescimento populacional, desenvolvimento econômico e urbanização convergiram rapidamente, aumentando a demanda de diversos recursos essenciais, como energia, água, alimentos, madeira e minerais.

Progresso e problemas

Apesar das questões sobre nossa efetiva capacidade de aumentar a oferta de recursos para acompanhar a demanda, até agora temos tido absoluto sucesso. Além disso, a maioria dos indicadores sociais também melhorou. Por exemplo, bilhões de pessoas agora têm fornecimento seguro de água, o número de analfabetos diminuiu, o número de pessoas vivendo em pobreza absoluta diminuiu, e diversos indicadores de saúde melhoraram – como mortalidade infantil e doenças infectocontagiosas. Somos atualmente mais conectados globalmente, e bilhões de pessoas agora têm acesso à tecnologia e aos bens de consumo por meio de cadeias de consumo globais.

Porém, paralelamente a esses avanços, há diversas consequências menos positivas. A atmosfera da Terra possui atualmente a concentração mais alta de gases do efeito estufa dos últimos 800 mil anos. Isso já está

Uso de energia quintuplicou desde a década de 1950

CRESCIMENTO NO USO DE COMBUSTÍVEIS FÓSSEIS

Uso de água quintuplicou

AUMENTO DO USO DE ÁGUA DOCE

causando mudanças no clima e gerando condições extremas, maiores custos econômicos e enormes impactos humanitários. A queima de combustíveis fósseis e os incêndios florestais que alimentam as mudanças climáticas também resultam em poluição do ar, o que mata milhões de pessoas a cada ano.

Além disso, o esgotamento de diferentes recursos fundamentais para o bem-estar humano está causando estrangulamentos socioeconômicos, gerando enorme impacto sobre as reservas de peixes e de água doce. A degradação do solo já é um problema global, bem como o desmatamento e a diminuição da diversidade de espécies. A escala da degradação dos ecossistemas significa que uma extinção em massa de animais e plantas está cada dia mais próxima. Talvez a maior perda de diversidade desde que os dinossauros foram exterminados, há 65 milhões de anos. Todas essas mudanças e muitas outras irão afetar cada dia mais o crescimento econômico, e podem reverter a tendência de ganhos sociais.

Salvar o planeta
Uma conscientização crescente desse contexto vem gerando tentativas de buscar soluções. Algumas delas com impactos positivos, embora sua implementação tenha se tornado mais complicada em razão da

Aumento de 10 vezes no consumo de recursos naturais

CRESCIMENTO NO USO DE RECURSOS NATURAIS

Concentrações recordes de gases do efeito estufa na atmosfera

EXPLOSÃO NAS EMISSÕES DE DIÓXIDO DE CARBONO

INTRODUÇÃO

defesa do *status quo* dos interesses atuais, do imediatismo político e da corrupção, que desvia recursos essenciais dos programas ambientais e de desenvolvimento. É cada dia maior a necessidade de se encontrarem formas de superar tais barreiras para reconciliar os aspectos socioeconômicos e ambientais, tão interconectados.

Felizmente, há muita informação, muitos dados, análises e exemplos que demonstram o que pode ser feito daqui para a frente. Não vai ser nada fácil construir bases adequadas para o futuro, mas entender o impacto amplo dos fatores e suas consequências diretas é um ponto de partida fundamental para todos os que desejam participar ativamente na busca de soluções positivas e sustentáveis nos próximos anos.

Pensando no futuro

Junto a muitos outros objetivos e metas, o futuro será determinado pela implementação dos Objetivos de Desenvolvimento Sustentável e do Acordo de Paris sobre as Mudanças Climáticas, ambos adotados em 2015. Em 2020, o mundo também adotará um novo acordo durante a Convenção sobre Diversidade Biológica das Nações Unidas para impedir a extinção em massa da fauna e flora selvagens que está acontecendo

Mais que quadruplicou a captura de peixes

EXTRAÇÃO DE PEIXES DOS OCEANOS

Aceleração na integração global via crescimento da internet

CRESCIMENTO DA GLOBALIZAÇÃO

atualmente. Para atingir seus objetivos de progresso ambientalmente sustentável, serão necessários novos níveis de cooperação internacional, tecnologia e modelos de negócios, além de uma nova forma de pensar sobre economia e prioridades políticas.

Tudo isso irá requerer uma compreensão ampla do mundo atual – e esse é o objetivo deste livro. Você encontrará nas páginas a seguir um panorama do que está acontecendo no planeta Terra, explicando os fatos que motivam muitas questões críticas. Foram utilizados os dados e as informações mais recentes disponíveis para garantir que as tendências atuais e suas consequências sejam claramente explicadas e compreendidas.

Desejo que os leitores encontrem recursos ao mesmo tempo acessíveis e inspiradores, e que os utilizem para se empoderar e iluminar seus caminhos para, juntos, escrevermos os próximos capítulos da história da humanidade.

DR. TONY JUNIPER

Duplicou o consumo da produção renovável da Terra

AUMENTO DO USO DA TERRA POR HUMANOS

Extinção em massa de fauna e flora cresce

REDUÇÃO DAS ESPÉCIES

"Os **grandes desafios da nossa era,** como a mudança climática e o apetite crescente da **população em acelerada expansão** em nosso planeta buscando água limpa e energia, requerem **soluções científicas e de engenharia,** bem como soluções políticas".

PROFESSOR BRIAN COX, FÍSICO E APRESENTADOR BRITÂNICO

 Explosão populacional

 Expansão econômica

 Planeta de cidades

 Combustível para crescer

 Apetite crescente

 Sede mundial

 Paixões dos consumidores

1 FATORES DA MUDANÇA

Uma rápida mudança é motivada por diversas tendências interconectadas e de extremo poder. Juntas elas estão transformando os impactos que a humanidade exerce sobre os sistemas naturais que sustentam a vida.

Explosão populacional

De todas as tendências que estão direcionando as mudanças em nosso mundo, a mais importante talvez seja o rápido crescimento da população humana. Mais pessoas criam mais demanda por alimentos, energia, água e outros recursos, gerando impacto sobre os ambientes naturais e a atmosfera. Embora o ritmo do crescimento agora esteja diminuindo, a população cresceu vertiginosamente durante o século XX. Nossa população continua a crescer ao ritmo de 200 mil pessoas por dia, 80 milhões por ano. A cada ano, o equivalente à população da Alemanha.

Planeta em expansão

O crescimento populacional moderno teve início por volta de 1750, com o aumento da produção e a distribuição de alimentos, baixando os índices de mortalidade no século XVIII. O século XIX trouxe melhores condições sanitárias e outros avanços, que contribuíram para melhorar a saúde pública. No século XX, o crescimento acelerou a um nível nunca antes visto na história. As projeções mostram que seremos 8 bilhões de pessoas em 2024 e mais de 9 bilhões em 2050.

Começa a Grande Aceleração

Por milhares de anos, a população humana da Terra permaneceu muito baixa e sustentável. Essa situação mudou dramaticamente, como se percebe pelo crescimento vertiginoso a partir da metade do século XVIII.

> "O **crescimento populacional** gera impacto sobre os recursos do mundo, levando a um **ponto de ruptura**."

AL GORE, EX-VICE-PRESIDENTE DOS EUA E AMBIENTALISTA

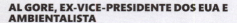

1798
Vacina da varíola (a primeira vacina eficaz do mundo) é introduzida por Edward Jenner

COMEÇO DO SÉCULO XIX
A população mundial chega a 1 bilhão pela primeira vez

FATORES DA MUDANÇA
Explosão populacional

UM MUNDO CRESCENTEMENTE LOTADO

No início do século XIX, a população total do mundo ultrapassou 1 bilhão. Em 1959, a população passou a marca dos 3 bilhões, e chegou a 4 bilhões, quinze anos mais tarde. Em 1987, já havia 5 bilhões de pessoas no planeta, 6 bilhões em 1999 e surpreendentes 7 bilhões em 2011. Atualmente, cinco países concentram mais de 3,4 bilhões de pessoas, quase metade da população mundial total – e o triplo da população da Terra no século XIX.

PAÍSES MAIS POPULOSOS EM MILHÕES, 2016	
CHINA	1.379
ÍNDIA	1.324
ESTADOS UNIDOS DA AMÉRICA	323
INDONÉSIA	261
BRASIL	208

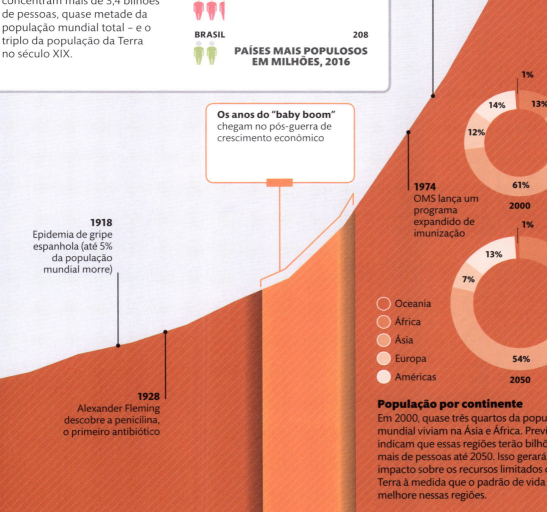

1918 Epidemia de gripe espanhola (até 5% da população mundial morre)

1928 Alexander Fleming descobre a penicilina, o primeiro antibiótico

Os anos do "baby boom" chegam no pós-guerra de crescimento econômico

1974 OMS lança um programa expandido de imunização

1980 População da China atinge 1 bilhão

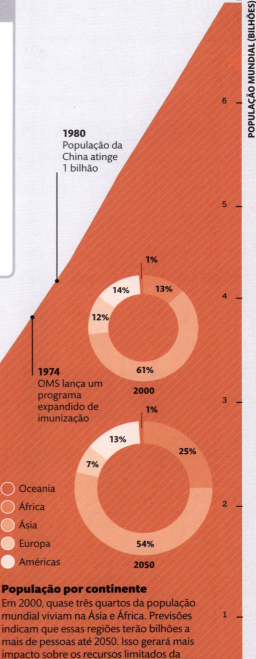

- Oceania
- África
- Ásia
- Europa
- Américas

População por continente
Em 2000, quase três quartos da população mundial viviam na Ásia e África. Previsões indicam que essas regiões terão bilhões a mais de pessoas até 2050. Isso gerará mais impacto sobre os recursos limitados da Terra à medida que o padrão de vida melhore nessas regiões.

Mudança populacional

Desde 1800, a população cresceu em todas as regiões. Houve desaceleração nos países mais ricos, entre 1950 e 1960, com a queda dos índices de natalidade. Porém, o crescimento continuou nos países em desenvolvimento.

Altos índices de natalidade, melhorias nos sistemas de saúde e a influência e os movimentos migratórios de trabalhadores contribuíram para um alto crescimento populacional em todo o mundo. Nos últimos cinco anos, a maior mudança populacional ocorreu no Oriente Médio, onde a promessa de empregos, bem como os conflitos em países vizinhos, resultou em crescimentos de mais de 6% ao ano, nas populações de Omã e do Qatar. Talvez 6% não pareçam muita coisa; porém, a população desses dois países dobrará em doze anos, nesse ritmo.

EUA 0,7%
O crescimento populacional atual adiciona 2,3 milhões de pessoas a cada ano, quase a população de Houston

BRASIL 0,9%
O crescimento populacional brasileiro vem caindo consistentemente desde os anos 1960, reduzindo o ritmo da expansão de sua população

Mudanças no perfil da Terra

Atualmente, as populações em muitos dos países desenvolvidos estão estáveis ou em crescimento, principalmente por conta da imigração. Os maiores aumentos se registram na África, razão pela qual o número de pessoas vivendo no continente deverá mais que triplicar, indo dos atuais 1,2 bilhão para mais de 4 bilhões, em 2100. Em 2050, aproximadamente 90% da população será residente dos países atualmente considerados em desenvolvimento (em comparação aos 80% da atualidade).

% taxa de crescimento 2010–16
- 0–0.9%
- 1–1.9%
- 2–2.9%
- 3–3.9%
- 4–4.9%
- 5–5.9%
- 6–6.9%

QUEM VIVE ONDE, PASSADO E FUTURO

Em 1950, mais de 20% da população mundial vivia na Europa. Até o final deste século, essa proporção deverá ter caído para cerca de 6%. Um cenário oposto é esperado para a África, que deverá abrigar cerca de 40% da humanidade até 2100. Como já ocorreu nos países atualmente desenvolvidos, a queda nos índices de mortalidade deverá ser o principal fator para o crescimento populacional.

Percentual (%) da população mundial
- África
- Europa
- Oceania
- Ásia
- Américas

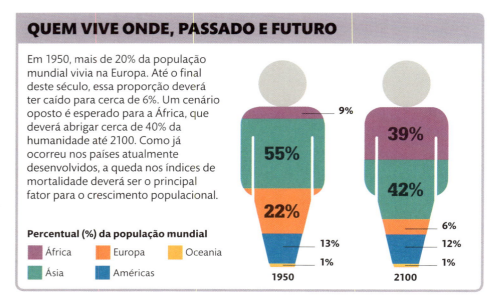

FATORES DA MUDANÇA
Explosão populacional

18 / 19

Centro do mundo

Mais da metade da população mundial vive dentro deste círculo. China e Índia são os dois países mais populosos do mundo, com 1,4 bilhão e 1,3 bilhão, respectivamente. Mais de 260 milhões de pessoas vivem na Indonésia, mais de 90 milhões no Vietnã e quase 70 milhões na Tailândia.

REINO UNIDO 0,8%
Crescimento anual equivalente a 500 mil pessoas, quase o tamanho de Edimburgo

OMÃ 6,2%
Atualmente, tem o maior índice de crescimento populacional do mundo

QATAR 6,1%
Economia atrai ocidentais ricos e trabalhadores imigrantes do oriente, aumentando a população

KUWAIT 5%
70% da população é expatriada, trabalhando mais nos setores de petróleo e construção civil

NÍGER 3,8%
Um índice de fertilidade de mais de 7 filhos por mulher sustenta um alto nível de crescimento populacional

GÂMBIA 3,1%
No ritmo atual, a população irá duplicar em cerca de 25 anos

BURUNDI 3%
O ritmo de crescimento está superando o crescimento econômico e a oferta de comida

UGANDA 3,3%
A população deverá atingir os 130 milhões em 2050 – em 2015, eram 28 milhões

EAU 4%
Depois de um pico de 17% em 2007, o crescimento populacional em Dubai agora está desacelerando

ÍNDIA 1,2%
O crescimento desacelerou muito nos últimos 50 anos. O índice de fertilidade caiu de 5,87 filhos/mulher em 1960 para 2,5, em 2012

CHINA 0,5%
O crescimento populacional diminuiu desde os anos 1970, mas 0,5% ainda representa 6,6 milhões adicionais a cada ano

Centro da população mundial

40%
de todos os humanos **serão africanos até o fim do século XXI**

Vidas mais longas

Desde o início dos registros históricos, crianças foram mais numerosas que pessoas idosas – pelo menos, até muito recentemente. Atualmente, há mais pessoas no planeta com mais de 65 anos que crianças com até 5 anos.

Com o aumento da expectativa de vida média e da proporção de pessoas mais velhas, uma situação sem precedentes surge, levantando questões fundamentais para as quais ainda não temos respostas. Por exemplo, a tendência de envelhecimento será acompanhada por períodos mais longos de saúde com qualidade durante a velhice?

Haverá diferentes papéis para os idosos na sociedade?

O envelhecimento da população continuará acelerando, motivado pelos índices de fertilidade em queda e por um aumento formidável na expectativa de vida. Enquanto a população trabalhadora atualmente está na faixa de 20 a 65 anos, uma maior proporção de idosos saudáveis permanecerá na força de trabalho no futuro, competindo com os mais jovens pelas oportunidades de emprego.

VEJA TAMBÉM...
› **Diminuindo o ritmo** p. 22-23
› **Vidas melhores para muitos** p. 102-103
› **Um mundo mais saudável** p. 108-109

Expectativa de vida no nascimento

O aumento da expectativa de vida nos últimos cem anos reflete uma mudança nas principais *causas mortis*. No início do século XX, as principais causas de mortalidade estavam relacionadas a doenças infectocontagiosas e parasitárias. A melhoria na saúde pública, na nutrição e os avanços na medicina, como antibióticos e vacinas, transformaram esse quadro. Atualmente, há maior probabilidade de se morrer de doenças não transmissíveis, como câncer e males cardíacos.

Expectativa de vida no nascimento (anos)
- Média mundial
- América do Norte
- América Latina e Caribe
- Europa
- Oceania
- Ásia
- África

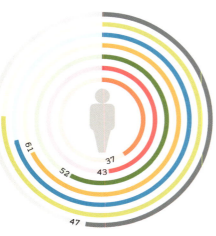

1950-55
América do Norte e Europa superavam a média global de longevidade de 47 anos, com as maiores margens. Guerras, doenças e desnutrição tinham papéis importantes na diminuição das vidas.

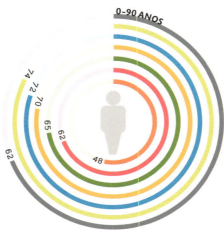

1980-85
Estilos de vida cada vez mais prósperos nos países desenvolvidos, melhor segurança alimentar e acesso à medicina nas demais regiões aumentaram as médias de idade em todas as regiões.

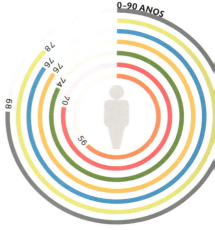

2005-10
Crescimento econômico, melhor nutrição e controle de doenças aumentaram a expectativa de vida na África. O continente ainda tem a menor expectativa mundial, por conta do HIV/aids e outras doenças.

FATORES DA MUDANÇA
Explosão populacional

Pirâmides de população mundial

A forma do perfil etário da população global está mudando rapidamente. O crescimento da proporção das pessoas com mais de 60 anos fez com que a pirâmide se tornasse mais alta que em décadas anteriores e aumentou sua largura no topo. Em comparação com a situação em 2000, a proporção de pessoas com mais de 60 anos deverá dobrar até 2050 atingindo 21% do total mundial. Até 2100, tal proporção deverá triplicar.

Até **2047**, haverá mais pessoas com mais de 60 anos do que crianças

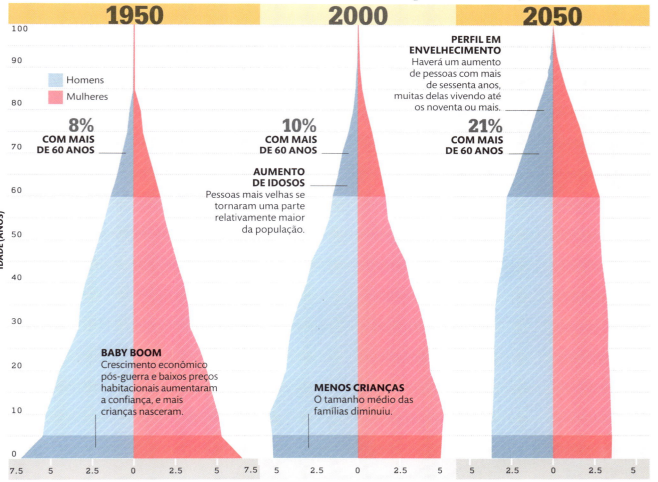

1950
A curva de crescimento da população global era extremamente acentuada. Com um aumento de quase 19% durante a década de 1950, o ritmo de crescimento persistiu nas décadas de 1960 e 1970.

2000
De 1950 a 2000, a população com mais de 60 anos aumentou 2%. Menores índices de fertilidade e mudanças nas *causas mortis* anunciaram mudanças mais rápidas à frente.

2050
Dessa vez, não é apenas o aumento generalizado da população; houve uma duplicação simultânea da proporção das pessoas com mais de 60 anos desde 2000.

Diminuindo o ritmo

Uma das questões mais discutidas e controversas da modernidade é relativa à melhor forma de se controlar o crescimento populacional. Mas o que pode efetivamente funcionar para reduzir o ritmo do crescimento?

O aumento populacional vertiginoso do século XX levou a projeções alarmantes sobre seu impacto global no meio ambiente, recursos e oferta de alimentos. Embora o desastre humanitário previsto tenha sido evitado até agora, ainda há bons motivos para se reduzir o crescimento da população.

Para tanto, diversas medidas foram adotadas, como a esterilização compulsória (na Índia), maior acesso aos métodos contraceptivos (em diversos países africanos) e um limite oficial para o tamanho das famílias (na China, veja o boxe na página ao lado). Menos controverso e ultimamente mais bem-sucedido é o acesso à educação, sobretudo para meninas e mulheres jovens.

Educação das mulheres e índices de fertilidade

Mulheres alfabetizadas tendem a ter em média duas crianças por família. Já as analfabetas, seis ou mais filhos. Essa situação pode se autoperpetuar, dado que filhas de mulheres analfabetas têm menor probabilidade de receber educação. Por outro lado, famílias com mulheres com algum grau de educação tendem a ter melhores condições de moradia, vestuário, renda, acesso à água e saneamento. Logo, é essencial um maior investimento nessa área, trazendo benefícios sociais, econômicos e ambientais.

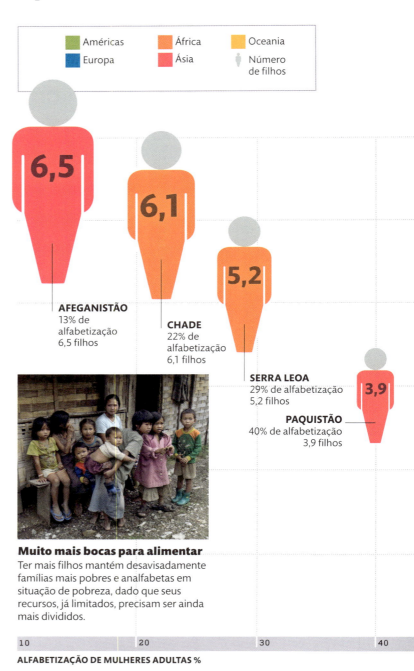

Américas • Europa • África • Ásia • Oceania • Número de filhos

AFEGANISTÃO
13% de alfabetização
6,5 filhos

CHADE
22% de alfabetização
6,1 filhos

SERRA LEOA
29% de alfabetização
5,2 filhos

PAQUISTÃO
40% de alfabetização
3,9 filhos

Muito mais bocas para alimentar
Ter mais filhos mantém desavisadamente famílias mais pobres e analfabetas em situação de pobreza, dado que seus recursos, já limitados, precisam ser ainda mais divididos.

ALFABETIZAÇÃO DE MULHERES ADULTAS %

FATORES DA MUDANÇA
Explosão populacional
22 / 23

O elo com a alfabetização

Em média, mulheres alfabetizadas têm menos filhos. Nos locais onde há índices mais altos de adultos alfabetizados e também altos índices de filhos por mulher, frequentemente há desigualdade de gênero. Nesses locais, há mais homens alfabetizados do que mulheres.

NÍGER
51% de alfabetização
7 filhos

REPÚBLICA DEMOCRÁTICA DO CONGO
56% de alfabetização
5,9 filhos

UGANDA
67% de alfabetização
6,3 filhos

PAPUA NOVA GUINÉ
55% de alfabetização
4 filhos

SUDÃO
60% de alfabetização
4,1 filhos

ÍNDIA
50,8% de alfabetização
2,7 filhos

TUNÍSIA
71% de alfabetização
1,8 filhos

EL SALVADOR
81% de alfabetização
2,3 filhos

BOLÍVIA
86% de alfabetização
3,4 filhos

BOTSWANA
84% de alfabetização
2,8 filhos

CHINA
91% de alfabetização
1,8 filhos

AUSTRÁLIA
96% de alfabetização
1,9 filhos

SAMOA
99% de alfabetização
3,9 filhos

EUA
99% de alfabetização
2,0 filhos

REINO UNIDO
99% de alfabetização
1,9 filhos

ALEMANHA
99% de alfabetização
1,3 filhos

POLÍTICA DO FILHO ÚNICO DA CHINA

No início dos anos 1980, o governo chinês adotou medidas oficiais para reduzir seu rápido crescimento populacional, limitando a apenas uma criança por família, para proteger a oferta de água e alimentos, e melhorar a prosperidade individual. Houve ainda outros impactos não previstos. A política atualmente é de dois filhos por família.

SOCIEDADE 4:2:1 – 1 CRIANÇA SUSTENTAVA...

...4 AVÓS
Um número menor de pessoas economicamente ativas passou a sustentar uma população de aposentados maior.

...2 PAIS
Os que tivessem um filho a mais pagavam uma "taxa social de educação" para cobrir custos com educação e saúde pública.

Expansão econômica

Desde o início da Revolução Industrial, no fim do século XVIII, o mundo vem vivenciando um período de crescimento econômico espantoso. Novos métodos de produção e inovações desenvolvidas nos últimos duzentos anos permitiram o uso eficiente da mão de obra e de recursos, aumentando a produtividade por pessoa, gerando melhor renda e qualidade de vida, além da redução acentuada da pobreza em todo o mundo. À medida que países em rápido crescimento se industrializarem na Ásia, América do Sul e África, a economia global deverá crescer ainda mais.

Um mundo mais produtivo

A produção total do mundo, seu PIB, vem crescendo consistentemente, especialmente nos últimos cem anos. Os principais fatores do crescimento econômico são maiores populações, fornecendo maiores contingentes de produtores de bens e serviços, e o surgimento de tecnologias mais avançadas, permitindo que a mão de obra seja utilizada mais eficientemente. Desde a década de 1950, a economia global vem crescendo cada vez mais rapidamente. Em 2000, chegou a um valor dez vezes maior que os níveis de 1950. Ainda que o crescimento tenha desacelerado na recente recessão global, a produção econômica está em seu nível mais alto da história.

> "Permitimos que os **interesses do capital** se **sobrepusessem** aos interesses dos seres humanos e da nossa Terra".
>
> **ARCEBISPO DESMOND TUTU, ATIVISTA SUL-AFRICANO DOS DIREITOS HUMANOS**

Difusão generalizada da eletricidade
traz luz artificial e permite que as horas de trabalho se estendam após o pôr do sol

ANO: 1900 | 1910 | 1920 | 1930 | 1940

FATORES DA MUDANÇA
Expansão econômica

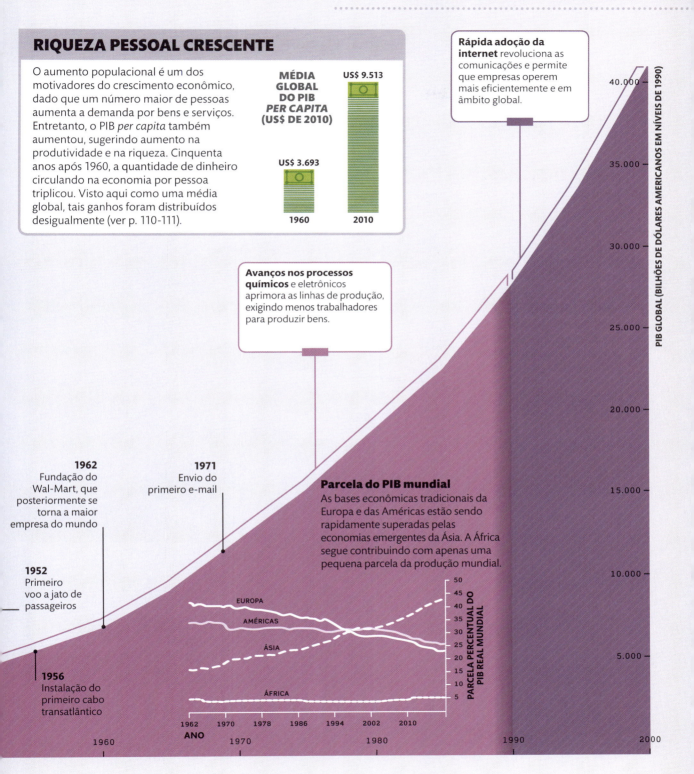

RIQUEZA PESSOAL CRESCENTE

O aumento populacional é um dos motivadores do crescimento econômico, dado que um número maior de pessoas aumenta a demanda por bens e serviços. Entretanto, o PIB *per capita* também aumentou, sugerindo aumento na produtividade e na riqueza. Cinquenta anos após 1960, a quantidade de dinheiro circulando na economia por pessoa triplicou. Visto aqui como uma média global, tais ganhos foram distribuídos desigualmente (ver p. 110-111).

MÉDIA GLOBAL DO PIB *PER CAPITA* (US$ DE 2010)
- US$ 3.693 — 1960
- US$ 9.513 — 2010

Rápida adoção da internet revoluciona as comunicações e permite que empresas operem mais eficientemente e em âmbito global.

Avanços nos processos químicos e eletrônicos aprimora as linhas de produção, exigindo menos trabalhadores para produzir bens.

1952 Primeiro voo a jato de passageiros

1956 Instalação do primeiro cabo transatlântico

1962 Fundação do Wal-Mart, que posteriormente se torna a maior empresa do mundo

1971 Envio do primeiro e-mail

Parcela do PIB mundial
As bases econômicas tradicionais da Europa e das Américas estão sendo rapidamente superadas pelas economias emergentes da Ásia. A África segue contribuindo com apenas uma pequena parcela da produção mundial.

PIB GLOBAL (BILHÕES DE DÓLARES AMERICANOS EM NÍVEIS DE 1990)

PARCELA PERCENTUAL DO PIB REAL MUNDIAL

O que é PIB?

O Produto Interno Bruto (PIB) é a medida da produção de uma economia definida pelo valor total de todos os bens acabados e serviços produzidos dentro das fronteiras em um período específico de tempo – geralmente um ano. É utilizado para comparar o tamanho relativo das economias e julgar a solidez de uma economia ao longo do tempo. Os economistas possuem mais de um método para medir essa produção, vamos analisar aqui o método pela ótica das despesas. Dessa forma, a produção é calculada pela soma das despesas totais realizadas por governos, indivíduos, empresas e organizações inseridos na economia.

(C) Despesas dos consumidores
Valor total de todos os bens e serviços comprados por indivíduos e domicílios

(I) Despesas com investimentos
Dinheiro gasto pelas empresas em equipamentos para permitir que forneçam bens e serviços no futuro e compras de novas residências

(G) Despesas governamentais
Quanto os governos gastaram com serviços e salários do setor público

(X) Exportações líquidas
Valor de bens e serviços que o país produziu e exportou como venda para outros países menos o valor das importações

Governos compram aviões e armas de empresas produtoras e pagam os salários de militares e outros trabalhadores.

Indústrias investem em novos equipamentos e maquinário para produzir bens para venda.

GDP = C + I + G + X

Há diversas formas para calcular o PIB. Aqui, ele é representado como o somatório das despesas em quatro componentes: despesas dos consumidores, despesas com investimentos, despesas governamentais e exportações líquidas.

Ao fazer negócio com outros países, a economia consegue vender seus serviços e produtos fabricados localmente.

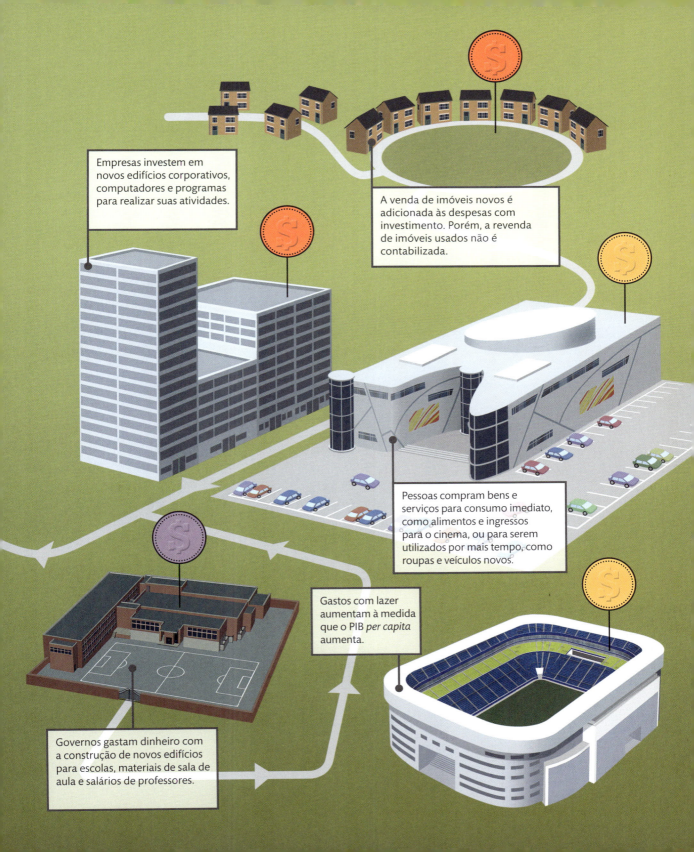

Enriquecimento

Em todo o mundo, muitas pessoas estão ganhando mais dinheiro e atingindo melhores padrões de vida. Entretanto, o abismo entre os mais ricos e os mais pobres se torna cada vez maior.

Uma forma eficaz de se comparar como o crescimento ou retração da economia está impactando a qualidade de vida no mundo é a análise do PIB *per capita* (PIB, ver p. 26-27), que é a medida da produção anual de um país dividida por sua população. Os valores do PIB *per capita* apresentam uma indicação da renda média individual e da qualidade de vida, permitindo avaliar ao longo do tempo se as pessoas estão tendo vidas melhores ou piores. Globalmente, o PIB *per capita* aumentou de US$ 4.271, em 1990, para US$ 10.804, em 2014, com um aumento generalizado nos ganhos de cada domicílio. Isso se deve, em parte, à ascensão de economias emergentes, como Brasil, Rússia, Índia e China, o que trouxe reduções consideráveis da pobreza. Porém, o fator que mais influenciou o aumento do PIB médio nesse período foi o crescimento continuado das economias mais ricas do mundo. Países de economias estáveis, como os EUA e o Reino Unido, podem ter taxas de crescimento menores, mas um PIB *per capita* muito mais alto.

VEJA TAMBÉM...
> **Mudanças no poder global** p. 32-33
> **Ascensão do consumismo** p. 86-87
> **Mundo desigual** p. 110-111

Desigualdade global

No período entre 1990 e 2014, houve um crescimento vertiginoso das economias emergentes da China, Vietnã e Qatar. O crescimento do Vietnã levou a um aumento de dez vezes do PIB *per capita* – na China, esse crescimento foi de mais de 2.000%. Esses são casos de sucesso, mas que ficam apagados em termos absolutos ao lado de países como os EUA e a Noruega, com economias mais estáveis e consolidadas.

Crescimento percentual do PIB *per capita*, 1990-2016

○ PIB *per capita* em 1990
● PIB *per capita* em 2016

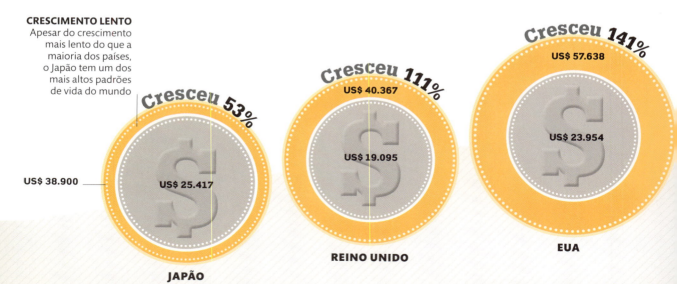

CRESCIMENTO LENTO
Apesar do crescimento mais lento do que a maioria dos países, o Japão tem um dos mais altos padrões de vida do mundo

US$ 38.900

Cresceu 53%
US$ 25.417
JAPÃO

Cresceu 111%
US$ 40.367
US$ 19.095
REINO UNIDO

Cresceu 141%
US$ 57.638
US$ 23.954
EUA

FATORES DA MUDANÇA
Expansão econômica

MUNDO DA CLASSE MÉDIA

A classe média global, formada por quem tem poder de compra diário entre US$ 10-100, está se expandindo. Cerca de 1,8 bilhão de pessoas foram categorizadas como classe média em 2009, e esse número deve chegar a 4,9 bilhões até 2030. A influência dos consumidores da classe média no mundo em desenvolvimento também está crescendo. Estimativas indicam que cerca de 35% do consumo da classe média global virá da Índia e China em 2030.

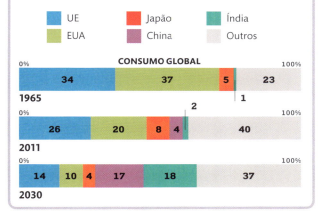

- UE
- EUA
- Japão
- China
- Índia
- Outros

CONSUMO GLOBAL

Ano	UE	EUA	Japão	China	Índia	Outros
1965	34	37	5	1	—	23
2011	26	20	8	4	2	40
2030	14	10	4	17	18	37

Cresceu 2.455%
O MAIOR CRESCIMENTO
A China se tornou um dos grandes *players* da economia global nos últimos 20 anos, mas a desigualdade entre ricos e pobres permanece sendo um problema grave

US$ 8.123
US$ 318
CHINA

Cresceu 2.076%
US$ 2.171
US$ 95
VIETNÃ

Cresceu 404%
US$ 2.415
US$ 479
SUDÃO

Cresceu 370%
US$ 364
US$ 1.710
ÍNDIA

Cresceu 284%
US$ 59.324
US$ 15.449
QATAR

PIB ALTO
Este país do Golfo Pérsico tem muitas riquezas, mas ainda tem muitas pessoas vivendo na pobreza

Cresceu 151%
US$ 70.868
US$ 28.243
NORUEGA

PIB MAIS ALTO
A enorme economia norueguesa se baseia fundamentalmente em seu acesso ao petróleo do Mar do Norte, de posse estatal

Cresceu 180%
US$ 3.093
US$ 8.650
BRASIL

Consumo generalizado
Embora o PIB *per capita* chinês tenha disparado, o abismo que separa ricos e pobres se aprofundou ainda mais. Apenas uma pequena minoria tem acesso ao luxo, como essa extravagante Ferrari.

Empresas *versus* nações

A ascensão dos mercados globais nas últimas décadas permitiu que diversas corporações multinacionais se tornassem maiores que a maioria dos países.

Entre as cem maiores economias com base no PIB (ver p. 26-27) e faturamento, sessenta são países, e o restante, empresas. A Wal-Mart é a maior empresa do mundo e a 28ª maior economia, logo abaixo da Noruega. Esse grau gigantesco de poder econômico dá às empresas poder de influência. Por exemplo, petroleiras pressionam os governos contra políticas para combater o aquecimento global, pois isso ameaça seus negócios.

Dados de 2014
- País (PIB em bilhões)
- Empresa (faturamento em bilhões)

As maiores fábricas de dinheiro

Este mapa apresenta as setenta maiores economias do mundo. Ele compara o ranking de PIBs do Banco Mundial com a lista da Fortune 500 de empresas por faturamento. A maior dessas empresas é uma varejista, mas muitas das outras gigantes estão no setor de refinamento de petróleo e fabricação de veículos. Em segundo lugar na lista Fortune 500 está a gigante chinesa de óleo e energia Sinopec, seguida de perto pela Shell.

CANADÁ US$ 1.787
EUA US$ 17.419
Berkshire Hathaway US$ 195
Wal-Mart US$ 486
Chevron US$ 203
Apple US$ 183
Exxon Mobil US$ 383
MÉXICO US$ 1.283
COLÔMBIA US$ 378
VENEZUELA US$
PERU US$ 203
BRASIL US$ 2.346
ARGENTINA US$ 540
CHILE US$ 258

LOBBY POLÍTICO

Nos EUA, muitas empresas pagam lobistas profissionais para influenciar as decisões de políticos. Em 2014, quase 12 mil lobistas estavam cadastrados e trabalhando para influenciar os 535 membros do Congresso dos EUA.

- **2000**: Número de lobistas era de 12.537 — US$ 1,5 bi de gasto total com lobby
- **2004**: Número de lobistas era de 13.766 — US$ 2,19 bi
- **2009**: US$ 3,5 bi — US$ 3,24 bi
- **2014**: Número de lobistas era de 11.800

FATORES DA MUDANÇA
Expansão econômica

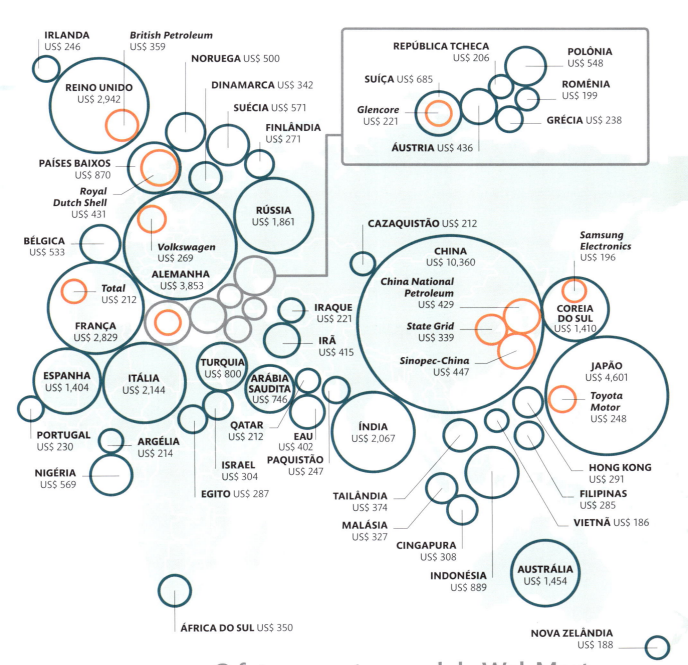

O faturamento anual da Wal-Mart (US$ 486 bilhões) é **quase o dobro do PIB do Paquistão (US$ 247 bilhões)**

Mudança no poder global

Nos últimos quarenta anos, sete países (o G7) foram aceitos como as mais importantes economias do planeta. Entretanto, economias emergentes estão começando a tomar o seu lugar.

Desde o fim do século XIX, os EUA são amplamente reconhecidos como a maior economia do mundo e líder em termos de inovação e produção. Outras potências tradicionais se juntaram aos EUA para criar o Grupo dos 7 (G7) na década de 1970. O Grupo 7 Emergentes (E7) foi identificado em 2006 e consiste nas mais importantes economias em desenvolvimento.

Crescimento do E7

Até 2050, as economias do G7 deverão ficar para trás das sete economias emergentes do E7. Na China, a reforma das políticas econômicas socialistas e a rápida expansão da capacidade de manufatura levaram a uma impressionante expansão econômica, e análises indicam que ela deve continuar. Até 2050, a Índia também irá superar os EUA e se tornar a segunda maior potência econômica do mundo. As economias do G7 continuarão a crescer, mas em um ritmo muito mais lento do que as economias emergentes.

G7 — US$ 73,7 tri

ITÁLIA — US$ 3,6 tri
A manufatura italiana pode não ser suficiente para manter sua posição como economia de destaque no mundo

CANADÁ — US$ 3.6 tri
A diversificação da economia canadense irá trabalhar a seu favor para manter seu grau de competitividade

EUA — US$ 41,4 tri
China e Índia devem ultrapassar a economia dos EUA, que cairá para a terceira colocação

REINO UNIDO — US$ 5.7 tri
Aumentos projetados para a população serão um motivador do crescimento econômico no Reino Unido

JAPÃO — US$ 7.9 tri
O sucesso continuado da manufatura japonesa de alta tecnologia irá sustentar sua economia

ALEMANHA — US$ 6.3 tri
Projeções indicam que a Alemanha continuará sendo a maior economia europeia

FRANÇA — US$ 5.2 tri
A França deve cair algumas posições no ranking do PIB

AS 50 CIDADES MAIS RICAS DO MUNDO

A ascensão do Oriente é clara nas previsões de onde estarão as cidades mais ricas do mundo. Em 2007, 8 das 50 cidades mais ricas, de acordo com seus PIBs anuais, estavam na Ásia. Até 2025, devem chegar a 20. Mais da metade das 50 cidades europeias no topo do ranking devem sair da lista, bem como três cidades na América do Norte, criando um novo cenário de poder.

- Principais cidades atualmente
- Recém-chegadas em 2025
- Principais cidades até 2015

FATORES DA MUDANÇA
Expansão econômica

32 / 33

2050

A participação da UE e dos EUA no PIB global deve cair de 33% em 2014 para cerca de 25% em 2050

Mexendo na balança
A diminuição no peso do poder econômico das economias avançadas tradicionais na América do Norte, Europa Ocidental e Japão deverá continuar. Previsões mostram que, em 2050, o PIB combinado das nações do E7 deverá ser o dobro do G7.

E7
US$ 145,4 tri

CHINA
US$ 61.1 tri
Seguindo a tendência dos últimos 20 anos, a China se tornará a maior economia global

ÍNDIA
US$ 42.2 tri
De acordo com as projeções, a Índia deverá ultrapassar os EUA e se tornar a segunda maior potência econômica

TURQUIA
US$ 5.1 tri
As enormes indústrias têxtil e manufatureira da Turquia deverão crescer, beneficiando-se de acordos comerciais com a UE

INDONÉSIA
US$ 12.2 tri
Previsões indicam que a economia da Indonésia ficará logo abaixo da economia dos EUA em 2050

BRASIL
US$ 9.2 tri
Com o desenvolvimento de sua infraestrutura, recursos naturais abundantes irão sustentar um forte crescimento econômico

MÉXICO
US$ 8 tri
Projeções sugerem que o México deverá continuar a fornecer aos seus vizinhos da América do Norte 90% de suas exportações, sendo assim uma fonte sustentada de renda

RÚSSIA
US$ 7.6 tri
Os recursos naturais diversificados da Rússia continuarão sendo um componente importante de exportação e um motivador de sucesso econômico

Benefícios do comércio exterior

O comércio exterior gera crescimento econômico mundial há séculos. Os países que mais atuam no comércio exterior têm economias maiores do que aqueles que atuam menos nessa área.

O comércio exterior permite maior aproveitamento de recursos humanos e naturais. O transporte moderno é tão eficiente que mesmo alimentos perecíveis e flores podem ser colhidos no sul da África e vendidos nos mercados europeus em questão de dias. O uso de comunicações instantâneas por meio da internet possibilita o uso de muitos serviços sem restrição geográfica. Tais avanços tecnológicos resultaram em grande alta nos valores do comércio internacional.

Comércio internacional

A maior parte do comércio internacional (medido como exportações totais) acontece entre os países mais ricos, que conseguem produzir bens de alto valor graças a infraestruturas eficientes e acordos comerciais favoráveis. Com a atual facilidade no comércio e transporte, praticamente qualquer produto ou serviço está disponível no mundo.

COMÉRCIO EXTERIOR *VERSUS* AJUDA HUMANITÁRIA

Alguns defendem a redução da ajuda humanitária e substituição por comércio exterior nos países mais pobres, para apoiar o seu desenvolvimento.

Comércio exterior

- Cria uma parceria, em vez de uma relação de dependência em uma só direção.
- Alavanca o desenvolvimento da indústria e infraestrutura em países mais pobres.
- Pode tornar países altamente dependentes de nações mais poderosas.

Ajuda humanitária

- Dá alívio e apoio durante uma crise.
- Pode ser utilizada para incentivar políticas de desenvolvimento sustentável.
- Pode tornar as economias despreparadas e dependentes da assistência estrangeira.

Países menos desenvolvidos

Os 48 países menos desenvolvidos, conforme a ONU, não participam do comércio exterior pela falta de infraestrutura e de apoio governamental, comercializando bens e serviços de baixo valor.

IMPORTAÇÕES
A falta de capacidade manufatureira em muitos países mais pobres os impede de participar dos principais mercados globais. Tais nações precisam importar bens manufaturados, como veículos e remédios.

EXPORTAÇÕES
As principais exportações de muitos dos países menos desenvolvidos geralmente consistem de recursos naturais utilizados no exterior para produzir bens manufaturados. Turismo pode gerar renda como um serviço de exportação.

MÃO DE OBRA
Países concentrados na extração de matérias-primas podem sofrer da chamada "doença holandesa", na qual a exportação de matérias-primas não processadas ocorre à custa de empregos em indústrias manufatureiras mais estáveis ou lucrativas.

US$ 236 bilhões
Países menos desenvolvidos

FATORES DA MUDANÇA
Expansão econômica

US$ 23,6 trilhões
Comércio internacional

US$ 23.300 bilhões
Restante do mundo

90% do comércio internacional é transportado pela indústria naval

Países desenvolvidos

Acordos comerciais e fronteiras abertas frequentemente tornam o comércio entre grupos de países ricos mais barato. Boas conexões de infraestrutura e telecomunicações favorecem o comércio exterior.

IMPORTAÇÕES
Alimentos, matérias-primas e maquinário são importados regularmente para produzir bens manufaturados. Países ricos têm dinheiro para importar bens e serviços básicos, permitindo que se especializem nas indústrias de alto valor.

EXPORTAÇÕES
As exportações de mais alto valor em muitos dos países desenvolvidos são bens eletrônicos de consumo e veículos. Serviços são exportados na forma de serviços financeiros e viagens, bem como na indústria do turismo.

MÃO DE OBRA
Muitas das grandes economias, como China e EUA, produzem grandes quantidades e bens de consumo para exportação. Isso sustenta milhões de empregos qualificados nessas nações.

Acordos dos EUA

Os EUA são o maior participante do comércio exterior mundial, na casa dos US$ 3.900. Com o Acordo de Livre Comércio da América do Norte (em inglês, NAFTA), seu maior parceiro é o Canadá. Um terço das exportações dos EUA vão para o Canadá e para o México.

Importações
Exportações

CANADÁ
O comércio exterior com o Canadá é vital para ambas as economias, e os dois países compartilham a relação de comércio exterior de maior valor em todo o mundo.

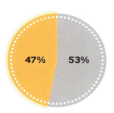
47% / 53%
US$ 660 BILHÕES

CHINA
A principal origem das importações dos EUA é a China. As exportações também estão crescendo rapidamente, tornando a China o terceiro maior mercado exterior para bens e serviços dos EUA.

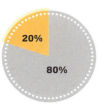
20% / 80%
US$ 590 BILHÕES

MÉXICO
Terceiro membro do NAFTA, com mão de obra e custo de produção mais baratos, exporta muitos bens de consumo para os EUA.

47% / 53%
US$ 534 BILHÕES

JAPÃO
Importações do Japão consistem quase exclusivamente de bens manufaturados. Carros e eletrônicos são os itens mais comuns.

33% / 67%
US$ 201 BILHÕES

ALEMANHA
Principal parceiro europeu de comércio exterior com os EUA, exporta bens de consumo de alta qualidade.

29% / 71%
US$ 173 BILHÕES

Dívida mundial

Dívidas públicas têm um enorme poder de influência sobre as diretrizes políticas. Para gerar superávits, a fim de pagar dívidas, são adotadas menos medidas para atingir objetivos ambientais e de sustentabilidade.

Governos costumam levantar dinheiro emitindo títulos de dívida pública, que são comprados por bancos privados e outras instituições financeiras. O dinheiro é utilizado para investimentos em serviços públicos e para construir infraestrutura. Os credores são pagos com juros – desde que o país se mantenha solvente. Quando os gastos superam os recebimentos com impostos e os fundos para pagamento da dívida diminuem, os governos priorizam o crescimento econômico, o corte de gastos e a redução de planos de longo prazo.

VEJA TAMBÉM...
› O que é PIB? p. 26-27
› Uma economia sustentável p. 200-201

Índice de endividamento

Países com grandes dívidas em relação à sua renda têm maiores dificuldades que aqueles com fardos financeiros menores em proporção ao seu PIB. Países com governos estáveis, pouca corrupção e poder econômico, como o Japão, conseguem emprestar mais dinheiro, mesmo quando endividados.

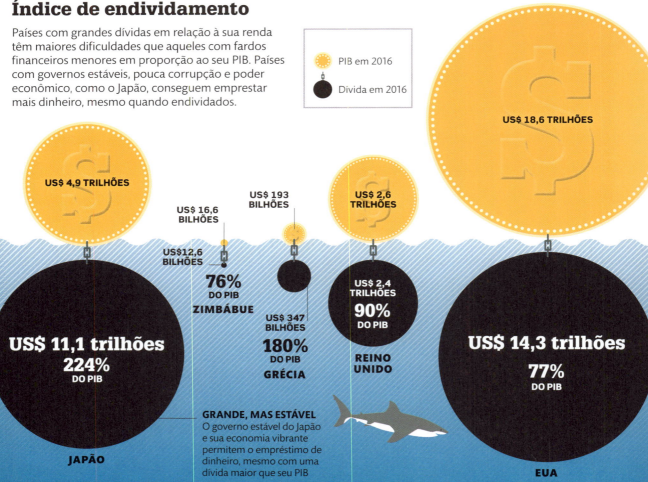

PIB em 2016
Dívida em 2016

US$ 4,9 TRILHÕES
US$ 16,6 BILHÕES
US$ 193 BILHÕES
US$ 2,6 TRILHÕES
US$ 18,6 TRILHÕES

US$12,6 BILHÕES
76% DO PIB
ZIMBÁBUE

US$ 347 BILHÕES
180% DO PIB
GRÉCIA

US$ 2,4 TRILHÕES
90% DO PIB
REINO UNIDO

US$ 11,1 trilhões
224% DO PIB
JAPÃO

US$ 14,3 trilhões
77% DO PIB
EUA

GRANDE, MAS ESTÁVEL
O governo estável do Japão e sua economia vibrante permitem o empréstimo de dinheiro, mesmo com uma dívida maior que seu PIB

MOTIVADORES DA MUDANÇA
Expansão econômica

Ajuda aos bancos

Após a crise financeira de 2008, o governo dos EUA concedeu um resgate de US$ 4,82 trilhões a instituições financeiras. Isso se tornou parte da dívida pública, impactando muito a economia dos EUA. Comparando a outros programas governamentais, considerando valores em dólares de 2015, o resgate poderia financiar a lei Affordable Care Act do presidente Barack Obama, por quarenta anos. Mesmo o Programa Apollo custou uma fração mínima desse resgate.

US$ 4,82 TRILHÕES — Resgate aos bancos dos EUA de 2008
US$ 168 BILHÕES — Missão Apollo 11
US$ 1,2 TRILHÕES — Custos com a Affordable Care Act até 2015
US$ 850 BILHÕES — O New Deal dos EUA (1933-40)
US$ 50,3 BILHÕES — Ajuda humanitária externa dos EUA em 2016

DÍVIDA EM CRESCIMENTO

A economia em crescimento rápido da Índia está sob forte pressão de uma dívida pública que também cresce.

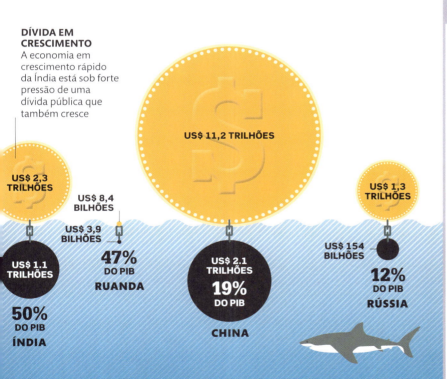

US$ 11,2 TRILHÕES
US$ 2,3 TRILHÕES
US$ 8,4 BILHÕES
US$ 3,9 BILHÕES
US$ 1,3 TRILHÕES
US$ 154 BILHÕES
US$ 1,1 TRILHÕES

50% DO PIB ÍNDIA
47% DO PIB RUANDA
19% DO PIB — US$ 2,1 TRILHÕES — CHINA
12% DO PIB RÚSSIA

A dívida pública global atingiu mais de **US$ 57 trilhões** em 2015.

DÍVIDA DO TERCEIRO MUNDO

Nos anos 1980, empréstimos e altas taxas de juros levaram à crise da dívida pública no Terceiro Mundo. Nações da América Latina, África e Ásia pararam de pagar suas dívidas. Os bancos credores do Ocidente, ministérios das finanças dos países ricos e instituições globais exigiram reformas para promover o desenvolvimento e reduzir gastos, além de aumentos nas exportações de recursos naturais e cortes em programas sociais.

EXPORTAÇÃO DE MADEIRA BRASILEIRA

Planeta de cidades

Os primeiros centros urbanos organizados foram fundados há mais de 10 mil anos. Eles surgiram com os avanços agrícolas, que permitiram aos agricultores ter excedentes de comida para alimentar as novas populações urbanas. A urbanização acelerou-se com a Revolução Industrial e com a agricultura intensiva, permitindo maior produção de comida. Com o crescimento da migração urbana, em 2050, será necessária uma capacidade urbana adicional equivalente a 175 vezes a cidade de Londres para acomodar novas cidades e seus habitantes.

Mudança do urbano para o rural

Em 1800, cerca de 2% da população do mundo vivia em áreas urbanas. Ao longo do tempo, milhões de pessoas que anteriormente viviam em áreas rurais se mudaram para as cidades, buscando melhores condições de vida ou sendo forçadas a tal, em razão da queda em suas rendas. Em 2007, pela primeira vez na história, mais da metade da população mundial passou a viver em cidades. O crescimento populacional e a urbanização deverão adicionar 2,5 bilhões de pessoas à população atual do mundo até 2050. Isso significa cerca de 180 mil pessoas a cada dia, principalmente nos países em desenvolvimento.

> "**Em muitas cidades**, o impacto sobre a infraestrutura (habitação, água, saneamento, transporte e fornecimento de energia) e **a qualidade de vida... está se tornando insuportável.**"
>
> **GEORGE MONBIOT, ESCRITOR E ATIVISTA BRITÂNICO**

1892
O Templo Maçônico, em Chicago, EUA, é o edifício mais alto do mundo. Arranha-céus mudaram a forma de se construir cidades. A população de Chicago mais que triplicou entre 1850 e 1900

Década de 1920
A mistura social durante a Primeira Guerra Mundial incentivou muitos jovens a migrarem para áreas urbanas nos anos do pós-guerra

DÉCADA DE 1950
Apenas 30% da população total do mundo vivia em áreas urbanas neste período

ANO

FATORES DA MUDANÇA
Planeta de cidades

URBANIZAÇÃO DESIGUAL

Em alguns países, o crescimento urbano ocorre com quase o dobro da velocidade do crescimento populacional geral, especialmente nas áreas urbanas das regiões menos desenvolvidas. Europa, América do Norte e Oceania tiveram índices estáveis de urbanização nos últimos quinze anos, enquanto a América do Sul teve índices cada vez menores. Por outro lado, África e Ásia foram responsáveis pelo aumento da média do mundo em desenvolvimento. Projeções indicam que a África será a região com urbanização mais acelerada entre 2020 e 2050.

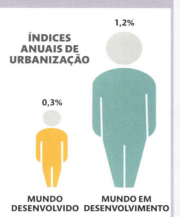

ÍNDICES ANUAIS DE URBANIZAÇÃO
0,3% MUNDO DESENVOLVIDO
1,2% MUNDO EM DESENVOLVIMENTO

2007
Em 2007, foi atingido o ponto histórico em que mais da metade da população do mundo passou a viver em cidades

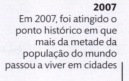

Industrialização, agricultura intensiva e novas infraestruturas permitiram um período de urbanização sem precedentes

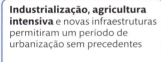

Tendências em desenvolvimento
África e Ásia permanecem predominantemente rurais, mas estão se urbanizando mais rapidamente do que outros continentes. A proporção da população que irá ocupar a área urbana deve chegar a 56% e 64%, respectivamente, até 2050.

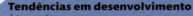

Década de 1980
Houve forte crescimento nas populações urbanas nesse período, inclusive na China

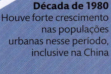
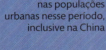

ÁFRICA 40% ÁSIA 48%
EUROPA 73% AMÉRICA DO NORTE 80%

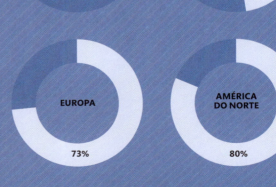

Proporção da população total (percentual 2014)
○ Urbana
○ Rural

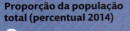

POPULAÇÃO URBANA (BILHÕES)

1960 1970 1980 1990 2000 2010 2016

Ascensão das megalópoles

Nos últimos 25 anos, houve um espantoso crescimento no número de megalópoles – cidades com mais de 10 milhões de habitantes. Em 1950, havia apenas uma no mundo – Nova York. Em 1990, já eram 10. Hoje, temos 31 megalópoles.

Em décadas mais recentes, os centros de urbanização do mundo mudaram de países desenvolvidos, como Japão e regiões como América do Norte e Europa, para nações na Ásia, África e América do Sul.

Tal mudança se reflete na projeção da Organização das Nações Unidas (ONU), que prevê mais 10 megalópoles até 2030 – todas em países em desenvolvimento. São elas: Lahore, Hydebarad, Bogotá, Johannesburgo, Ahmanabad, Luanda, Cidade de Ho Chi Minh e Chungdu.

A África está vivenciando uma acelerada urbanização. A cidade de Kinshasa, na República Democrática do Congo, por exemplo, tinha população de 200 mil em 1950, 12 milhões em 2016 e atingirá 20 milhões em 2030. Algumas dessas megalópoles estarão mal preparadas para esse rápido crescimento, o que gerará enorme impacto sobre recursos naturais, alimentos e transporte.

VEJA TAMBÉM...
- **Mudança no poder global** p. 32–33
- **Ascensão do consumismo** p. 86–87
- **Mundo desigual** p. 110–111

Mudanças nas 10 maiores cidades

A Ásia apresenta um crescimento fenomenal, e 11 das 31 cidades atualmente com mais de 10 milhões de habitantes estão localizadas na Índia e China. No entanto, nem toda a Ásia cresce no mesmo ritmo. O aumento na expectativa de vida e baixos índices de natalidade terão profundo impacto no Japão. Tóquio é hoje a maior megalópole e manterá sua posição em 2030 – mas Délhi está chegando lá.

Em 1990, havia **10 cidades com mais de 10 milhões de habitantes.** Atualmente, esse número **triplicou.**

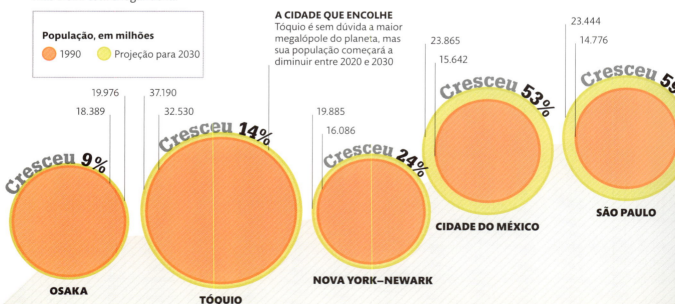

FATORES DA MUDANÇA
Planeta de cidades

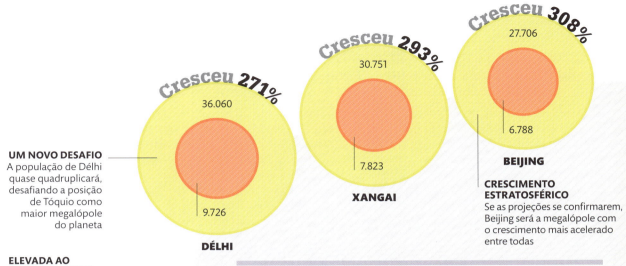

Cresceu 271%
36.060
9.726
DÉLHI

UM NOVO DESAFIO
A população de Délhi quase quadruplicará, desafiando a posição de Tóquio como maior megalópole do planeta

Cresceu 293%
30.751
7.823
XANGAI

Cresceu 308%
27.706
6.788
BEIJING

CRESCIMENTO ESTRATOSFÉRICO
Se as projeções se confirmarem, Beijing será a megalópole com o crescimento mais acelerado entre todas

ELEVADA AO SEGUNDO LUGAR
Projeções indicam que a população de Mumbai irá mais que duplicar, mas ela não será mais a maior cidade da Índia

Cresceu 124%
27.797
12.436
MUMBAI

Cresceu 148%
24.502
9.892
CAIRO

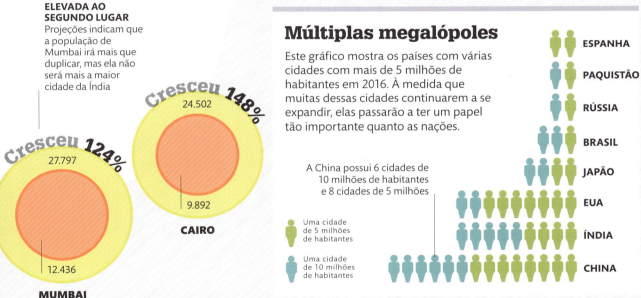

Múltiplas megalópoles

Este gráfico mostra os países com várias cidades com mais de 5 milhões de habitantes em 2016. À medida que muitas dessas cidades continuarem a se expandir, elas passarão a ter um papel tão importante quanto as nações.

A China possui 6 cidades de 10 milhões de habitantes e 8 cidades de 5 milhões

Uma cidade de 5 milhões de habitantes
Uma cidade de 10 milhões de habitantes

ESPANHA
PAQUISTÃO
RÚSSIA
BRASIL
JAPÃO
EUA
ÍNDIA
CHINA

DISTRIBUIÇÃO DAS MEGALÓPOLES

A distribuição atual das 31 megalópoles está fortemente concentrada na Ásia. Atualmente, há 18 megalópoles asiáticas, 4 na América do Sul e 3 na África, Europa e América do Norte. Ao se considerar que apenas 48% da população asiática mora em cidades e que esse número deve crescer para 64% em 2050, o número de megalópoles nessa região certamente deverá continuar crescendo. O impacto sobre os recursos naturais chegará a níveis sem precedentes.

Impactos urbanos

Moradores de cidades tendem a consumir mais energia, água, alimentos e recursos que moradores rurais. Populações urbanas são responsáveis por três quartos do consumo total e por metade de todos os dejetos.

As cidades são máquinas econômicas. Alimentadas por recursos naturais, elas geram a maior parte da atividade que leva ao crescimento e à geração de riquezas. Por sua vez, isso faz com que mais pessoas migrem das áreas rurais para as cidades, gerando alguns inconvenientes. O aumento no número de moradores urbanos requer mais alimentos, água e energia. O uso de transportes público e privado também aumenta, e mais poluição é gerada. Frequentemente, os ex-moradores rurais adotam estilos de vida de alto consumo nas cidades, aumentando a demanda por recursos naturais. Todos esses fatores podem levar à destruição dos hábitats naturais e gerar danos ao meio ambiente em razão do aumento do consumo.

DENSIDADE URBANA

As cidades variam enormemente em sua densidade populacional. Uma forma interessante para se comparar a densidade urbana é considerar o tamanho que uma cidade deveria ter para acomodar todos os 7,3 bilhões de habitantes do mundo, concentrados na mesma proporção. Uma cidade com a densidade populacional de Nova York caberia exatamente no estado do Texas – uma área de 648.540 km². Já uma cidade com a baixa densidade populacional de Houston ocuparia a maior parte da massa continental dos EUA, com 4.581.910 km². Paris tem uma densidade populacional 4 vezes maior do que Londres.

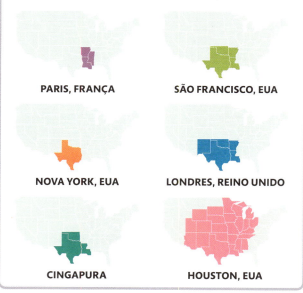

PARIS, FRANÇA

SÃO FRANCISCO, EUA

NOVA YORK, EUA

LONDRES, REINO UNIDO

CINGAPURA

HOUSTON, EUA

Pegada ecológica

A pegada ecológica mede o impacto das atividades humanas sobre os ambientes naturais. É essencialmente uma medição de superfície representada em hectares, equivalendo ao quanto de terra biologicamente produtiva e água seriam necessárias para produzir os recursos que consumimos e para dar destino aos dejetos. Cada pessoa, atividade, empresa e país tem uma pegada ecológica. O relatório "Limites da Cidade" analisou a pegada ecológica de Londres. Publicado em 2002, ele destacou as mudanças necessárias para transformar Londres em uma cidade sustentável.

2%
da superfície do mundo é ocupada por cidades, que **consomem 75% dos recursos naturais do planeta**

FATORES DA MUDANÇA
Planeta de cidades

44%
MATERIAIS E DEJETOS
A maior parcela da pegada ecológica de Londres estava no consumo de 49 milhões de toneladas de materiais. O setor da construção civil consumiu a maior parte disso (27,8 milhões de toneladas) e também produziu a maior parte dos dejetos (14,8 milhões de toneladas).

PEGADA ECOLÓGICA DE LONDRES (2000)
Com 293 vezes o tamanho da pegada geográfica da cidade, sua pegada ecológica tem 49 milhões de hectares globais (gha), o equivalente à área da Espanha. A população de Londres em 2000 era de 7,4 milhões de habitantes.

41%
ALIMENTOS
O consumo de 6,9 milhões de toneladas de alimentos é a segunda maior parcela da pegada de Londres. Do total de alimentos consumidos, 81% eram importados de outros países. O maior componente da pegada ecológica dos alimentos era a carne, seguida de comida para animais de estimação e leite.

PEGADA GEOGRÁFICA DE LONDRES
A área física da superfície de Londres mede 1.706 km² ou 170.680 hectares.

10%
ENERGIA
Londrinos consumiram energia equivalente ao que estaria presente em 13,3 milhões de toneladas de petróleo, o que levou à emissão de cerca de 41 milhões de toneladas de CO_2.

0,3%
ÁGUA
Londres utilizou 866 mil megalitros em 2002, a metade disso chegou até as residências. A perda em vazamentos (cerca de 25%) foi mais do que a quantidade utilizada por empresas.

5%
TRANSPORTE
Londrinos viajaram mais de 64 bilhões de km como passageiros, dos quais 44 bilhões de km foram em carros e caminhões leves. O transporte causou 8,9 milhões de toneladas de emissões de CO_2.

0,7%
TERRAS DEGRADADAS
São as áreas nas quais sua bioprodutividade foi degradada por meio de contaminação ou erosão, incluindo ruas, estradas e ferrovias.

Combustível para crescer

Desde a primeira vez que nossos ancestrais utilizaram o fogo, buscamos acesso a fontes de energia cada vez mais diversas. Por séculos, o desenvolvimento econômico dependeu da energia fornecida por animais, lenha, ventos e água. Atualmente, dependemos do acesso a gigantescas quantidades de energia fóssil, vindas de petróleo, carvão e gás natural, para a geração de eletricidade e energia para a manufatura, a agricultura industrial, o transporte de longas distâncias e para sustentar os estilos de vida de alto consumo, resultado de todas essas atividades.

A revolução energética

O século XX foi palco de uma explosão na demanda por energia, que persiste até hoje, com a ascensão de grandes economias, como China, Índia, Brasil e África do Sul. Outros tipos de energia também ganharam destaque mais recentemente, incluindo a energia nuclear, hidrelétrica e outras tecnologias atuais que colhem a energia dos ventos e do sol. Para atender às crescentes demandas futuras, será necessário enfrentar inúmeros desafios, incluindo altos custos, mudança climática e poluição atmosférica.

"É impossível continuar alimentando nosso vício em combustíveis fósseis como se não houvesse amanhã. Pois não haverá amanhã."

ARCEBISPO DESMOND TUTU, ATIVISTA SUL-AFRICANO DOS DIREITOS HUMANOS

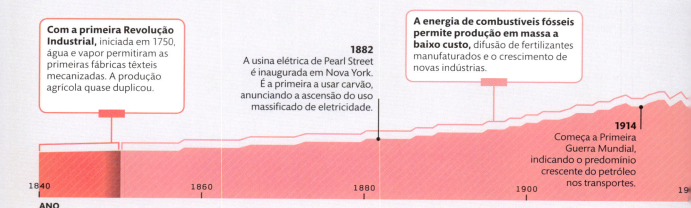

Com a primeira Revolução Industrial, iniciada em 1750, água e vapor permitiram as primeiras fábricas têxteis mecanizadas. A produção agrícola quase duplicou.

1882 — A usina elétrica de Pearl Street é inaugurada em Nova York. É a primeira a usar carvão, anunciando a ascensão do uso massificado de eletricidade.

A energia de combustíveis fósseis permite produção em massa a baixo custo, difusão de fertilizantes manufaturados e o crescimento de novas indústrias.

1914 — Começa a Primeira Guerra Mundial, indicando o predomínio crescente do petróleo nos transportes.

ANO

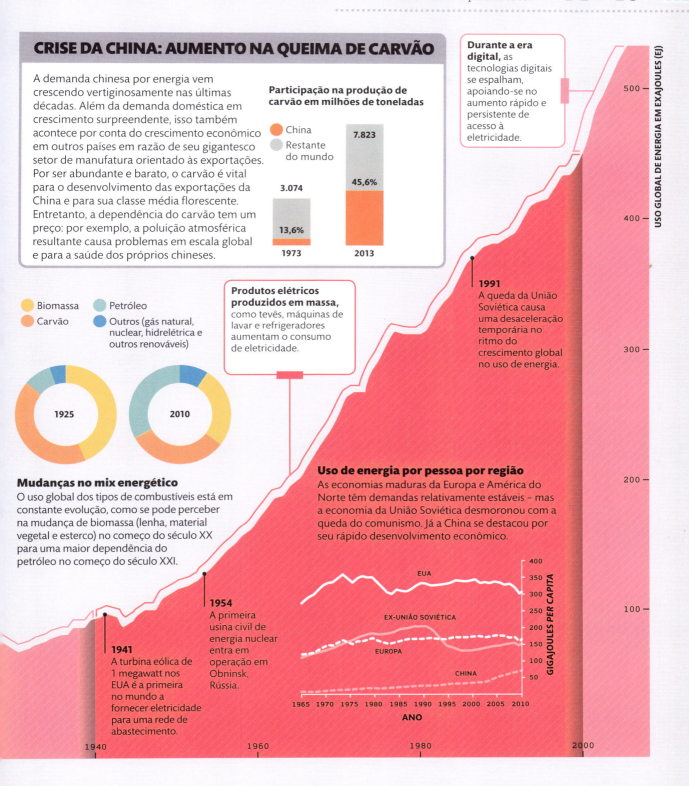

Explosão da demanda

O crescimento econômico depende do acesso a vastas quantidades de energia barata para gerar eletricidade, aquecimento e suprir necessidades de transporte. A maior urbanização gerará demandas ainda maiores.

Com base em dados atuais, o crescimento projetado deverá acontecer nas economias em crescimento acelerado do Oriente e no hemisfério Sul, como Ásia e África. As previsões também indicam que a energia fóssil continuará contribuindo com a maior parte do atendimento à crescente demanda mundial.

No passado, o mundo demandava energias renováveis, como madeira, água, ventos e tração animal. Desde a industrialização, dependemos cada vez mais de combustíveis fósseis e, de forma limitada, da energia nuclear. O aumento no uso do gás natural para gerar energia – em vez do carvão – contribui para controlar emissões em níveis menores que com o carvão. Mas será necessária uma dependência muito menor nas fontes de energia fóssil e um crescimento muito acelerado nas tecnologias de energias renováveis para impedir o aquecimento global e limitar o aumento da temperatura planetária a 2 °C, comparados a níveis do período pré-industrial.

VEJA TAMBÉM...

> Dilema do carbono p. 138-139
> Revolução renovável p. 52-53
> Ar tóxico p. 144-145

Uso da energia: presente

A demanda mundial por energia continua a crescer. Até 2030, a quantidade de energia que precisaremos deverá ser o dobro da demanda de 1990 e um terço maior que a demanda de 2015. Atualmente, alguns países estão mantendo seu crescimento econômico sem causar aumento nas emissões. Porém, a demanda global por todos os tipos de energia está crescendo.

RENOVÁVEL
Tecnologias eólica, solar, das ondas, maremotriz e geotermal. Algumas ainda existem em pequena escala, mas crescem rapidamente.

BIOENERGIA
Madeira, cana-de-açúcar e subprodutos agrícolas utilizados como fontes de combustível para o transporte, a eletricidade e o aquecimento.

ENERGIA HÍDRICA
Usinas hidrelétricas geram quantidades substanciais de energia baixa em carbono, mas sua expansão é limitada.

ENERGIA NUCLEAR
Baixa em carbono no ponto de geração, a energia nuclear é cara e traz desafios tecnológicos e relacionados à gestão de dejetos.

GÁS NATURAL
Embora mais limpo que o carvão, o gás natural não é compatível com a limitação de emissões que causam a mudança climática.

PETRÓLEO
Usado no transporte rodoviário, marítimo e aéreo. Pode-se reduzir sua demanda com tecnologias mais eficientes e veículos elétricos.

CARVÃO
Fonte de energia mais "suja", o carvão é fundamental no desenvolvimento de países em crescimento acelerado, como China e Índia.

TOTAL EM MILHÕES DE TONE EQUIVALENTES DE PETRÓLEO
8.789

36 TEP
905 TEP
184 TEP
526 TEP
1.672 TEP
3.235 TEP
2.231 TEP

1990

FATORES DA MUDANÇA
Combustível para crescer

46 / 47

TOTAL EM TEP
15.369

708 TEP
1.827 TEP
482 TEP
1.044 TEP
3.547 TEP

40% de toda a energia utilizada **atualmente** para gerar eletricidade

4.313 TEP
3.448 TEP

2030

O futuro da energia

Até 2030, o consumo global de energia será quase o dobro da demanda atual. Ainda é possível mudar o mix futuro de energias, reduzindo a dependência de combustíveis muito poluentes, como o carvão. Há desafios para adoção dos renováveis. Por exemplo, a energia hidrelétrica é ameaçada por secas causadas pela mudança climática; tecnologias de armazenamento de energia ainda precisam ser aprimoradas para dar conta da intermitência de algumas fontes renováveis.

 O que podemos fazer?

> **Governos e entidades internacionais** podem usar políticas para criar uma transição mais rápida para fontes mais limpas de energia, incentivando o uso mais eficiente de energia nas indústrias, que são os grandes consumidores.

> **Governos** podem transferir subsídios da produção de combustíveis fósseis para alternativas limpas de energia renovável.

 O que eu posso fazer?

> **Comprar eletricidade** de empresas que geram energia a partir de fontes renováveis.

> **Reduzir o uso de energia** utilizando menos aquecimento e ar-condicionado, retirando da tomada aparelhos que não estiverem sendo utilizados e apagando as luzes. Caminhar e usar bicicleta quando possível.

Mundo sedento por energia

Países desenvolvidos possuem fontes confiáveis de fornecimento de energia. Nos países em desenvolvimento com altos índices de pobreza, grande parcela da população é carente de energia e acesso à eletricidade estável.

Ainda com maior acesso nos últimos anos, especialmente na Ásia e América Latina, 1,4 bilhão de pessoas continuam desconectadas dos sistemas de energia em rede. Cerca de 2,7 bilhões de pessoas, a maior parte delas na África e no sul da Ásia, dependem de lenha ou fezes secas de animais para cozinhar, e milhões de pessoas usam parafina para iluminação. A poluição do ar traz doenças que levam à morte, especialmente de mulheres e crianças.

VEJA TAMBÉM...
- **Explosão da demanda** p. 46-47
- **Revolução renovável** p. 52-53
- **Dilema energético** p. 60-61

Divisão global

Há disparidades absolutas no uso de energia, comparando-se o quanto é utilizado por pessoa: os maiores usuários consomem centenas de vezes mais energia do que os menores usuários. O tamanho da população e o ritmo do desenvolvimento econômico influenciam o uso de energia. A Ásia supera todas as outras regiões à medida que mais e mais pessoas entre os 2,7 bilhões de habitantes da Índia e China atingem o estilo de vida de classe média, aumentando seu consumo de energia. Já a África usa relativamente menos energia, já que a maior parte do continente permanece sem eletricidade fornecida por redes. Clínicas não podem refrigerar seus remédios, e alunos não têm luz para estudar. Energia limpa e acessível para todos é vital para acabar com a pobreza.

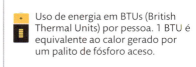

Uso de energia em BTUs (British Thermal Units) por pessoa. 1 BTU é equivalente ao calor gerado por um palito de fósforo aceso.

População total por região

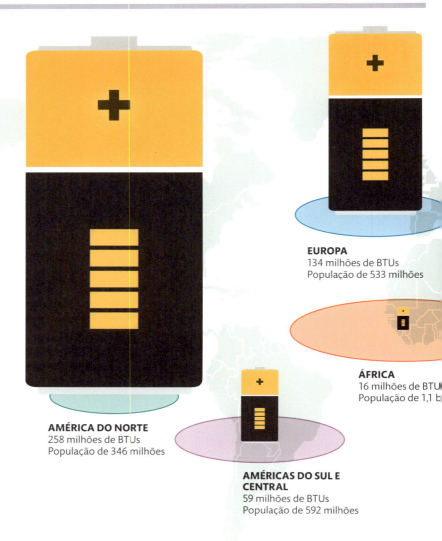

EUROPA
134 milhões de BTUs
População de 533 milhões

ÁFRICA
16 milhões de BTU
População de 1,1 b

AMÉRICA DO NORTE
258 milhões de BTUs
População de 346 milhões

AMÉRICAS DO SUL E CENTRAL
59 milhões de BTUs
População de 592 milhões

FATORES DA MUDANÇA
Combustível para crescer

48 / 49

ENERGIA SOLAR PARA MANTER A LIMPEZA

Alguns países em desenvolvimento estão pulando completamente a etapa dos sistemas de energia em rede tradicionais. Por exemplo, a venda de lanternas solares na África disparou com a ajuda de projetos de microfinanciamento, trazendo uma luz que não gera emissões para milhões de pessoas.

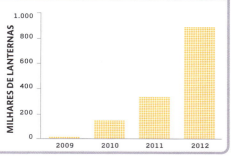

O que podemos fazer?

> **Governos** podem incentivar empresas a investir mais em fontes de energia limpas e renováveis.

> **Agências internacionais de desenvolvimento** podem adotar políticas mais agressivas para evitar a energia fóssil e ajudar países a construírem sistemas de energia limpa.

O que eu posso fazer?

> **Pressionar seu fundo de pensão** para investir em empresas que levem energia limpa para países em desenvolvimento.

> **Participar de campanhas** para pressionar empresas e governos para que apoiem a ampliação da energia limpa em países em desenvolvimento.

ORIENTE MÉDIO
142 milhões de BTUs
População de 217 milhões

RÚSSIA E ÁSIA CENTRAL
155 milhões de BTUs
População de 284 milhões

ÁSIA E OCEANIA
52 milhões de BTUs
População de 4,1 bilhões

Uma divisão sombria
À noite, as luzes dos países mais ricos brilham nas imagens de satélite. Nações em desenvolvimento com acesso limitado à eletricidade ficam no escuro.

Pegada de carbono

Muitas das coisas que fazemos geram pegada de carbono. Essa pegada descreve a quantidade de emissões de dióxido de carbono (CO_2) causadas por produtos, atividades ou serviços.

As pegadas de carbono variam enormemente. Por exemplo, a pegada de um cidadão médio dos EUA é mais de cem vezes maior que a pegada de um habitante pobre da África subsaariana. Atividades como uma viagem de avião têm uma grande pegada de curto prazo. Já outras, como comprar um carro novo, serão diluídas ao longo dos anos, dependendo do quanto o veículo é utilizado. As pegadas podem ser difíceis de calcular com precisão, mas indicam onde estão os maiores impactos, permitindo que sejam feitas escolhas por parte de pessoas, empresas e governos para limitar emissões.

Pegada pessoal

A pegada de carbono média de um cidadão do Reino Unido é de cerca de 10 toneladas de emissões por pessoa por ano. Este gráfico mostra a média de dióxido de carbono gerada por pessoa por ano no Reino Unido em 2005, a partir de atividades e produtos. Não estão incluídas as emissões de CO_2 não relacionadas a energia e outras emissões de gases causadores do efeito estufa.

Assistir tevê por uma hora em uma tela de plasma de 24 polegadas **220 g de CO_2e**
Ir à academia uma vez **9,5 kg de CO_2**
Comprar um CD *on-line* **400 g de CO_2**

● Dióxido de carbono (toneladas)

CO_2 quantidade de dióxido de carbono emitido como resultado da atividade.
CO_2e equivalência de dióxido de carbono. CO_2 mais outros gases do efeito estufa emitidos, convertidos em uma unidade comum de dióxido de carbono (não incluídos no total).

Uma camiseta da fabricação ao descarte **10 kg CO_2**

VESTUÁRIO
(Produção, transporte rodoviário, vendas, lavagem, sacagem de roupas e sapa

0,27

0,52
LAZER E RECREAÇÃO
(Todas as atividades de lazer, desde assistir tevê a férias, excluindo viagens aéreas)

0,37
ALIMENTOS
(Agricultura, transporte dos alimentos, preparação, manutenção de restaurantes)

Cappuccino **235 g CO_2e**
1 kg de carneiro **39,2 kg CO_2e**
1 kg de galinha **6,9 kg CO_2e**

FATORES DA MUDANÇA
Combustível para crescer

Construir uma nova residência de 2 dormitórios **80 toneladas CO₂e**

CASA
(Incluindo iluminação, hobbies, decoração e jardinagem)
0,37

Lâmpada comum de 100 W
63 kg CO₂ por ano
Cortador de grama
73 kg por acre por ano

AQUECIMENTO INTERNO
(Todas as formas de aquecimento em casas e empresas)
0,4

TRANSPORTE
(Ida e volta ao trabalho de carro ou transporte público)
0,22

Utilização de ônibus
66 g CO₂e/km de passageiro
Trem urbano **108 g CO₂/km de passageiro**
Bicicleta **17 g CO₂e/km**

Voo de longa duração
138 g CO₂e/km
Voo de curta duração
120 g CO₂e/km

AVIAÇÃO
0,18

SAÚDE E HIGIENE
(Incluindo banhos de banheira, duchas, lavagem de roupas e serviços de saúde)
0,36

EDUCAÇÃO
(Escolas, livros e jornais)
Assinatura diária de jornal com papel reciclado
400 g CO₂e
0,13

0,08 — **OUTROS ÓRGÃOS GOVERNAMENTAIS**

Ducha quente de 5 minutos
1,5 kg CO₂
Banho de banheira **4 kg CO₂e por dia**
Roupas lavadas a 40 °C e secas na secadora **2,5 kg CO₂**

O que eu posso fazer?

› **Utilizar uma calculadora de pegada de carbono *on-line*** para saber de onde vêm suas emissões.

› **Identificar como você pode fazer reduções**. Depois de calcular sua pegada de carbono, você pode criar um plano para cortar carbono e economizar dinheiro.

› **Pensar no que você come**. A comida é uma parte considerável da pegada total de carbono na maioria dos países ocidentais, especialmente onde há grande participação de carne e laticínios.

Revolução renovável

O uso de fontes renováveis de energia expande-se rapidamente, sobretudo as tecnologias solar e eólica. Essas e outras fontes limpas de energia são vitais para atender à crescente demanda e combater a mudança climática.

A energia renovável pode ser reposta sem exaurir recursos finitos, como os combustíveis fósseis. Fontes renováveis fornecem energia, aquecimento e transporte.

Hoje, as tecnologias de geração de eletricidade com luz solar e ventos são as principais fronteiras de crescimento do setor dos renováveis.

Biogás (o mesmo que gás fóssil natural, mas feito a partir de matéria orgânica, como restos de alimentos) e madeira também podem ser utilizados para aquecimento e eletricidade. Biocombustíveis líquidos são uma alternativa renovável para o diesel e a gasolina, ambos fósseis.

A energia renovável reduz problemas ambientais, gera empregos e estimula o desenvolvimento tecnológico.

1.300 TWh
800 TWh
AMÉRICAS OCDE

Crescimento da energia renovável

A energia renovável é a fonte de energia com o mais acelerado crescimento no mundo, e houve queda nos preços das energias solar e eólica. Diversos países vêm fazendo investimentos consideráveis em energia renovável – essa matriz representou 70% das adições líquidas à capacidade energética mundial em 2017. As projeções para o futuro variam. Estimativas sugerem que, até 2030, a energia renovável irá superar a geração por carvão e que, até 2040, sua utilização será igual à soma da geração por carvão e por gás natural.

2005

Projetado para 2020

800 TWh
500 TWh
AMÉRICAS FORA DA OCDE

QUEDA DO PREÇO DA ENERGIA SOLAR

À medida que aumenta a escala das fontes renováveis de energia, a competição no mercado se intensifica. E conforme as tecnologias são aprimoradas, seus custos caem. O custo da eletricidade gerada a partir da energia fotovoltaica, por exemplo, caiu dramaticamente nos últimos anos e agora está no mesmo nível do petróleo.

Petróleo: preço em US$ por megawatt-hora (MWh)
Energia solar: preço em US$ por MWh

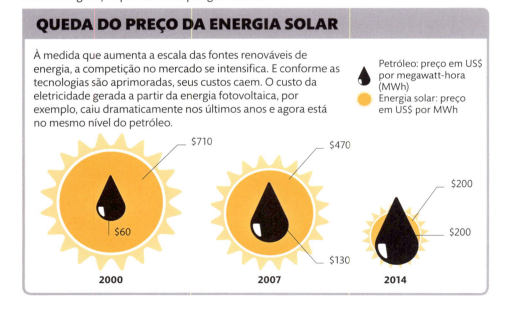

$710 — $60 — **2000**
$470 — $130 — **2007**
$200 — $200 — **2014**

FATORES DA MUDANÇA
Combustível para crescer   52 / 53

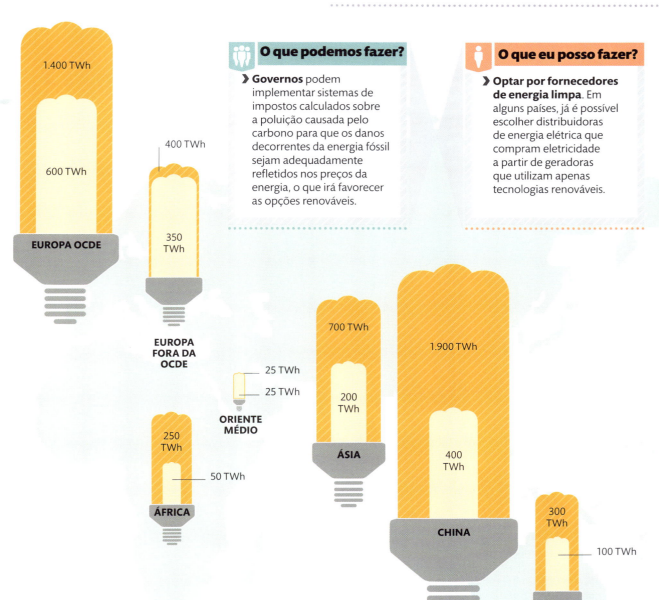

O que podemos fazer?

› **Governos** podem implementar sistemas de impostos calculados sobre a poluição causada pelo carbono para que os danos decorrentes da energia fóssil sejam adequadamente refletidos nos preços da energia, o que irá favorecer as opções renováveis.

O que eu posso fazer?

› **Optar por fornecedores de energia limpa.** Em alguns países, já é possível escolher distribuidoras de energia elétrica que compram eletricidade a partir de geradoras que utilizam apenas tecnologias renováveis.

Medindo a energia sustentável
O gráfico mostra o uso de energias renováveis em nove regiões, algumas divididas entre nações da Organização para a Cooperação e Desenvolvimento Econômico (OCDE) e fora dela. A OCDE é uma entidade que congrega as 34 nações mais desenvolvidas do mundo. Um terawatt-hora (TWh) é equivalente a 588.441 barris de petróleo.

Fontes renováveis produziram quase 22% da geração global de eletricidade em 2013, um crescimento de 5% em relação a 2012

Como funciona a energia solar

O sol é fonte fundamental de energia para quase todas as formas de vida no planeta. Com tecnologias adequadas, nossa estrela também pode se tornar a principal usina de energia para manter o mundo.

Painéis solares fotovoltaicos

Camadas de semicondutores, geralmente silício, capturam a energia solar. A luz atinge o painel e cria um campo elétrico que atravessa suas camadas, criando uma corrente ao separar as cargas negativas e positivas. Quanto mais forte a luz solar, mais eletricidade é produzida.

Usina solar

O sol emite vastas quantidades de energia. A energia solar que atinge a Terra é suficiente para alimentar cerca de 4 trilhões de lâmpadas de 100 watts. Os avanços mais recentes das tecnologias de energia solar e o rápido crescimento de sua adoção faz com que especialistas acreditem que, em 2050, a energia solar será a principal fonte de energia em nosso planeta.

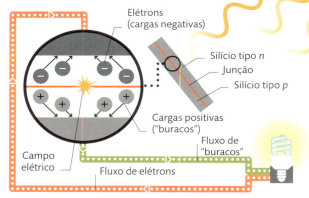

Concentração de energia solar (em inglês CSP)

Concentradores lineares tipo CSP, refletores e torres de energia usam espelhos para concentrar o calor da luz solar em recipientes preenchidos com líquidos (como sal derretido), a fim de ferver água. O vapor resultante impulsiona turbinas geradoras de energia. Estruturas de armazenamento de calor permitem a produção de eletricidade à noite.

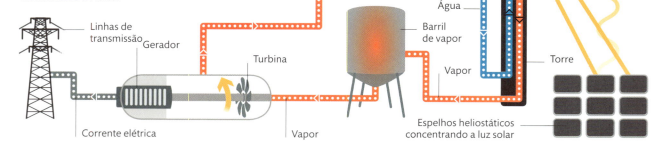

FATORES DA MUDANÇA
Combustível para crescer

Utilizamos a energia solar desde sempre. Por exemplo, cavalos já foram o principal meio de transporte de pessoas e bens – eles se alimentam de forragem e grãos que crescem com luz solar. Hoje, novas tecnologias nos permitem ampliar o uso de energia solar ao converter o calor ou luz do sol em formas mais utilizáveis de energia, como eletricidade e água quente. Tecnologias solares têm prós e contras, mas oferecem um potencial sem precedentes. O aumento de seu uso e o aprimoramento das tecnologias irão derrubar custos e alavancar um crescimento considerável nos próximos anos.

À medida que o mundo luta contra emissões que alteram o clima, as tecnologias de energia solar podem substituir o uso de combustíveis fósseis.

Energia solar passiva

Janelas que recebem o máximo de luz natural reduzem a eletricidade necessária para alimentar lâmpadas. O aquecimento solar das superfícies interiores reduz a necessidade de aquecimento artificial interno, especialmente se a edificação possui isolamento adequado.

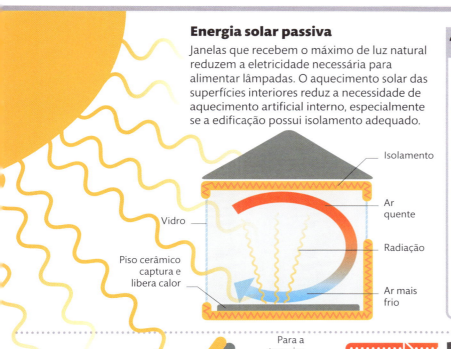

"EPICENTROS" GLOBAIS

As tecnologias de energia solar podem funcionar em praticamente qualquer lugar onde haja uma boa quantidade de luz solar. Entretanto, elas funcionam ainda melhor em regiões nas quais há maior incidência dos raios solares e poucas nuvens. Muitas áreas desérticas e outras partes do mundo têm o potencial de produzir quantidades gigantescas de eletricidade utilizando tecnologias solares atuais, como painéis solares fotovoltaicos e concentração de energia solar. As melhores regiões incluem o sudoeste dos EUA, a América do Sul ocidental, África, Oriente Médio, sul da Ásia e Austrália.

Aquecimento solar de água

Sistemas de aquecimento solar de água utilizam painéis chamados coletores para acumular o calor do sol e então aquecer a água armazenada em um tanque cilíndrico. Um aquecedor auxiliar ou de imersão também pode ser utilizado para aquecer a água ainda mais, especialmente em altas latitudes nos meses de inverno.

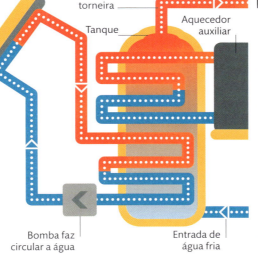

1 hora de luz solar atingindo a Terra é aproximadamente equivalente ao **consumo anual de energia de todo o planeta**

Energia eólica

Nas últimas décadas, o uso global de eletricidade gerada pelos ventos expandiu rapidamente. Alguns países, como a Dinamarca, dependem fortemente dos ventos para gerar energia.

Em tempos remotos, a energia eólica impulsionava os barcos no rio Nilo, bombeava água e moía grãos. Cerca de 1000 a.C., os ventos drenavam vastas áreas do delta do rio Reno. A primeira vez que foi utilizada para gerar eletricidade foi em Glasgow, na Escócia, em 1887. Em 1941, a primeira turbina de megawatt do mundo foi conectada à rede de distribuição em Vermont, nos EUA. Já a primeira fazenda eólica de múltiplas turbinas foi inaugurada em New Hampshire, em 1980, e a primeira fazenda eólica em alto-mar foi inaugurada na Dinamarca, em 1991, com posterior aperfeiçoamento e expansão de tal tecnologia.

Quem gera mais?

Diversos países adotaram políticas para incentivar a instalação de geradores eólicos de eletricidade. Muitos o fizeram para reduzir suas emissões de gases do efeito estufa. A China atualmente possui o maior setor de energia eólica do mundo, seguida dos EUA. Nos últimos anos, a China vem adicionando ainda mais capacidade que os EUA. A Alemanha fica em terceiro lugar, com 10% da energia eólica do mundo, e outros grandes produtores mundiais são Índia, Espanha, Reino Unido, Canadá, França, Brasil e Itália.

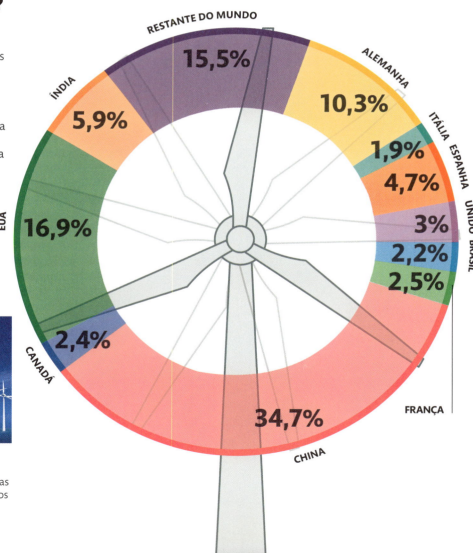

- RESTANTE DO MUNDO: 15,5%
- ALEMANHA: 10,3%
- ITÁLIA: 1,9%
- ESPANHA: 4,7%
- REINO UNIDO: 3%
- BRASIL: 2,2%
- FRANÇA: 2,5%
- CHINA: 34,7%
- CANADÁ: 2,4%
- EUA: 16,9%
- ÍNDIA: 5,9%

Fazenda eólica em alto-mar
Ventos oceânicos poderosos fornecem mais energia que fazendas eólicas em terra firme, mas os custos de instalação em alto-mar são maiores.

FATORES DA MUDANÇA
Combustível para crescer
56 / 57

Como funciona a energia eólica?

Geradores convencionais usam vapor para impulsionar suas turbinas. Com a energia eólica, o processo é alimentado pelo ar, em vez de combustíveis, como carvão ou gás. As lâminas ou pás similares a hélices de aeronaves são instaladas em rotores conectados a um eixo principal, que impulsiona o gerador. O sistema é montado sobre uma torre para aproveitar ventos mais estáveis e menos turbulentos

1 Lâminas giram
Se os ventos são fortes o suficiente, a pressão da passagem de ar faz com que a turbina gire.

2 Engrenagens giram gerador
Lâminas rotacionam um eixo conectado a uma caixa de engrenagens que aumentam a energia rotacional produzida.

3 Saída de energia
Energia rotacional é convertida em eletricidade por um gerador.

4 Transformação
Transformador converte a eletricidade na voltagem adequada para distribuição.

> "O futuro da energia é **verde, sustentável e renovável**"
>
> **ARNOLD SCHWARZENEGGER, EX-GOVERNADOR DA CALIFÓRNIA**

5 Distribuição
Eletricidade é distribuída por meio de uma rede nacional de cabos.

GERAÇÃO EÓLICA: PRÓS E CONTRAS

Prós
- É limpa, verde e não polui. Turbinas de vento não geram emissões.
- Renovável. Ventos surgem da energia solar, portanto são uma fonte sem fim.
- Custos já caíram 80% desde 1980 e cairão ainda mais. Custos operacionais são baixos.
- Potencial para rápido crescimento.
- A tecnologia está evoluindo para produzir mais energia mais silenciosamente.

Contra
- Turbinas geralmente operam a apenas 30% de sua capacidade.
- Gera perigo para aves e morcegos. A erosão do solo pode ser um problema à instalação.
- É mais cara que a energia por gás ou carvão em alguns países.
- Pode causar mudanças na paisagem.
- Viável em áreas de terra ou mar com quantidade grande e estável de ventos.

Energia das ondas e maremotriz

Mares e oceanos armazenam vastas quantidades de energia que começam a ser convertidas em eletricidade por meio de sistemas de energia das ondas e das marés, produzindo energia livre de poluição.

Indo com a maré

Tecnologias maremotriz e de ondas estão começando a se tornar fontes comercialmente viáveis. A tecnologia está avançando rapidamente e tem potencial gigantesco para as próximas décadas. Fazendas de energia das ondas e sistemas de energia maremotriz coletam a fabulosa energia dos mares para gerar eletricidade, e sua capacidade global pode ser maior que o equivalente a 120 reatores nucleares. Países com maior potencial para essas fontes confiáveis de energia incluem França, Reino Unido, Canadá, Chile, Japão, Coreia, Austrália e Nova Zelândia.

MELHORES LOCALIZAÇÕES PARA ENERGIA DE ONDAS, EUROPA

Na crista da onda

As melhores áreas da Europa para fazendas de ondas ficam na costa atlântica, onde ventos fortes criam grandes ondas.

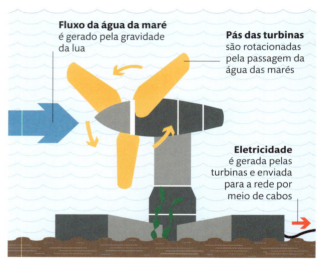

Fluxo da água da maré é gerado pela gravidade da lua

Pás das turbinas são rotacionadas pela passagem da água das marés

Eletricidade é gerada pelas turbinas e enviada para a rede por meio de cabos

MELHORES LOCALIZAÇÕES PARA ENERGIA MAREMOTRIZ, EUROPA

Correntes marítimas

No Reino Unido, cabos, enseadas e canais afunilam e aceleram as correntes, favorecendo a energia maremotriz.

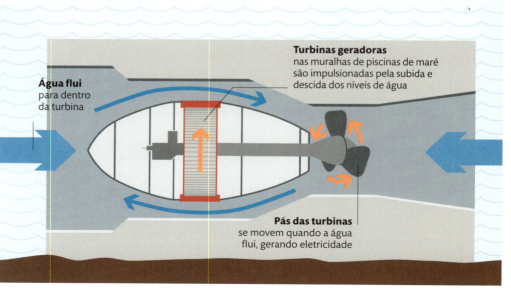

Água flui para dentro da turbina

Turbinas geradoras nas muralhas de piscinas de maré são impulsionadas pela subida e descida dos níveis de água

Pás das turbinas se movem quando a água flui, gerando eletricidade

FATORES DA MUDANÇA
Combustível para crescer

A coleta do movimento de ondas e marés impulsiona turbinas geradoras de energia. Além de cortar as emissões de dióxido de carbono, oferecem também segurança energética e criam empregos.

Esse tipo de energia é hoje mais caro que aquele gerado por combustíveis fósseis. Isso acontece porque os combustíveis fósseis são queimados (e avaliados) sem avaliar os custos da mudança climática que eles causam.

VEJA TAMBÉM...
- **Explosão da demanda** p. 46–47
- **Revolução renovável** p. 52–53
- **Dilema energético** p. 60–61

80%
é o potencial da **energia cinética** das ondas que pode ser **convertido em eletricidade**

ESTUDO DE CASO

Piscina de maré de Swansea

- A Baía de Swansea no sul do País de Gales fica no Canal de Bristol. Como essa área costeira do Reino Unido tem a segunda maior amplitude de marés no mundo, ela se torna um local ideal para uma piscina de maré.
- Devem ser instaladas 16 turbinas subaquáticas em um muro de contenção localizado 3 km mar adentro.
- A usina de energia proposta para essa piscina de maré irá gerar energia limpa, alimentando mais de 155 mil domicílios por, pelo menos, 120 anos.

COLHENDO AS ONDAS SUPERFICIAIS

Um dos *designs* mais promissores para coletar a energia das ondas superficiais é o atenuador de ondas. Nas costas ocidentais estão as melhores ondas para coleta, pois os ventos são mais consistentes. Portanto, os melhores locais incluem a Costa Pacífica dos EUA, Reino Unido, França, Portugal, Nova Zelândia e sul da África.

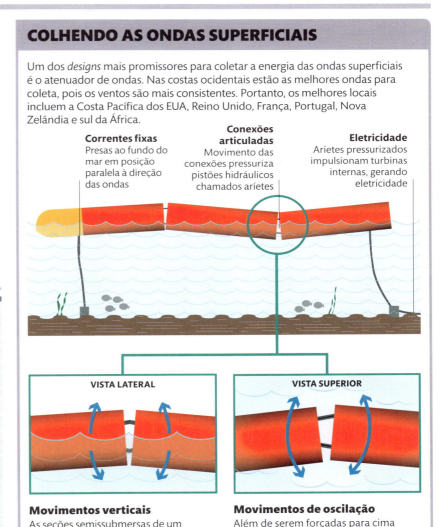

Correntes fixas Presas ao fundo do mar em posição paralela à direção das ondas

Conexões articuladas Movimento das conexões pressuriza pistões hidráulicos chamados aríetes

Eletricidade Aríetes pressurizados impulsionam turbinas internas, gerando eletricidade

VISTA LATERAL

VISTA SUPERIOR

Movimentos verticais As seções semissubmersas de um atenuador de ondas se movem verticalmente, sobem e descem acompanhando o movimento das ondas, impulsionando suas articulações.

Movimentos de oscilação Além de serem forçadas para cima e para baixo, as articulações dos atenuadores permitem que as seções "serpenteiem", capturando também energia do movimento rotacional.

Dilema energético

Prós e contras acompanham todas as nossas escolhas energéticas. Quando o aumento da demanda agrava as tensões entre prioridades concorrentes, é essencial analisar o panorama geral para a tomada de decisões.

Diversos tipos de tecnologia têm um papel fundamental no atendimento de nossas necessidades energéticas. Tecnologias paralelas irão definir nossas escolhas futuras, como a captura e o armazenamento de carbono no caso do carvão e gás natural, e o armazenamento de energia para algumas formas de energia renovável.

Nossa abordagem deve considerar questões de segurança, custo e impacto ambiental – que geralmente caminham em sentidos opostos. Por exemplo, o carvão é uma fonte barata e segura, mas causa uma gigantesca quantidade de emissões de dióxido de carbono e poluição atmosférica.

A política energética é um assunto altamente político. A tomada de decisão geralmente favorece custos de curto prazo e garantia da segurança em detrimento das questões ambientais, o que torna desafiadora a implementação de escolhas benéficas – a longo prazo.

Quais são nossas opções?

A comparação abaixo é compacta e se baseia na situação atual. As circunstâncias para algumas das tecnologias são altamente variáveis, como o potencial para energias renováveis em determinados lugares. Entretanto, é possível traçar conclusões gerais sobre cada fonte de energia em específico. Políticos e legisladores devem entender quais trazem o melhor portfólio de resultados a longo prazo.

Carvão

9

A maior fonte de eletricidade em todo o mundo, com aumento vertiginoso mais recentemente em países em crescimento acelerado, como China e Índia.

▶ Disponibilidade abundante baixa os custos da eletricidade.

▶ Altíssima emissão de carbono e poluição atmosférica local.

Petróleo

10

O principal combustível do transporte no mundo.

▶ Uma grande fonte de dióxido de carbono e poluição atmosférica urbana.

▶ O petróleo extraído por fraturamento hidráulico e de areias betuminosas gera mais emissões de carbono que o petróleo convencional.

Gás natural

4

Flexível, abundante, usado na cozinha, gera eletricidade e aquecimento.

▶ Produz cerca da metade das emissões de dióxido de carbono do carvão.

▶ O gás obtido convencionalmente e produzido por fraturamento hidráulico levanta diferentes questões.

Nuclear

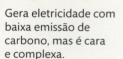

8

Gera eletricidade com baixa emissão de carbono, mas é cara e complexa.

▶ Principais problemas relacionados à gestão dos rejeitos radioativos a longo prazo.

▶ Persistem as tensões sobre a conexão entre energia nuclear e armas nucleares.

Hidrelétrica

5

Uma fonte relativamente baixa em carbono, mas limitada pela quantidade de rios.

▶ Pode causar enormes impactos sociais e no ecossistema.

▶ Vulnerável a secas prolongadas que já estão afetando algumas regiões.

FATORES DA MUDANÇA
Combustível para crescer

LEGENDA PARA SÍMBOLOS E AVALIAÇÕES

 Custo Frequentemente é o principal fator da escolha, sobretudo quando há baixa renda

 Tecnologia disponível Algumas opções já estão consolidadas, outras, ainda sendo desenvolvidas

 Poluição e dejetos Algumas tecnologias são muito mais limpas do que outras

 Segurança energética Pré-requisito fundamental para o desenvolvimento econômico

 Avaliação final Contribuição de longo prazo para atingir segurança energética, custo acessível e proteção ambiental

Avaliação da contribuição para cumprir as metas de segurança energética, acessibilidade econômica e proteção ambiental.

① Melhor ⑩ Pior

- Muito favorável
- Favorável
- Desvantagens
- Problema grave

EFICIÊNCIA: O "COMBUSTÍVEL" INVISÍVEL

Carros que gastam menos combustível, lâmpadas que consomem menos eletricidade, isolamento térmico e tecnologias construtivas eficientes economizam energia. Tal eficiência também pode economizar dinheiro, sendo importante prioridade na busca por formas de cumprir as três metas de energia.

Em 2011, o volume de dinheiro economizado pela eficiência energética foi de $743 bilhões*

*Comparado ao consumo total de combustível em 11 países: Austrália, Dinamarca, Finlândia, França, Alemanha, Itália, Japão, Países Baixos, Suécia, Reino Unido e EUA.

Biocombustíveis líquidos

 7

Podem substituir o petróleo e reduzir emissões de dióxido de carbono, com o uso da cana-de-açúcar para produzir etanol.

› Pode desviar alimentos da mesa para os tanques de combustíveis.

› Possível motivador de desmatamento, com emissão de CO_2 e perda de biodiversidade.

Biomassa

  6

Pode ser utilizada lenha em usinas termelétricas, substituindo gás e carvão.

› Renovável, mas pode levar a altas emissões de carbono e dano ao solo.

› Pode ser um motivador do desmatamento.

Eólica

 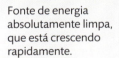 **1**

Fonte de energia absolutamente limpa, que está crescendo rapidamente.

› Com ventos intermitentes, outras fontes de energia também podem ser necessárias. Porém, tecnologias de armazenamento de energia estão evoluindo.

› Modifica a aparência de paisagens.

Solar

 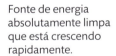 **2**

Fonte de energia absolutamente limpa que está crescendo rapidamente.

› Depende da luz do dia. Seu uso em larga escala dependerá de tecnologias emergentes de armazenamento, como baterias de alta capacidade.

› Seu uso está se expandindo muito em todo o mundo.

Ondas/marés

 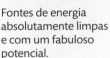 **3**

Fontes de energia absolutamente limpas e com um fabuloso potencial.

› Tecnologias em desenvolvimento. As primeiras usinas de uso comercial estão sendo instaladas agora.

› Relativamente cara. Precisa de subsídio governamental durante a fase inicial.

Apetite desenfreado

O crescimento na agricultura transformou a superfície do planeta. As sociedades pré-agrícolas de caçadores-coletores tinham uma população total de poucos milhões de pessoas. Hoje, a agropecuária sustenta mais de 7 bilhões de pessoas. O aumento da produção agropecuária em larga escala foi um fator vital para nossa civilização e permitiu o contínuo êxodo das áreas rurais para as cidades. Sustentar boas condições para a produção agropecuária, incluindo a saúde do solo e a disponibilidade de água (ver p. 78-79), é um desafio cada vez maior.

Produção de grãos

Os primeiros fazendeiros domesticaram plantas selvagens para produzir grãos como arroz, trigo e milho. Ricos em carboidratos e proteínas, de fácil estocagem e rápido crescimento mesmo em solos de baixa qualidade (e, no caso do trigo, em regiões áridas), os grãos se tornaram o pilar da agricultura. Essa situação perdura até hoje, embora novas variedades, mecanização, pesticidas e fertilizantes permitam colheitas imensamente maiores do que as quantidades obtidas tão recentemente quanto em meados do século XX. Apesar do acelerado crescimento populacional, o mundo vem conseguindo acompanhar o forte crescimento da demanda pela oferta de alimentos, e a produção de grãos cresceu consistentemente desde a década de 1950.

Revolução Verde Pesquisas sobre formas de aumentar a colheita começaram no México na década de 1940. Tecnologias como fertilizantes, pesticidas, mecanização e irrigação se espalharam pelo mundo todo nas décadas de 1950 e 1960.

1950 1955 1960 1965 1970 1975 1980
ANO

FATORES DA MUDANÇA
Apetite desenfreado

A ASCENSÃO DA CARNE E DOS LATICÍNIOS

À medida que as pessoas enriqueceram, o consumo de carne e laticínios aumentou vertiginosamente. Isso trouxe efeitos colaterais tanto ao meio ambiente quanto à saúde humana. Em comparação à dieta vegetariana, alimentos derivados de animais precisam de mais terra e mais água para serem produzidos. O aumento do consumo de carnes e laticínios, ambos com altos teores de proteína e gordura, aumentam o risco de doenças cardíacas, alguns tipos de câncer e diabetes tipo 2.

kg per capita
- Carnes
- Leite e derivados

1964/1966: 53 (24,2) / 163 (74)
2015: 90 (41,3) / 183 (83)

CONSUMO GLOBAL DE CARNE E LATICÍNIOS

1997
Primeiro milho geneticamente modificado é produzido.

> "**A civilização** como a conhecemos atualmente **não conseguiria ter evoluído** – e nem conseguiria sobreviver – **sem uma oferta adequada de alimentos**."
>
> **NORMAN BORLAUG, CIENTISTA DOS EUA, "PAI" DA REVOLUÇÃO VERDE**

Produção global de grãos
Em 2016, metade de todos os grãos do mundo foram produzidos por apenas três países: China, EUA e Índia. Milho, trigo e arroz são responsáveis pela maior parte da colheita de grãos no mundo.

ÍNDIA | UNIÃO EUROPEIA | EUA | CHINA

PRODUÇÃO DE GRÃOS 2016 (MILHÕES DE TONELADAS)

PRODUÇÃO ANUAL DE GRÃOS (MILHÕES DE TONELADAS)

1985　1990　1995　2000　2005　2010

Planeta agropecuário

Atualmente, cerca de um terço de toda a terra do planeta tem fins agropecuários. Entretanto, apenas um terço disso é utilizado para agricultura – o restante é utilizado para pecuária.

A maior parte da superfície da Terra é coberta por desertos, gelo, florestas e campos, não sendo adequada para agropecuária. Quando as condições permitiram, houve expansão da agropecuária, embora a área total com solos adequados e água suficiente para produção seja, em um contexto global, limitada. O crescimento da demanda por alimentos tem mantido a expansão constante da agropecuária nas áreas ainda não convertidas. As consequências dessa expansão incluem desmatamento, redução da vida selvagem, aumento nas emissões de gases do efeito estufa, deterioração da qualidade da água e danos generalizados ao solo (ver p. 74-75).

Plantações *versus* pastagens

Atualmente, cerca de três quartos da terra no planeta produzindo comida são dedicados a pastagens para fornecimento de carne e laticínios. O restante de terra é utilizado para produzir grãos, frutas e vegetais. O consumo de produtos animais aumentou na proporção do aumento de consumidores da classe média. Essa tendência deverá se manter, à medida que as principais economias emergentes mudarem seus hábitos alimentares. Apenas uma parcela dessas terras produtivas é dedicada à produção de grãos e outros vegetais, e grande parte da colheita é utilizada para alimentar os rebanhos. Campos, áreas esparsamente arborizadas e solos áridos também são parcialmente utilizados por animais domésticos como pastagens.

- Plantações
- Florestas
- Sistemas de campos e bosques
- Vegetação esparsa e terras áridas
- Ocupação urbana e infraestruturas
- Corpos aquáticos interiores

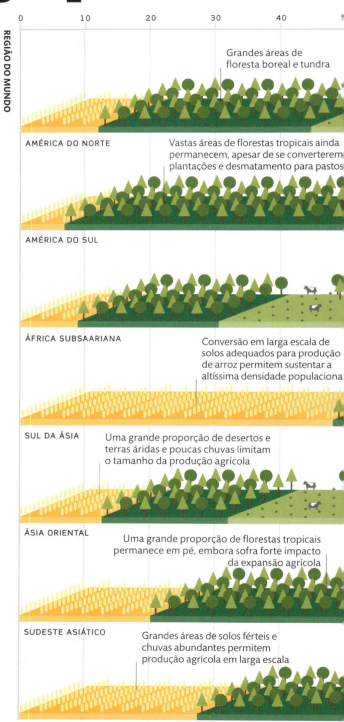

REGIÃO DO MUNDO

AMÉRICA DO NORTE — Grandes áreas de floresta boreal e tundra

AMÉRICA DO SUL — Vastas áreas de florestas tropicais ainda permanecem, apesar de se converterem plantações e desmatamento para pastos

ÁFRICA SUBSAARIANA — Conversão em larga escala de solos adequados para produção de arroz permitem sustentar a altíssima densidade populaciona

SUL DA ÁSIA — Uma grande proporção de desertos e terras áridas e poucas chuvas limitam o tamanho da produção agrícola

ÁSIA ORIENTAL — Uma grande proporção de florestas tropicais permanece em pé, embora sofra forte impacto da expansão agrícola

SUDESTE ASIÁTICO — Grandes áreas de solos férteis e chuvas abundantes permitem produção agrícola em larga escala

EUROPA CENTRAL E LESTE EUROPEU

FATORES DA MUDANÇA
Apetite desenfreado

64 / 65

USO DA TERRA COMO PERCENTUAL DA REGIÃO DO MUNDO

Grandes áreas de solos adequados para produção agrícola estão sob florestas, savana e campos naturais

Mudanças ao longo do tempo

Foi amplo o crescimento da agricultura nos dois últimos séculos. Em 1800, a maior parte da terra utilizada para agropecuária estava na Europa e Ásia. Hoje, essa área se expandiu para fora desses continentes e transformou a paisagem das Américas, grande parte da África e Austrália, onde as vegetações originais foram desmatadas para serem utilizadas para a agricultura e pecuária.

Terras utilizadas para agricultura
- 1800
- 2000

USO DE GRÃOS

A cada ano, o mundo produz cerca de 2,8 bilhões de toneladas de grãos. Arroz e trigo são mais consumidos por pessoas, e milho, por rebanhos. Alimentar animais com as colheitas, para que sirvam de alimentos para as pessoas, demanda mais terra, água e combustíveis fósseis que o consumo direto das colheitas pelas pessoas.

Pessoas 45% — menos de metade de toda a produção de grãos é consumida diretamente pelas pessoas.

Rebanhos 35% — grãos como milho são utilizados para alimentar aves, suínos e bovinos.

Outros usos 20% — alguns grãos possuem uso não alimentar, como biocombustíveis e matéria-prima industrial.

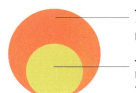

TERRAS TOTAIS
13.003 milhões de hectares

TERRAS UTILIZADAS PARA AGRICULTURA
4.889 milhões de hectares

TOTAL DE TERRAS UTILIZADAS PARA AGRICULTURA

Explosão dos fertilizantes

O aumento surpreendente na produção de alimentos alcançado nas últimas décadas se deve principalmente ao aumento correspondente no uso de fertilizantes. Entretanto, tal sucesso trouxe enormes problemas.

As plantas precisam de nutrientes do solo para crescer – como nitrogênio, fósforo e potássio. Eles são consumidos pela agricultura e precisam ser repostos. Por milênios, fazendeiros utilizaram nutrientes reciclados de restos, como o esterco. A agricultura industrial é sustentada pelo uso de fertilizantes de outras origens, causando grande impacto ambiental.

Aumento da colheita

A invenção do processo Haber-Bosch na primeira metade do século XX permitiu que fertilizantes de nitrogênio fossem feitos a partir do gás natural e nitrogênio da atmosfera. Seu uso em larga escala permitiu que fazendeiros produzissem mais em uma mesma quantidade de terra, acompanhando a crescente demanda por alimentos. Entre 1950 e 1990, a produção de comida no mundo quase triplicou com o aumento de só 10% das áreas cultiváveis.

MUDANÇA NA COLHEITA MÉDIA
1961   2005

Aumento do uso de fertilizantes

Após a Segunda Guerra Mundial, as indústrias químicas começaram a produzir fertilizantes nitrogenados. Novas fontes de fosfato rochoso foram identificadas, aumentando a disponibilidade de fósforo. Com subsídios governamentais, a utilização de fertilizantes aumentou, principalmente durante a Revolução Verde, entre o fim de 1940 e 1970.

A "Revolução Verde" obtém sucesso e difunde os métodos agrícolas modernos, sobretudo na Ásia

Com preocupações cada vez maiores sobre o crescimento da população, a utilização de fertilizantes é incentivada

O uso de fertilizantes se expande rapidamente em todo o mundo, sobretudo na Ásia e no Leste Europeu

Consumo de fertilizantes (milhões de toneladas)
- África
- Américas
- Ásia
- Oceania
- Europa (sem Leste Europeu)
- Leste Europeu

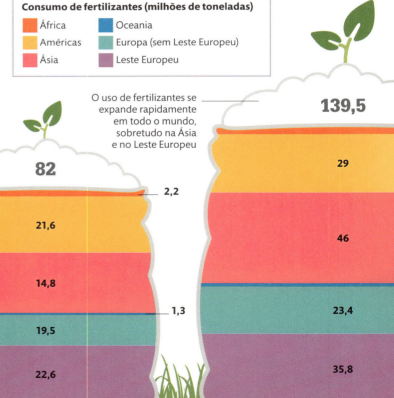
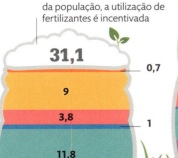

1961 — 31,1: 0,7 / 9 / 3,8 / 1 / 11,8 / 4,8
1974 — 82: 2,2 / 21,6 / 14,8 / 1,3 / 19,5 / 22,6
1987 — 139,5: 29 / 46 / 23,4 / 35,8

FATORES DA MUDANÇA
Apetite desenfreado

EFEITOS DOS FERTILIZANTES NITROGENADOS

A principal razão para o aumento da concentração de óxido nitroso na atmosfera é a aplicação de fertilizantes nitrogenados. Eles têm diversos efeitos nocivos ao meio ambiente e à saúde humana.

- Óxido nitroso é o terceiro principal gás do efeito estufa, causando a mudança climática.
- Fertilizantes nitrogenados são parcialmente responsáveis pela destruição da camada de ozônio.
- Nitrogênio e fosfato podem causar mudanças ecológicas, especialmente em ambientes aquáticos e marinhos, causando danos a peixes e fauna e flora em geral (ver p. 162-163).
- Enriquecimento por fertilizantes causa mudanças nos ecossistemas terrestres, fazendo com que plantas mais agressivas eliminem espécies mais frágeis.
- Aumento da concentração de nitratos no meio ambiente pode atingir a água potável e trazer danos à saúde humana. Isso inclui a "síndrome do bebê azul", diversos tipos de câncer e problemas na tireoide.

100%
do aumento na fixação de **nitrogênio** no planeta Terra durante o último século decorreu de **atividades humanas**

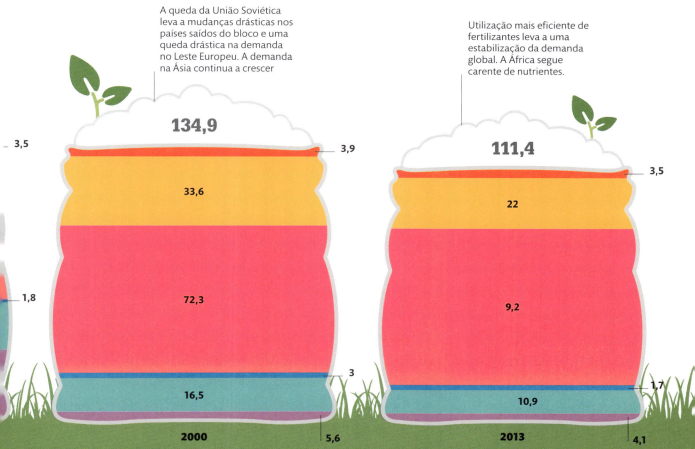

A queda da União Soviética leva a mudanças drásticas nos países saídos do bloco e uma queda drástica na demanda no Leste Europeu. A demanda na Ásia continua a crescer

Utilização mais eficiente de fertilizantes leva a uma estabilização da demanda global. A África segue carente de nutrientes.

2000: 134,9 — 3,5 / 3,9 / 33,6 / 72,3 / 1,8 / 16,5 / 3 / 5,6

2013: 111,4 — 3,5 / 22 / 9,2 / 10,9 / 1,7 / 4,1

Desafio do controle de pragas

Ervas daninhas, fungos, micróbios e insetos atacam as plantações de alimentos, reduzem as colheitas e comprometem os estoques. Combatemos com pesticidas, causando danos à vida selvagem.

Por milênios, fazendeiros produziram sem utilizar pesticidas químicos. Nas décadas seguintes à Segunda Guerra Mundial, compostos tóxicos passaram a ser muito adotados, gerando forte expansão da produção de alimentos, mas causando danos à vida selvagem. Os efeitos incluem a perda de plantas utilizadas como alimento por insetos e a diminuição na oferta de alimentos de pássaros insetívoros. As populações de animais benéficos também são afetadas, incluindo polinizadores. Alguns pesticidas são cumulativos nas cadeias alimentares, fazendo com que as populações de predadores no topo da cadeia entrem em declínio (ver p. 92-93). Ao mesmo tempo, muitas pestes desenvolveram resistência a pesticidas.

Quanto pesticida é utilizado?

A utilização de pesticidas cresce em quase todos os lugares, mas as quantidades variam enormemente de país para país. Depende do tipo de produto que é plantado, de seu valor de mercado e do tamanho do impacto exercido pelas pragas. Depende também da potência dos produtos químicos aplicados, das práticas de agricultura e do estágio de desenvolvimento que o país alcançou – países muito pobres não têm condições de fazer uso de pesticidas. No estabelecimento de políticas governamentais há também a pressão das empresas de pesticidas. Na maioria dos casos, no entanto, o uso de pesticidas poderia ser reduzido.

A quantidade de pesticidas utilizados internacionalmente **cresceu 50 vezes desde 1950**

Moçambique é um exemplo típico de país africano. O alto custo dos pesticidas faz com que seu uso seja mais baixo do que em outras regiões

Nos Países Baixos, as tulipas são um exemplo de cultura de alto valor com alto impacto de pragas

MOÇAMBIQUE (0,2 kg/Ha) · **ÍNDIA** (0,2 kg/Ha) · **CAMARÕES** (0,9 kg/Ha) · **CANADÁ** (1 kg/Ha) · **EUA** (2,2 kg/Ha) · **REINO UNIDO** (3,3 kg/Ha) · **PAÍSES BAIXOS** (8,8 kg/Ha) · **NOVA ZELÂNDIA** (8,8 kg/Ha) · **CHINA** (10,3 kg/Ha)

FATORES DA MUDANÇA
Apetite desenfreado

CRESCIMENTO GLOBAL NAS VENDAS DE PESTICIDAS

Vendas globais de pesticidas vêm crescendo rapidamente desde a década de 1940. Desde 2000, as vendas aumentaram especialmente na Ásia, América Latina e no Leste Europeu – entretanto, permaneceram estagnadas no Oriente Médio e na África. Empresas de pesticidas aumentam suas vendas cobrando preços mais baixos por produtos mais antigos ou em mercados mais pobres.

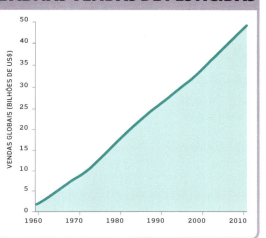

Aplicação de pesticida
Pesticidas são fundamentais na cultura do arroz no sul e sudeste asiáticos. É comum a aplicação manual sobre as lavouras.

O café colombiano é uma cultura de alto valor, e o impacto das pragas é também alto

CHILE (10,7 kg/Ha)   JAPÃO (13,1 kg/Ha)   COLÔMBIA (15,3 kg/Ha)   BAHAMAS (59,4 kg/Ha)

Ameaça à vida selvagem

Pesticidas neonicotinoides afetam o sistema nervoso dos insetos. Seu uso impacta as populações de pássaros, já que os insetos são parte importante de sua dieta. Um estudo descobriu que, nas áreas com concentração de imidacloprida (um pesticida neonicotinoide) maior que 19,43 ng/litro, as populações de pássaros foram reduzidas.

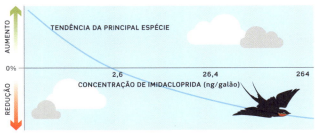

O que podemos fazer?

> **Governos, fazendeiros e indústrias químicas** podem promover uma gestão integrada de pragas. Isso envolve a adoção de estratégias que permitam a produção de alimentos com menos químicos, com a diversificação e rotação de cultivos. O estímulo à recuperação de populações de morcegos e pássaros também pode melhorar o controle natural de pragas.

Como alimentos são desperdiçados

A magnitude do desperdício de alimentos corresponderia a jogar no lixo mais de um quarto da terra cultivável do planeta. À medida que os crescimentos econômico e populacional impõem uma demanda progressiva, a redução do desperdício de alimentos é uma prioridade cada vez maior.

Desperdiçamos no mundo cerca de 1,4 bilhão de toneladas – ou um terço – dos alimentos produzidos a cada ano, incorrendo também em um desperdício de água equivalente à vazão anual do rio Volga, na Rússia. Tal desperdício gera mais de 3,3 bilhões de toneladas de gases do efeito estufa na atmosfera. É uma perda de milhões de toneladas de fertilizantes e um custo na casa dos US$ 750 bilhões a cada ano, além de representar menor acesso aos alimentos.

Quanto mais tarde um alimento é descartado na viagem entre o campo e a mesa, maior o impacto ambiental, pois mais recursos terão sido utilizados para que ele tenha chegado lá.

Onde está o desperdício?

O desperdício de alimentos ocorre em todos os estágios da cadeia de suprimentos. Nos países em desenvolvimento, 40% do desperdício ocorre nos estágios iniciais do processo e pode ser atribuído às restrições nas técnicas de colheita e no armazenamento, e problemas com instalações de refrigeração. Nos países desenvolvidos, mais de 40% do desperdício ocorre na etapa do varejo em razão dos padrões de qualidade, que dão maior valor à aparência, ou no consumo, quando o alimento é jogado fora.

Causa e estágio do desperdício de alimentos (percentual da produção total)
- Agricultura
- Pós-colheita ou abate
- Processamento
- Distribuição
- Consumo

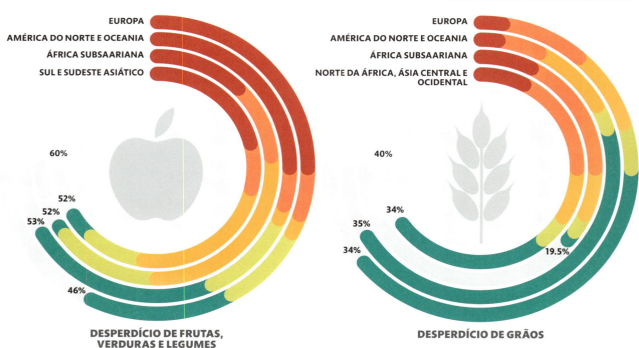

DESPERDÍCIO DE FRUTAS, VERDURAS E LEGUMES

DESPERDÍCIO DE GRÃOS

FATORES DA MUDANÇA
Apetite desenfreado

O QUE ESTAMOS DESPERDIÇANDO?

Todos os principais grupos de alimentos estão sujeitos ao desperdício de forma global, mas são as frutas, vegetais, raízes e tubérculos mais frágeis e perecíveis que têm o maior impacto do desperdício proporcionalmente. O desperdício de carne é comparativamente baixo, mas o impacto é alto, pois as calorias de produtos animais possuem maior pegada ambiental.

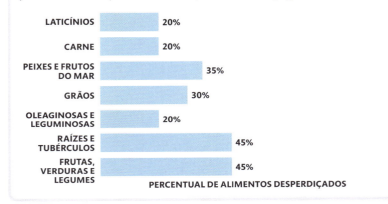

- LATICÍNIOS — 20%
- CARNE — 20%
- PEIXES E FRUTOS DO MAR — 35%
- GRÃOS — 30%
- OLEAGINOSAS E LEGUMINOSAS — 20%
- RAÍZES E TUBÉRCULOS — 45%
- FRUTAS, VERDURAS E LEGUMES — 45%

PERCENTUAL DE ALIMENTOS DESPERDIÇADOS

O que podemos fazer?

- **Reduzir o desperdício.** Evitar perdas de alimentos entre a fazenda e a mesa.
- **Alimentar pessoas necessitadas.** Alimentos em bom estado de conservação que seriam desperdiçados podem ser direcionados para pessoas que precisem deles.
- **Alimentar animais.** Alimentos impróprios para o consumo humano podem alimentar animais, como porcos e galinhas.
- **Compostagem e produção de energia renovável.** Alimentos em decomposição podem ser utilizados para gerar energia por digestão anaeróbica e recuperar os nutrientes para serem utilizados como fertilizantes.

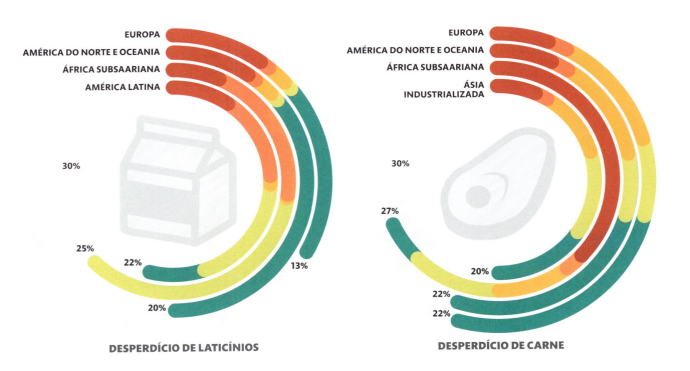

DESPERDÍCIO DE LATICÍNIOS
- EUROPA — 13%
- AMÉRICA DO NORTE E OCEANIA — 20%
- ÁFRICA SUBSAARIANA — 22%
- AMÉRICA LATINA — 25%

DESPERDÍCIO DE CARNE
- EUROPA — 22%
- AMÉRICA DO NORTE E OCEANIA — 22%
- ÁFRICA SUBSAARIANA — 20%
- ÁSIA INDUSTRIALIZADA — 27%

Alimentando o mundo

Em todo o planeta, milhões de pessoas passam fome ou sofrem com a obesidade. Isso demonstra que os níveis absolutos de produção de alimentos não garantem níveis adequados de nutrição.

Em muitos países ricos ou mais desenvolvidos, cada vez mais pessoas se tornam obesas. Por outro lado, em países em desenvolvimento, muitos são subnutridos. Isso se deve a fatores como condições políticas e climáticas e à proporção da renda dedicada à compra de alimentos. Apesar do aumento na produção de alimentos das últimas décadas, pobreza e fome seguem fortemente correlacionadas. O crescimento econômico inclusivo é necessário para melhorar a renda e o estilo de vida dos mais pobres, contribuindo para a redução da fome e da desnutrição.

Onde estão as pessoas que passam fome?

Mais de 800 milhões de pessoas no mundo estão cronicamente subnutridas. São os mais pobres entre os pobres, aqueles que têm acesso limitado aos bens financeiros e frequentemente vivem em áreas rurais. No sul da Ásia e na África subsaariana, a redução da fome tem sido lenta, e a subnutrição ainda é prevalente em ambas as regiões. Na África subsaariana, quase um quarto da população tem alimentos insuficientes. O maior número de pessoas subnutridas no mundo está na Índia, embora representem uma pequena parcela da população.

10,9% da população global está subnutrida (815 milhões)

POPULAÇÃO GLOBAL TOTAL (2016) 7,4 bilhões

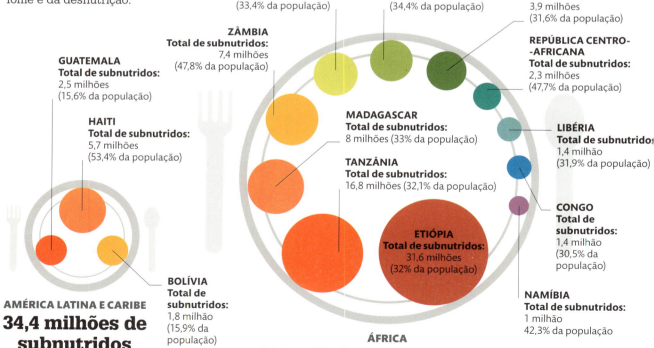

ZIMBÁBUE Total de subnutridos: 5 milhões (33,4% da população)

CHADE Total de subnutridos: 4,7 milhões (34,4% da população)

RUANDA Total de subnutridos: 3,9 milhões (31,6% da população)

ZÂMBIA Total de subnutridos: 7,4 milhões (47,8% da população)

REPÚBLICA CENTRO-AFRICANA Total de subnutridos: 2,3 milhões (47,7% da população)

GUATEMALA Total de subnutridos: 2,5 milhões (15,6% da população)

MADAGASCAR Total de subnutridos: 8 milhões (33% da população)

LIBÉRIA Total de subnutridos: 1,4 milhão (31,9% da população)

HAITI Total de subnutridos: 5,7 milhões (53,4% da população)

TANZÂNIA Total de subnutridos: 16,8 milhões (32,1% da população)

ETIÓPIA Total de subnutridos: 31,6 milhões (32% da população)

CONGO Total de subnutridos: 1,4 milhão (30,5% da população)

BOLÍVIA Total de subnutridos: 1,8 milhão (15,9% da população)

NAMÍBIA Total de subnutridos: 1 milhão 42,3% da população

AMÉRICA LATINA E CARIBE 34,4 milhões de subnutridos

ÁFRICA 233 milhões de subnutridos

FATORES DA MUDANÇA
Apetite desenfreado

CUSTO DA COMIDA

O preço dos alimentos é um fator determinante para a fome ou a obesidade. Nos EUA, o cidadão médio gasta uma proporção relativamente pequena de uma grande renda em alimentos. Na Índia, o cidadão médio gasta uma proporção muito maior de uma renda bem menor em alimentos.

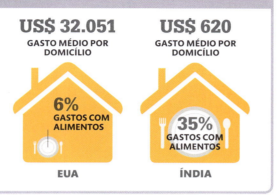

US$ 32.051 GASTO MÉDIO POR DOMICÍLIO — 6% GASTOS COM ALIMENTOS — EUA

US$ 620 GASTO MÉDIO POR DOMICÍLIO — 35% GASTOS COM ALIMENTOS — ÍNDIA

> "A guerra contra a fome é a verdadeira guerra pela libertação da humanidade."
>
> JOHN F. KENNEDY, 35º PRESIDENTE DOS EUA

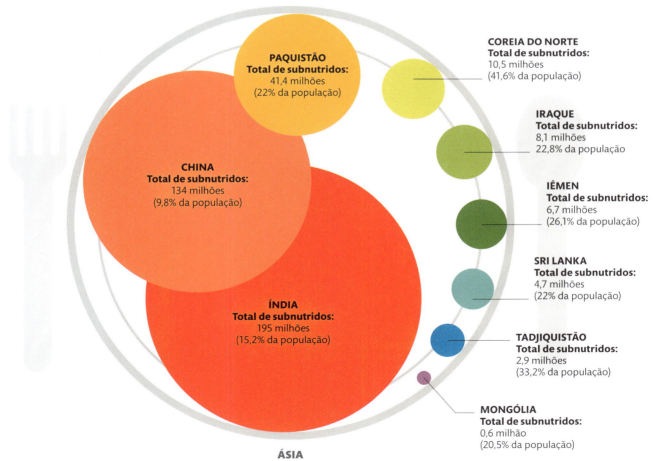

ÁSIA
512 milhões de subnutridos

- **PAQUISTÃO** Total de subnutridos: 41,4 milhões (22% da população)
- **CHINA** Total de subnutridos: 134 milhões (9,8% da população)
- **ÍNDIA** Total de subnutridos: 195 milhões (15,2% da população)
- **COREIA DO NORTE** Total de subnutridos: 10,5 milhões (41,6% da população)
- **IRAQUE** Total de subnutridos: 8,1 milhões 22,8% da população
- **IÊMEN** Total de subnutridos: 6,7 milhões (26,1% da população)
- **SRI LANKA** Total de subnutridos: 4,7 milhões (22% da população)
- **TADJIQUISTÃO** Total de subnutridos: 2,9 milhões (33,2% da população)
- **MONGÓLIA** Total de subnutridos: 0,6 milhão (20,5% da população)

Ameaças à segurança alimentar

Quase toda a produção de alimentos depende do solo e da água. Em ambos os casos, desafios ambientais são as principais ameaças à segurança alimentar. O desafio é global, mas está se tornando ainda mais grave em diversos países em desenvolvimento.

A cada ano, 5-7 milhões de hectares de terras produtivas são degradados, e 25 bilhões de toneladas de solo superficial são erodidos pelo vento e pela água. Desde que a agricultura deixou de ser nomádica, os EUA já perderam cerca de um terço de seu solo superficial. Práticas agrícolas podem reduzir os níveis de matéria orgânica (plantas e organismos do solo em decomposição). Solos com mais matéria orgânica retêm mais água, tornando as plantas mais resilientes às secas. Nos países em desenvolvimento, danos ao solo e secas são comuns. Projeções indicam que, até o fim deste século, grande parte do planeta irá viver secas extremas e, em alguns casos, sem precedentes.

Degradação do solo

A degradação do solo é um problema global generalizado e em crescimento. A degradação induzida pelo homem já tornou diversas áreas impróprias para a agropecuária, sobretudo nas regiões semiáridas do mundo. A aragem e a pressão excessiva de animais de pastoreio podem tornar solos expostos e vulneráveis a sua remoção pela chuva e pelo vento. Essa é a causa de quase todo o dano ao solo que ocorre na América do Norte. Na América do Sul, Europa e Ásia, o desmatamento é responsável pelo dano generalizado. Áreas relativamente pequenas de terra foram degradadas por causa de poluição industrial.

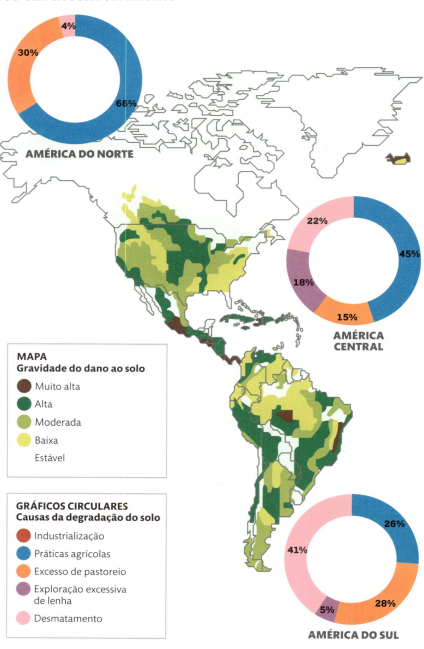

MAPA — Gravidade do dano ao solo
- Muito alta
- Alta
- Moderada
- Baixa
- Estável

GRÁFICOS CIRCULARES — Causas da degradação do solo
- Industrialização
- Práticas agrícolas
- Excesso de pastoreio
- Exploração excessiva de lenha
- Desmatamento

AMÉRICA DO NORTE: 66% / 30% / 4%

AMÉRICA CENTRAL: 45% / 15% / 18% / 22%

AMÉRICA DO SUL: 26% / 28% / 5% / 41%

FATORES DA MUDANÇA
Apetite desenfreado

74 / 75

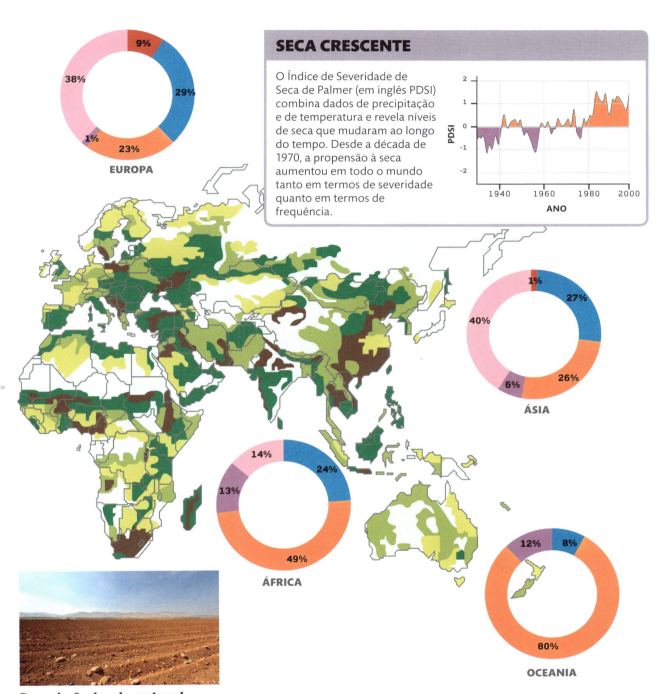

SECA CRESCENTE

O Índice de Severidade de Seca de Palmer (em inglês PDSI) combina dados de precipitação e de temperatura e revela níveis de seca que mudaram ao longo do tempo. Desde a década de 1970, a propensão à seca aumentou em todo o mundo tanto em termos de severidade quanto em termos de frequência.

Degradação do solo em Israel
Níveis de degradação do solo moderados a severos afetam globalmente uma superfície maior do que México e EUA juntos.

Planeta sedento

Nossa necessidade de água doce cresceu dramaticamente no último século. Além de ser necessária para beber, para limpeza e agricultura, a água doce também ajuda a alavancar o desenvolvimento econômico. No mundo natural, todas as plantas terrestres e animais dependem da água doce. Alguns ecossistemas, como florestas tropicais e pântanos, dependem da reconstituição regular de suas reservas de água. Em anos recentes, diversas partes do mundo sofreram os efeitos de secas severas. Os impactos foram sentidos nas colheitas e nos preços dos alimentos, aumentando em milhões o número de pessoas em situação de fome.

Impacto sobre as fontes de água

A água cobre 70% do planeta, mas apenas 3% desse total é de água doce – e grande parte dela não está disponível para uso (ver p. 78-79). Desde 1900, crescimentos populacional e econômico elevaram a quase cinco vezes o consumo de água. Em algumas partes do mundo, o acesso a quantidades insuficientes de água é uma grave barreira ao desenvolvimento. Além disso, o uso ineficiente de água na agropecuária, na indústria e nos domicílios e os danos aos ecossistemas que contribuem para a reconstituição das reservas de água pioram a situação. O impacto sobre as fontes de água doce pode se tornar ainda mais desafiador à medida que as mudanças climáticas gerem disrupção no ciclo da água, incluindo secas mais severas e áreas já propensas a problemas com a água.

> "Uma nação que **não consegue planejar** o desenvolvimento e a proteção de **suas preciosas águas está condenada a definhar...**"
>
> LYNDON B. JOHNSON, 36º PRESIDENTE DOS EUA

1910
Invenção do processo Haber-Bosch permite a produção industrial de fertilizantes nitrogenados, mas leva a um aumento na demanda por água doce

1952
EUA aprovam a Lei da Água Salgada, de 1952, marcando o início da dessalinização da água marinha em larga escala

1900　1910　1920　1930　1940　1950

ANO

FATORES DA MUDANÇA
Planeta sedento

ONDE A ÁGUA É UTILIZADA

Mais da metade da extração de água doce no mundo ocorre na Ásia, onde estão as maiores áreas de lavouras irrigadas. Em média, o uso de água por pessoa é maior em países mais ricos, e uma pessoa nos EUA usa cinco vezes mais água do que uma pessoa em Bangladesh. Em países ricos e secos, o estresse hídrico é gravíssimo.

Extração de água doce (km³)
- Ásia
- Europa
- América do Norte e Central
- Oceania
- África
- América do Sul

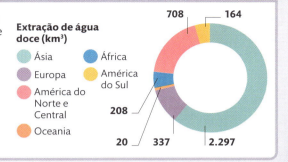

708 — 164 — 2.297 — 337 — 20 — 208

Uma série de recordes de secas e ondas de calor leva a uma redução na produção agrícola em todo o mundo.

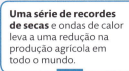

Novas tecnologias da Revolução Verde, incluindo a expansão da irrigação, impulsionam a produção agropecuária, mas geram impacto sobre as fontes de água.

1958
Começa o enchimento do maior reservatório artificial de água doce do mundo no Lago Kariba, na fronteira entre Zimbábue e Zâmbia

Como a água doce é utilizada
Embora a proporção varie amplamente entre os países, cerca de 70% da água doce extraída globalmente é utilizada para agricultura. Projeções indicam que os usos industrial, agrícola e domiciliar continuarão a crescer até 2025.

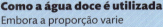

1900 2000 2025 — USO INDUSTRIAL
1900 2000 2025 — USO DOMICILIAR
1900 2000 2025 — USO AGRÍCOLA

USO ANUAL DE ÁGUA (KM³)

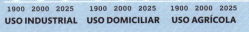

1960 1970 1980 1990 2000 2010

Escassez de água doce

Cerca de 97,5% da água do mundo está nos oceanos e é salgada. O restante é água doce – mas a maior parte dela está presa no gelo, e apenas 0,3% é acessível para uso humano.

A água doce é um recurso muito escasso e distribuído de forma desigual. A escassez pode ser grave em regiões com pouca chuva ou alta evaporação, e já atinge 1,2 bilhão de pessoas em todos os continentes. Há ainda 1,6 bilhão de pessoas afetadas pela dificuldade de se extrair e transportar a água, e esses números estão crescendo, porque a demanda por água aumenta mais que o dobro da velocidade do crescimento populacional, levando à escassez da água a longo prazo para outras partes do mundo. Embora haja grande desperdício de água, poluída ou utilizada de formas insustentáveis, ainda há água suficiente no planeta para atender às nossas necessidades. O uso mais racional da água será vital nas próximas décadas.

VEJA TAMBÉM...
› **Explosão populacional** p. 16-17
› **Apetite desenfreado** p. 62-63

Recursos hídricos da Terra

Quase toda a reserva de 1,4 bilhão de km³ de água da Terra é salgada. Da pequena parcela de água doce, mais de dois terços estão presos nas calotas polares, sobretudo na Antártica e na Groenlândia. Quase todo o restante da água doce está no solo – e a maior parte disso está fora do nosso alcance. Resta apenas uma ínfima proporção da água doce em lagos e rios, de onde obtemos nossa água para atender domicílios, indústrias e a agropecuária.

ÁGUA
A vida começou nos oceanos e chegou até a terra firme, onde todos os animais e plantas dependem da água doce

NAÇÕES RICAS EM ÁGUA

As economias dos países dependem de água. A região mais populosa do Brasil, São Paulo, enfrentou uma severa seca no período 2014-2017. Dois terços da rede de energia elétrica do país dependem de reservatórios de água para as hidrelétricas, ou seja: o racionamento é inevitável. Ao mesmo tempo, a expansão contínua da produção industrial da China demanda cada vez mais água.

PAÍSES QUE USAM MAIS ÁGUA
- BRASIL — 8.223 km³ por ano
- RÚSSIA — 4.508 km³ por ano
- EUA — 3,069 km³ por ano
- CANADÁ — 2.902 km³ por ano
- CHINA — 2.738 km³ por ano

A superfície da Terra consiste de 71% de água

FATORES DA MUDANÇA
Planeta sedento

Total de água na Terra 1,4 bilhão de km³)

2,5% de água doce

97,5% de água salgada

ÁGUA LÍQUIDA
Apenas uma pequena proporção da água doce do mundo está sob a forma líquida (0,3%), acessível na superfície em rios, lagos e pântanos

GELO E GLACIARES
A vasta maioria da água doce está armazenada em glaciares, calotas polares e cobertura permanente de neve nas montanhas e regiões polares da Terra

68,9% em glaciares e gelo

ÁGUA SUBTERRÂNEA
30,8% da água doce da Terra é subterrânea. Em algumas partes do mundo, como EUA e Arábia Saudita, a reserva de água fóssil subterrânea está sendo esvaziada para irrigar plantações.

30,8% é subterrânea

> "Quando o **poço secar,** aprenderemos o **valor da água.**"
> — BENJAMIN FRANKLIN

Fontes de água doce

Ecossistemas que armazenam água incluem solos saudáveis, florestas e zonas úmidas, como pântanos. Turfeiras ácidas em climas frios e úmidos também retêm uma grande quantidade de água. Tais ecossistemas estão mudando em razão do aquecimento global (que pode mudar os padrões das chuvas e derreter glaciares e calotas polares); da extração excessiva de água (para atender à demanda em crescimento); da poluição (que contamina recursos já escassos).

PÂNTANOS DO TERRITÓRIO DO NORTE, AUSTRÁLIA

Ciclo da água

A água doce é vital para a vida em terra firme, para o desenvolvimento econômico e para a agropecuária – e ela é reciclada indefinidamente. O processo começa quando a água evapora dos mares, lagos e florestas para formar nuvens (veja o painel ao lado). Quando chove, a água é então armazenada em florestas, solos e rochas para ser liberada em rios e lagos. Parte dela é armazenada como neve, que derrete na primavera e no verão, fazendo com que rios continuem fluindo mesmo em períodos secos. Diferentes impactos humanos, incluindo desmatamento, mudanças climáticas e danos ao solo, estão interferindo no funcionamento do ciclo da água. Como resultado, algumas partes do mundo, como o Norte da África e o Oriente Médio, estão enfrentando escassez do recurso.

4 As nuvens consistem de gotículas de água ou cristais de gelo, dependendo da temperatura. Em temperaturas mais baixas, a precipitação tem a forma de neve.

5 As gotículas de água colidem entre si e se fundem nas nuvens, começando a cair na forma de chuva, granizo ou neve.

Os glaciares armazenam água, que é liberada conforme a cobertura de neve derrete no verão. A perda dos glaciares em virtude da mudança climática é uma questão de segurança hídrica.

6 A água penetra no solo em um processo chamado infiltração. O processo é auxiliado por vegetação e raízes intactas.

7 Parte da água que é filtrada para dentro do solo é armazenada nas suas profundezas como água subterrânea. Mais de 30% da água doce da Terra está em reservas subterrâneas.

COMO AS NUVENS SE FORMAM

Quando o ar é forçado para cima, a água se condensa no ar em ascensão, liberando calor e aquecendo a massa de ar que a impulsiona para o alto. O ar então se esfria e a umidade relativa aumenta. A massa de ar que está subindo satura-se, e o vapor de água se junta em torno de partículas suspensas no ar, formando uma nuvem.

- 5.000 m — Nuvens se formam e se espalham à medida que o ar instável sobe
- 4.000 m — Vapor em condensação libera calor, retardando o resfriamento
- 3.000 m — Vapor se condensa e forma a base da nuvem
- 2.000 m — Bolsão de ar quente começa a subir
- 1.000 m — Bolsão de ar quente surge a partir do solo

③ Conforme o vapor de água sobe, esfria e condensa sob forma de gotículas de água.

② As árvores e outras plantas coletam água através de suas raízes. A maior parte dela atravessa os poros em suas folhas na forma de vapor de água.

Florestas nebulares colhem a água das nuvens e criam fluxos de água líquida. A grande superfície de suas folhas em altitudes nebulosas e frias retira a água das nuvens e fica encharcada, mesmo quando não está chovendo.

① A água é aquecida pelo sol e se transforma em vapor. Plânctons microscópicos liberam um gás chamado dimetilsulfureto, que acelera a condensação do vapor e "semeia" as nuvens.

⑧ A água subterrânea flui para a superfície e acaba fluindo para os mares, principalmente através dos rios.

Pegada hídrica

A água que utilizamos em casa não corresponde ao nosso maior consumo hídrico. A maior parte consiste em água "oculta", necessária para plantar comida, produzir bens e gerar energia.

Recursos hídricos são mais vitais para o comércio global do que o petróleo ou o capital financeiro. Como a pegada de carbono (ver p. 50-51), a pegada hídrica mostra o tamanho e a localização do uso de água pelas pessoas, empresas e países. Isso nos permite calcular a quantidade de água "virtual", ou seja, aquela que é utilizada para produzir os bens comercializados e que revela quais países dependem de importações de água para atender às suas necessidades.

Comércio de água virtual

Todos os países importam e exportam comida, comercializando água virtual. O volume de água necessário para comercializar produtos agropecuários e industriais entre 1996-2005 foi cerca de 2,3 trilhões m³/ano – cinco vezes o volume do lago Erie, na América do Norte. Entre os maiores exportadores líquidos de água virtual estão EUA, China, Canadá, Brasil e Austrália. Entre os maiores importadores líquidos estão Europa, Japão, México, Coreia do Sul e Oriente Médio.

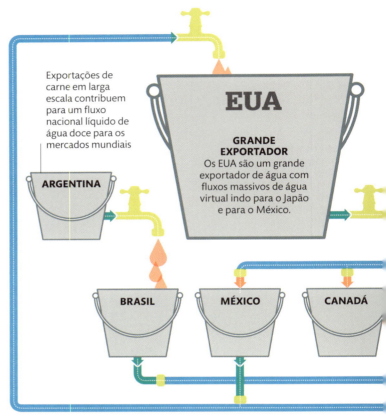

Exportações de carne em larga escala contribuem para um fluxo nacional líquido de água doce para os mercados mundiais

ARGENTINA

EUA

GRANDE EXPORTADOR
Os EUA são um grande exportador de água com fluxos massivos de água virtual indo para o Japão e para o México.

BRASIL | **MÉXICO** | **CANADÁ**

QUANTO DE ÁGUA?

Cada pessoa no Reino Unido usa em média 145 litros de água por dia para cozinhar, fazer limpeza e lavar o necessário. Quando incluída a água virtual, esse número dispara para 3.400 litros por dia. Algodão e produtos de couro têm uma pegada hídrica expressiva. Quanto maior a durabilidade desses produtos, mais baixo será seu impacto, de forma geral.

100 litros
1.000 litros

MICROCHIP 32 litros
MAÇÃ 70 litros
HAMBÚRGUER 2.400 litros
CAMISETA DE ALGODÃO 4.100 litros
SAPATO DE COURO 8.000 litros

FATORES DA MUDANÇA
Planeta sedento

As maiores pegadas hídricas

Entre os maiores consumidores de água estão nações com alta e baixa renda *per capita*. Isso demonstra que a água é vital em todos os estágios do desenvolvimento econômico. Países com poucas chuvas enfrentam maiores desafios do que países mais úmidos. Alguns países, como o Brasil, dependem da água da chuva para sua produção de alimentos. Já a Índia usa mais a água dos rios para irrigar as lavouras de seu grande setor agrícola. Cerca de dois terços da pegada hídrica da China são utilizados para agricultura, e um quarto supre seu parque industrial.

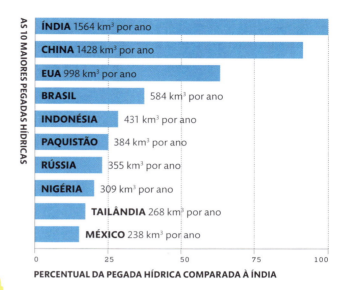

AS 10 MAIORES PEGADAS HÍDRICAS

- ÍNDIA 1564 km³ por ano
- CHINA 1428 km³ por ano
- EUA 998 km³ por ano
- BRASIL 584 km³ por ano
- INDONÉSIA 431 km³ por ano
- PAQUISTÃO 384 km³ por ano
- RÚSSIA 355 km³ por ano
- NIGÉRIA 309 km³ por ano
- TAILÂNDIA 268 km³ por ano
- MÉXICO 238 km³ por ano

PERCENTUAL DA PEGADA HÍDRICA COMPARADA À ÍNDIA

GRANDE EXPORTADOR
O continente habitado mais seco de todos é o maior exportador líquido de água virtual, grande parte dela para atender às necessidades do Japão

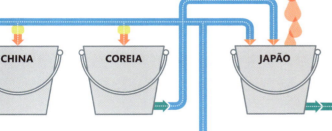

AUSTRÁLIA — CHINA — COREIA — JAPÃO — COSTA DO MARFIM — RÚSSIA — INDONÉSIA

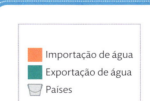

- Importação de água
- Exportação de água
- Países

Alguns países europeus exportam água para a América do Norte

EUROPA

GRANDE IMPORTADOR
A sociedade de consumo europeia depende da importação de água virtual, assim como os produtos chineses

40%
da pegada hídrica da Europa fica fora de suas fronteiras

Paixão pelo consumo

O século passado foi palco de uma vertiginosa explosão na demanda de recursos naturais. Hoje, o consumo total de materiais de construção, minérios e minerais, combustíveis fósseis e biomassa é dez vezes maior que em 1900. Embora a ascendente demanda alimente o crescimento econômico, gera uma ampla gama de problemas ambientais. Projeções do crescimento da população e desenvolvimento econômico indicam que haverá um aumento ainda maior na demanda e intensificação dos impactos ambientais, se nada for feito para mudar os padrões atuais de consumo e produção.

Corrida pelos recursos

Tudo o que utilizamos e descartamos se origina de recursos naturais. Alguns materiais, como a madeira que utilizamos para fazer papel, são renováveis. Outros, como os minerais, não. Usamos energia e água e geramos dejetos de diferentes tipos, incluindo dióxido de carbono, para transformar matérias-primas em produtos. A corrida mundial pelos recursos raramente é vista sob a perspectiva do dano atmosférico e ambiental que ela causa, e sim como fator vital para o crescimento econômico.

"Há **ataques constantes** ao ambiente natural, resultado do **consumismo desenfreado**, e isso terá **graves consequências** para a economia global."

PAPA FRANCISCO

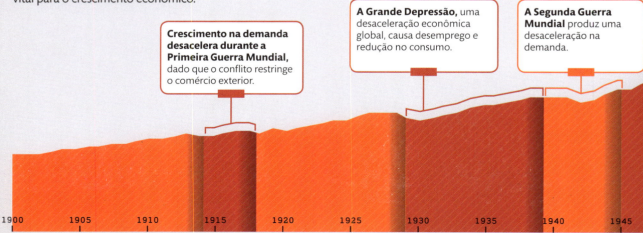

Crescimento na demanda desacelera durante a Primeira Guerra Mundial, dado que o conflito restringe o comércio exterior.

A Grande Depressão, uma desaceleração econômica global, causa desemprego e redução no consumo.

A Segunda Guerra Mundial produz uma desaceleração na demanda.

ANO 1900 1905 1910 1915 1920 1925 1930 1935 1940 1945

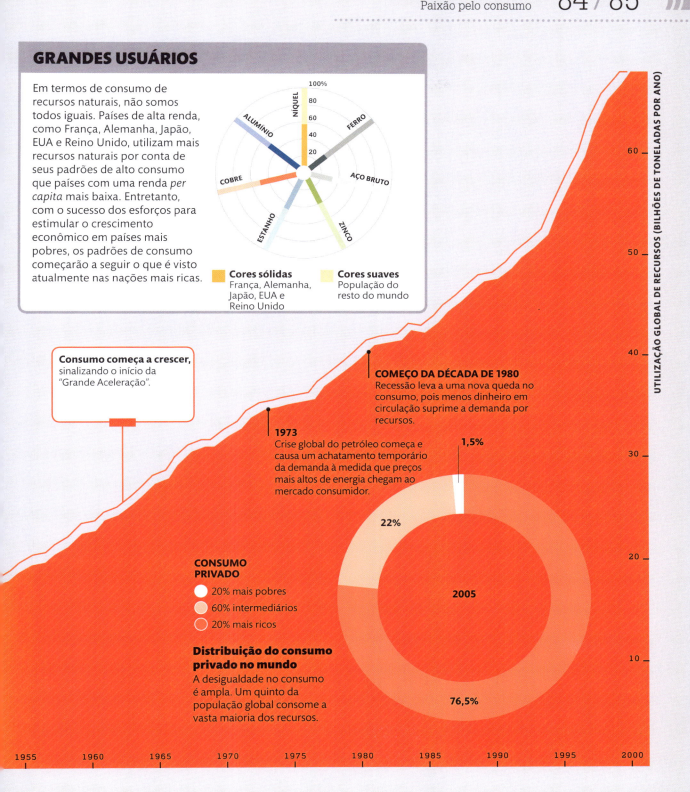

Crescimento do consumismo

Padrões de vida em ascensão levaram a uma explosão na demanda de todos os tipos de bens de consumo, desde embalagens descartáveis até produtos duráveis complexos, como veículos. Todos eles requerem recursos naturais, e todos acabam se tornando lixo.

A ascensão dos estilos de vida da classe média produziu uma explosão na demanda de recursos. Água engarrafada e veículos são apenas dois exemplos que refletem tendências mais amplas. Antes ausentes de nossas vidas, hoje são profundamente disseminados nos países mais ricos e nas economias em rápido crescimento.

Essa demanda crescente gera impacto sobre recursos naturais limitados, como petróleo e minerais. Quantidades cada vez maiores de água e energia são necessárias para sua manufatura, e a expansão do consumo de produtos está contribuindo para o lixo global. Métodos de produção mais limpos e eficientes e uma destinação mais eficaz para o lixo podem reduzir o impacto dos estilos de vida mais ricos.

<1% Tratamento na fábrica

<1% Enchimento, rotulagem e fechamento da garrafa

4% Refrigeração

Energia em uma garrafa

Tratar a água e encher uma garrafa com ela utiliza apenas uma ínfima fração de energia. Fabricar e transportar a embalagem plástica consome 95% dos custos totais de energia.

45% TRANSPORTE

50% PRODUÇÃO DA GARRAFA PLÁSTICA

Custos reais da água engarrafada

A água engarrafada é geralmente vendida em recipientes plásticos ou de vidro. A extração da água em si pode exaurir as fontes e levar a impactos ambientais locais. Mas é na energia utilizada para transportar o produto e na manufatura de sua embalagem que estão os grandes impactos globais. O lixo gerado pelas garrafas plásticas é outro grave problema.

- 🟡 Europa
- 🟢 América do Norte
- 🔵 Ásia
- 🔴 América do Sul
- 🟢 África, Oriente Médio e Oceania

Aumento no consumo

Vendas de água engarrafada cresceram dramaticamente desde a década de 1990 e, em 2010, haviam atingido a assustadora marca de 230 bilhões de litros em todo o mundo.

877

é o número de garrafas plástica jogadas no lixo cada segundo

Materiais em um carro

A manufatura de um carro requer muitas etapas, desde a extração dos minérios até a aplicação da pintura e instalação de eletrônicos complexos. A fabricação de veículos também utiliza quantidades imensas de água e energia. Os fabricantes buscam formas de reduzir o impacto global dos veículos, não só quando estão sendo utilizados mas também em sua manufatura e na recuperação de materiais quando se tornam sucata. Para tal, alguns fabricantes estão construindo veículos mais leves e que consomem menos combustível a partir de alumínio reciclado.

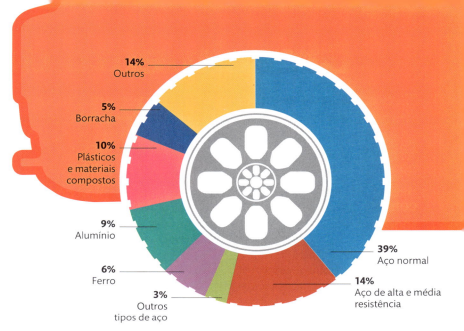

- 14% Outros
- 5% Borracha
- 10% Plásticos e materiais compostos
- 9% Alumínio
- 6% Ferro
- 3% Outros tipos de aço
- 14% Aço de alta e média resistência
- 39% Aço normal

Quantidade de veículos

Há uma sólida correlação entre ter um veículo pessoal e aumento da renda domiciliar. Nos EUA, o mercado de veículos mais maduro do planeta, o número de carros a cada 1.000 pessoas se estabilizou apenas recentemente. Havia cerca de 400 veículos a cada 1.000 pessoas no país em 2012.

> "Para termos uma **sociedade sustentável**, precisamos fazer com que os **consumidores pensem sobre suas compras**."
>
> **DAVID SUZUKI, CIENTISTA CANADENSE**

Quantidade de carros de passageiros

O número de veículos muda com o desenvolvimento das economias nacionais. Em 2005, a China tinha 11 carros a cada 1.000 pessoas. Em 2012, esse número mais que quadriplicou.

DENSIDADE DE CARROS DE PASSAGEIROS A CADA 1.000 HABITANTES

UNIÃO EUROPEIA	487
JAPÃO	463
EUA	404
COREIA DO SUL	300
RÚSSIA	259
BRASIL	147
CHINA	50
ÍNDIA	13

Mundo do desperdício

Todo o lixo que geramos se origina de recursos naturais, que são frequentemente extraídos de formas nocivas ao meio ambiente. A destinação do lixo também gera problemas, como poluição e mudanças climáticas.

O aumento da população mundial e o crescimento econômico levaram a uma explosão da demanda por recursos. À medida que o nível geral de consumo aumentou, houve um aumento explosivo também na quantidade de lixo gerado. Isso inclui alimentos, madeira, metais, materiais de construção, plásticos, bem como produtos de alta tecnologia, como veículos e computadores. A produção de todos esses itens resulta em emissões de gases do efeito estufa e ainda mais emissões durante o processo de descarte. Por exemplo, alimentos em decomposição em aterros sanitários emitem metano, um poderosíssimo gás que contribui para a mudança climática.

Há três abordagens básicas para a gestão de resíduos: enterrar, queimar (algumas vezes com tecnologias de recuperação de energia) ou reciclar. Do ponto de vista ambiental, a melhor opção é evitar a produção do lixo.

Lixo crescente

Em 1900, o mundo produzia meio milhão de toneladas de lixo sólido por dia. Em 2000, essa quantidade era seis vezes maior. Com base nas projeções de crescimento populacional e tendências socioeconômicas, esse número deverá quadruplicar novamente e atingir 12 milhões de toneladas diárias em 2100. Entretanto, por meio de padrões de consumo mais ambientalmente corretos e maiores níveis de reciclagem, seria possível atingir níveis muito mais baixos em meados do século XXI, na casa das 10,5 milhões de toneladas diárias.

1900 — **0,50 milhão toneladas/dia**

2000 — **3 milhões de toneladas/dia**

2100

FATORES DA MUDANÇA
Paixão pelo consumo

88 / 89

O que vai para a lata de lixo?

Há enormes diferenças entre o lixo produzido no Ocidente rico e o que é produzido nas nações em desenvolvimento. Por exemplo, uma proporção muito maior de lixo orgânico é jogada nos latões de Lagos, Nigéria, em comparação aos latões do estado de Nova York, EUA. Nova-iorquinos jogam fora muito mais plástico e, de modo geral, consumidores dos EUA estão produzindo o triplo de lixo por pessoa por dia do que as pessoas que vivem com rendas mais baixas, em Lagos.

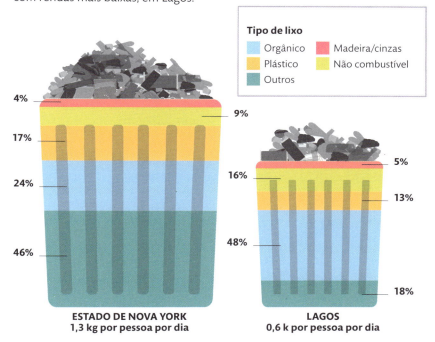

Tipo de lixo
- Orgânico
- Plástico
- Outros
- Madeira/cinzas
- Não combustível

ESTADO DE NOVA YORK
1,3 kg por pessoa por dia
- 4%
- 17%
- 24%
- 46%

LAGOS
0,6 k por pessoa por dia
- 9%
- 16%
- 48%
- 5%
- 13%
- 18%

TECNOLIXO

Cerca de 50 milhões de toneladas de lixo eletrônico são geradas a cada ano. Computadores, celulares e televisores fazem parte dessa montanha que não para de crescer.

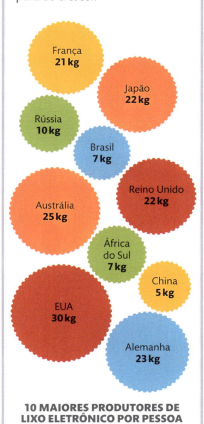

- França 21 kg
- Japão 22 kg
- Rússia 10 kg
- Brasil 7 kg
- Austrália 25 kg
- Reino Unido 22 kg
- África do Sul 7 kg
- China 5 kg
- EUA 30 kg
- Alemanha 23 kg

10 MAIORES PRODUTORES DE LIXO ELETRÔNICO POR PESSOA

700 anos é o tempo que uma **garrafa plástica** leva para se decompor

12 milhões de toneladas/dia

Para onde vai tudo isso?

À medida que nossos níveis de consumo crescem e geramos quantidades crescentes de lixo, a gestão de lixo sólido se tornou um desafio sem precedentes – e de importância cada vez maior.

Atualmente, as principais opções para destinação de lixo sólido são: enterrar em aterros sanitários; queimar em diferentes tipos de incineradores, alguns inclusive capazes de gerar calor e/ou energia; reciclar; gerar matéria orgânica, decomposição ou digestão anaeróbica a fim de produzir biogás para energia e recuperar nutrientes que, de outra forma, seriam perdidos.

Os dois primeiros métodos de descarte são os menos sustentáveis para o meio ambiente. A enorme variedade de materiais fabricados por humanos, incluindo diversos tipos de plástico que não são facilmente recicláveis, pioram o problema ainda mais. Infelizmente, tais opções ainda são vistas como as soluções mais baratas e simples para as montanhas cada vez maiores de lixo que são geradas pelas sociedades da atualidade.

Para onde o lixo acaba indo

Os dados apresentados aqui se baseiam na coleta de dados dos países membros da Organização para a Cooperação e Desenvolvimento Econômico (OCDE). Cada círculo representa o percentual de determinado método de destinação de lixo utilizado por cada país, entre 2003-2005. Desde esse período, algumas dessas nações avançaram, reduzindo o uso de aterros sanitários e aumentando seus índices de reciclagem.

Aterro sanitário
Enterrar o lixo pode poluir o lençol freático quando substâncias tóxicas são liberadas. Matéria orgânica em decomposição também emite metano, um dos principais gases do efeito estufa.

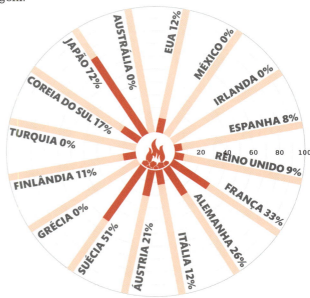

Incineração
Qualquer tipo de queima de lixo pode gerar poluição atmosférica. Além disso, queimar plásticos e outras substâncias sintéticas também produz cinzas tóxicas residuais que são frequentemente enterradas em aterros sanitários.

FATORES DA MUDANÇA
Paixão pelo consumo

O que podemos fazer?

> **Governos** podem transferir quantidades maiores de lixo para compostagem e reciclagem.

> **Governos** podem prover incentivos para que as concessionárias da coleta de lixo se transformem – por exemplo, taxando o lixo em aterros sanitários.

> **Empresas** podem produzir embalagens e eletrônicos com maior reciclabilidade.

O que eu posso fazer?

> **Conheça o seu lixo.** Aprenda o que pode ser reciclado e o que deve ir em cada lixeira, seja em sua casa, seja em um ponto de reciclagem.

> **Compre com critério.** Evite embalagens desnecessárias e produtos de uso único ou descartáveis.

> **Evite sacolas plásticas.** Compre sacolas reutilizáveis para ir ao supermercado.

Envenenando a Terra
Quando o lixo se decompõe nos aterros sanitários, a água filtrada por ele forma um líquido tóxico (chorume), que pode penetrar no solo e chegar ao lençol freático.

90% é a **economia de energia** ao se produzir uma lata de alumínio **a partir de recicláveis**, em comparação ao **uso de minério**

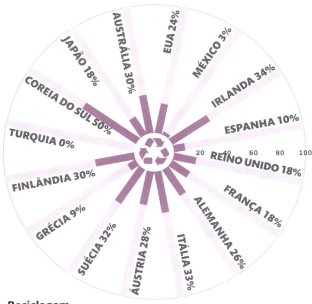

Reciclagem
Vidros, metais, papel, papelão e alguns tipos de plástico podem ser reciclados e se tornarem novos produtos. Esse processo demanda muito menos energia do que a manufatura a partir das matérias-primas – e também economiza recursos.

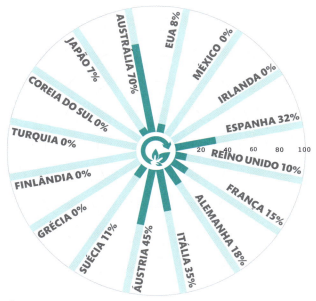

Compostagem
A matéria orgânica, como restos de alimentos, produtos agrícolas e matéria vegetal, pode ser utilizada para produzir biogás, gerando eletricidade e calor. No processo, são economizados nutrientes que podem ser retornados ao solo como fertilizantes.

Coquetel químico

A quantidade de substâncias químicas sintéticas (produzidas pelo homem) despejada na natureza está aumentando vertiginosamente, e ainda não sabemos o impacto que podem ter, incluindo os "efeitos coquetel".

Poluentes orgânicos persistentes (POPs) são, em sua maioria, compostos sintéticos que não se degradam prontamente nem se decompõem no meio ambiente. Por isso, duram longo tempo e se acumulam nas cadeias alimentares, causando sérios efeitos biológicos – sobretudo para os organismos maiores. POPs incluem diversos químicos que foram desenvolvidos como substâncias benéficas, como o inseticida DDT e PCBs (que eram utilizados em equipamentos elétricos). Outros, como dioxinas, são criados por combustão.

CRESCIMENTO DE NOVOS QUÍMICOS

Desde a década de 1940, milhões de novos compostos sintéticos foram inventados, registrados, manufaturados e liberados no meio ambiente. Muitos deles não tiveram seus impactos biológicos adequadamente avaliados – em isolamento ou em associação com outras substâncias.

Quantidade cumulativa de novas substâncias químicas (em milhões)
- 2015: 100
- 2005: 25
- 1990: 10
- 1975: 3

O que é biomagnificação?

Conforme os POPs se movem nas cadeias alimentares, tornam-se mais concentrados, pois uma espécie se alimenta da outra. Por exemplo, quando o inseticida DDT (agora proibido) atingiu lagos e outras fontes de água, concentrou-se em predadores como as águias, que se alimentavam de peixes, fazendo com que botassem ovos com a casca tão fina que se quebravam.

DDT ENTRA em massa de água; começa a contaminação

0,000003 partes por milhão (ppm)

ZOOPLÂNCTON se alimenta de comida contaminada

0,04 ppm

DDT é levado dos campos pela água da chuva
Uma vez aplicado, o DDT chega às massas de água, como rios, lagos e reservatórios em uma concentração de aproximadamente 0,000003 partes por milhão (ppm).

Pequenas criaturas consomem DDT
O zooplâncton, formado por criaturas minúsculas que vivem na água, consome pedaços microscópicos de alimentos contaminados com DDT. Seu organismo acumula o químico a uma concentração de cerca de 0,04 ppm, porque a substância não é quebrada ao ser ingerida.

FATORES DA MUDANÇA
Paixão pelo consumo

O que podemos fazer?

> **Governos** podem colaborar para controlar os efeitos dos químicos, por exemplo, por meio da Convenção de Estocolmo sobre Poluentes Orgânicos Persistentes.

> **Governos** podem implementar procedimentos rigorosos de testes para revelar os possíveis efeitos biológicos de químicos existentes e futuros.

O que eu posso fazer?

> **Reduza sua exposição** a substâncias potencialmente perigosas. Comece procurando o que está listado nos rótulos de produtos de consumo.

> **Participe de campanhas** pela regulação da entrada de químicos no meio ambiente e defenda a seleção mais rigorosa de novas substâncias.

PEQUENOS PEIXES se alimentam de zooplâncton

0,5 ppm

Pequenos peixes se alimentam de zooplâncton
À medida que pequenos peixes comem outros pequenos seres contaminados com DDT, eles concentram ainda mais o DDT, para cerca de 0,5 ppm, gerando acúmulo de pesticida no organismo dos peixes.

GRANDES PEIXES comem pequenos peixes

2 ppm

Peixes predadores
Peixes maiores (como trutas) que comem peixes menores têm concentrações maiores de DDT em seus organismos, beirando 2 ppm. Esses peixes se tornam alimento para os predadores no topo da cadeia alimentar, como ursos, pássaros piscívoros e, por fim, humanos.

GRANDES PREDADORES comem peixes grandes

25 ppm

DDT É POTENCIALIZADO para níveis de toxicidade de cerca de 25 ppm

DDT no topo da cadeira alimentar
Com cerca de 25 ppm, dez milhões de vezes mais concentrado do que ao chegar na água, essa quantidade de DDT ameaça a vida de espécies. Por exemplo, populações de águias de cabeça branca foram dizimadas na América do Norte quando o DDT foi usado.

"Como **seres humanos, estamos mais urbanos do que nunca** e perdemos contato com o mundo natural. Ainda assim, somos **100% dependentes de seus recursos**."

SIR DAVID ATTENBOROUGH, APRESENTADOR E NATURALISTA BRITÂNICO

 Era global

 Uma vida melhor para as pessoas

 Mudanças em nossa atmosfera

 Mudanças na terra

 Mudanças no mar

 A grande desaceleração

2 CONSEQUÊNCIAS DA MUDANÇA

Alguns aspectos das mudanças rápidas são positivos. Porém, outros aspectos estão gerando consequências negativas para pessoas e para a natureza, incluindo impactos sobre a mudança climática, poluição e degradação do solo.

Era global

Nosso mundo está mais conectado do que nunca. Pessoas compartilham informações, ideias e imagens por meio de computadores no mundo todo. Aviões transportam milhões de passageiros para cidades extremamente distantes entre si – todos os dias. O acesso à internet de alta velocidade com baixo custo e as telecomunicações móveis, no passado um privilégio da elite, agora crescem com mais velocidade nos países em desenvolvimento. A interconexão acelera ainda mais o crescimento econômico e influencia todas as formas de negócios.

Ascensão da internet

Em 1989, o inventor inglês Tim Berners-Lee concebeu a Rede Mundial de Computadores, dando o pontapé inicial na revolução da informação. Eventos podem ser assistidos em tempo real em qualquer lugar do mundo, e o e-mail permite comunicação barata para qualquer pessoa com acesso à internet. As conexões domésticas à rede apareceram na década de 1990, e a cada ano milhões de pessoas entram na comunidade digital global. Em 2005, havia 1 bilhão de usuários na internet. Esse número dobrou 5 anos mais tarde, e chegou a 3 bilhões em 2015. Este gráfico descreve o impressionante ritmo da expansão, com mais de 40% da população global tendo acesso a conexões à internet via computador ou dispositivo móvel.

> "Devemos tornar a **globalização uma máquina** para **tirar as pessoas da miséria e do sofrimento,** e não uma força que as mantenha subjugada."
>
> **KOFI ANNAN, EX-SECRETÁRIO-GERAL DA ONU**

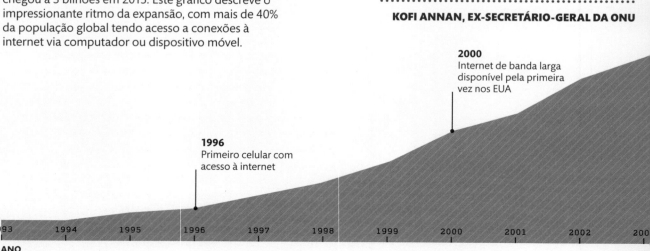

1996 Primeiro celular com acesso à internet

2000 Internet de banda larga disponível pela primeira vez nos EUA

ANO

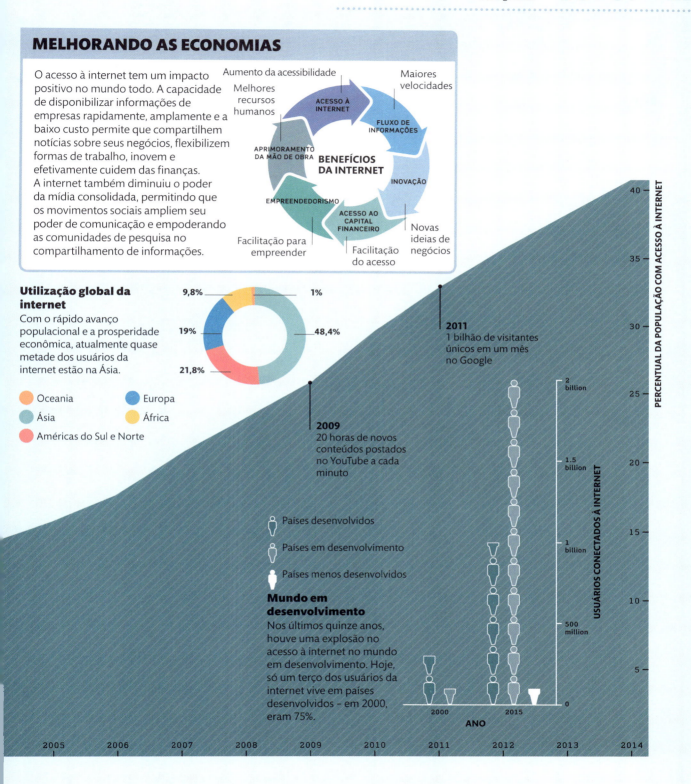

Tecnologia móvel

Celulares estão em todos os lugares do mundo, desde os mais remotos vilarejos às maiores metrópoles. Cada vez mais pessoas se conectam à rede para fazer ligações, enviar mensagens e utilizar a internet.

Telefones celulares deixaram de ser uma ostentação de luxo e se tornaram um item corriqueiro. O primeiro celular foi desenvolvido em 1973, mas apenas se tornou disponível comercialmente dez anos mais tarde, quando passou a ser vendido por US$ 10 mil, em valores de 2018. Muitos achavam que era apenas uma engenhoca cara.

Na virada do século, seu uso concentrou-se na Europa e América do Norte, mas disparou em todo o mundo quando a tecnologia barateou. Hoje, celulares estão transformando os estilos de vida, deixando de ser apenas um meio de comunicação por voz, permitindo que os usuários acessem serviços bancários, de saúde e notícias globais.

Conectividade remota
Povos nômades, como este guerreiro Maasai nas planícies do Quênia, agora têm acesso às telecomunicações móveis.

Mobilidade crescente

Todas as regiões tiveram uma expansão extraordinária na utilização de celulares nos últimos 20 anos. Os maiores crescimentos foram notados na América Latina e no Oriente Médio. Em 2003, a América Latina estava atrás de seus vizinhos do norte, com 23% de utilização. Porém, em dez anos, atingiu uma penetração de 115% (número de conexões totais, comparado ao mercado total disponível), com mais linhas celulares ativas do que moradores da região.

Penetração global dos celulares
- 1993
- 2003
- 2013

TECNOLOGIA AVANÇADA
Após um lento início, diversos países em desenvolvimento estão implementando tecnologias móveis mais avançadas, como redes 4G

COBERTURA IRREGULAR
A adoção chegou a quase 100%, mas há exceções fora da curva, como é o caso da Coreia do Norte e Birmânia

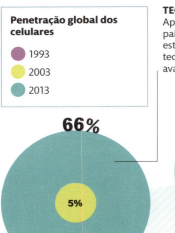

66% / 5%
ÁFRICA SUBSAARIANA

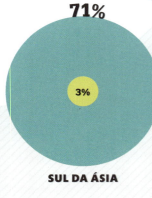

71% / 3%
SUL DA ÁSIA

94% / 54% / 6%
AMÉRICA DO NORTE

98% / 25%
LESTE ASIÁTICO E PACÍFICO

1,9 bilhão
é o número de **usuários de smartphones no mundo todo**

CONSEQUÊNCIAS DA MUDANÇA
Era global

Tecnologia acessível

Os primeiros celulares disponíveis estavam ao alcance apenas dos muito ricos, mas à medida que a demanda disparou, os preços despencaram e mais recursos foram oferecidos, levando ao sucesso atual dos smartphones. Aprimoramentos na cobertura do sinal, duração da bateria e tamanho do aparelho também ajudaram. Na Europa, um smartphone básico custa em média US$ 200. Os preços são ainda mais baixos nos mercados emergentes, com aparelhos de US$ 50 capazes de acessar a internet.

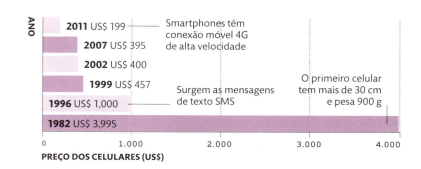

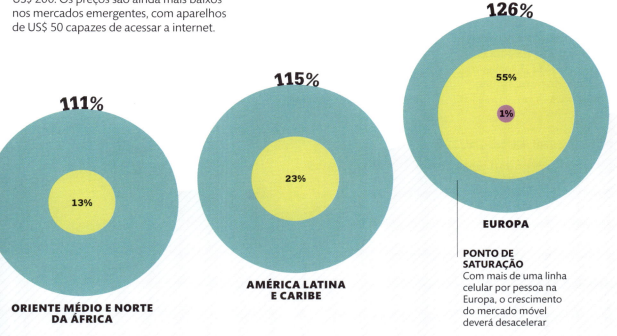

111% — ORIENTE MÉDIO E NORTE DA ÁFRICA (13%)

115% — AMÉRICA LATINA E CARIBE (23%)

126% — EUROPA (55%, 1%)

PONTO DE SATURAÇÃO
Com mais de uma linha celular por pessoa na Europa, o crescimento do mercado móvel deverá desacelerar

EXPANSÃO DO ACESSO À INTERNET MÓVEL

A internet móvel é amplamente popular e, em 2015, quase 70% da população do planeta vivia em áreas com cobertura 3G – em 2011, eram apenas 45%. Isso é especialmente considerável em países menos desenvolvidos, sem a infraestrutura necessária para conexões fixas. Com aparelhos celulares disponíveis a partir de US$ 50, as assinaturas de internet por celular nos países menos desenvolvidos aumentaram dez vezes entre 2012 e 2017.

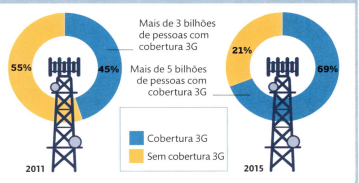

Mais de 3 bilhões de pessoas com cobertura 3G

Mais de 5 bilhões de pessoas com cobertura 3G

Voando alto

Com a ascensão da viagem aérea, aviões modernos permitem transporte barato de longa distância, fazendo com que milhões de pessoas consigam viajar, alavancando o crescimento econômico.

A primeira aeronave de passageiros voou na década de 1920, e os primeiros aviões a jato, na década de 1950. A partir daí, os números de passageiros vêm crescendo quase anualmente, à medida que novas rotas são inauguradas, com preços mais acessíveis, e a tecnologia aeronáutica avança. Hoje, aeronaves modernas transportam centenas de pessoas. Em 2014, houve mais de 30 milhões de voos comerciais, fazendo com que cerca de 500 mil pessoas estivessem em pleno voo a qualquer momento do dia ou da noite. O aeroporto mais movimentado do mundo é o Hartsfield-Jackson, em Atlanta, nos EUA, com mais de 104 milhões de passageiros atendidos em 2016.

Crescimento das viagens aéreas

Em 1970, cerca de 300 milhões de viagens aéreas foram realizadas. Em 2016, esse número chegou a 3,7 bilhões, o que se deveu, sobretudo, à queda nos custos, permitindo que mais pessoas tirassem férias no exterior, levando a mudanças nas práticas empresariais. Os principais motivadores da redução de custos na aviação foram a remoção do monopólio sobre determinadas rotas e tecnologias mais confiáveis e eficientes.

VEJA TAMBÉM...
❯ **Pegada de carbono,** p. 50–51

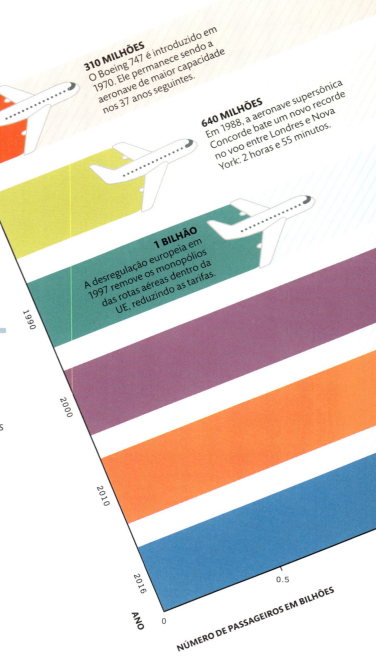

310 MILHÕES
O Boeing 747 é introduzido em 1970. Ele permanece sendo a aeronave de maior capacidade nos 37 anos seguintes.

640 MILHÕES
Em 1988, a aeronave supersônica Concorde bate um novo recorde no voo entre Londres e Nova York: 2 horas e 55 minutos.

1 BILHÃO
A desregulação europeia em 1997 remove os monopólios das rotas aéreas dentro da UE, reduzindo as tarifas.

ANO — NÚMERO DE PASSAGEIROS EM BILHÕES

CONSEQUÊNCIAS DA MUDANÇA
Era global

PRINCIPAIS ROTAS AÉREAS

Todas as rotas aéreas mais populares em 2016 eram domésticas, sendo quatro delas na Coreia do Sul, Japão e China. Isso se deve à rápida expansão da classe média relativamente rica, levando a uma maior demanda aérea na Ásia, sobretudo para voos curtos e viagens a lazer. A rota mais popular é entre a capital coreana Seul e Jeju, uma ilha que é um destino de lazer no sul do país.

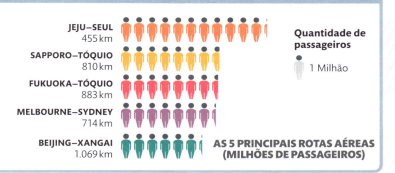

JEJU–SEUL 455 km
SAPPORO–TÓQUIO 810 km
FUKUOKA–TÓQUIO 883 km
MELBOURNE–SYDNEY 714 km
BEIJING–XANGAI 1.069 km

Quantidade de passageiros
1 Milhão

AS 5 PRINCIPAIS ROTAS AÉREAS (MILHÕES DE PASSAGEIROS)

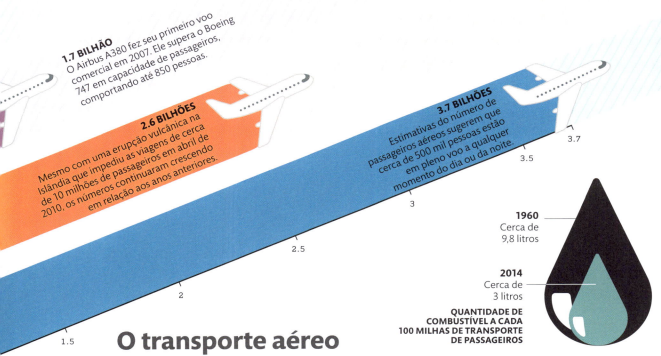

1.7 BILHÃO
O Airbus A380 fez seu primeiro voo comercial em 2007. Ele supera o Boeing 747 em capacidade de passageiros, comportando até 850 pessoas.

2.6 BILHÕES
Mesmo com uma erupção vulcânica na Islândia que impediu as viagens de cerca de 10 milhões de passageiros em abril de 2010, os números continuaram crescendo em relação aos anos anteriores.

3.7 BILHÕES
Estimativas do número de passageiros aéreos sugerem que cerca de 500 mil pessoas estão em pleno voo a qualquer momento do dia ou da noite.

O transporte aéreo reduziu o consumo de combustível e a emissão de CO_2 por passageiro **em mais de 70% em comparação à década de 1960**

1960 Cerca de 9,8 litros
2014 Cerca de 3 litros

QUANTIDADE DE COMBUSTÍVEL A CADA 100 MILHAS DE TRANSPORTE DE PASSAGEIROS

Melhor eficiência de combustíveis

Aumento de custos e impacto sobre poluição incentivaram fabricantes a desenvolver aeronaves mais eficientes. Como resultado, a quantidade de combustível necessária para transportar um passageiro por 100 milhas (161 km) foi reduzida em mais de dois terços desde os anos 1960.

Uma vida melhor para as pessoas

Houve redução considerável da pobreza extrema nas últimas décadas, em razão do crescimento econômico, acesso a educação, eletricidade, atendimento de saúde, água limpa e saneamento. Ao ajudar as pessoas a sair da pobreza e melhorar a economia, esses fatores criaram um ciclo virtuoso para toda a sociedade. Porém, embora haja uma melhora global, algumas partes do mundo permanecem afetadas por guerras, conflitos e desigualdade. Portanto, ainda há muito trabalho a ser feito para garantir uma vida melhor para todos.

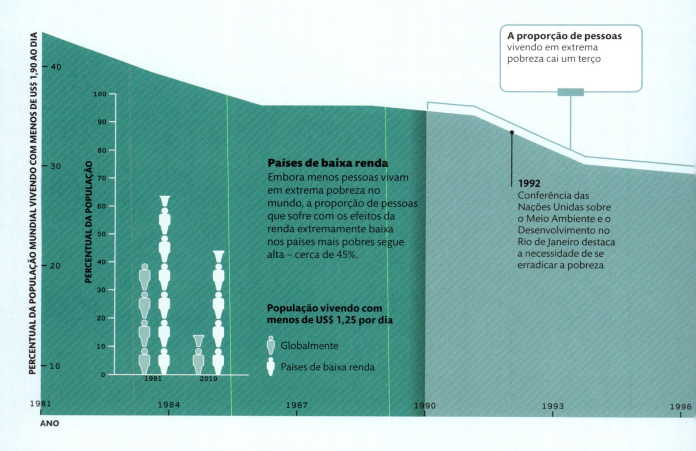

CONSEQUÊNCIAS DA MUDANÇA
Uma vida melhor para as pessoas

Diminuição da pobreza

Nas últimas três décadas, caiu muito o número de pessoas vivendo em extrema pobreza, definida quando se vive com menos de US$ 1,25 por dia, nível no qual as condições mínimas de sobrevivência seriam atendidas. Essa referência, chamada de linha da pobreza, foi aumentada para US$ 1,90 em 2015.

Tal redução aconteceu mesmo com o acentuado crescimento populacional no período. Ela ocorreu em virtude da consistente expansão das economias dos países, levando a aumentos nas rendas *per capita* médias no mundo. O ritmo da redução acelerou em 1997, quando houve um crescimento econômico explosivo na Ásia – especialmente na China. Essa rápida redução na pobreza extrema mascarou os efeitos das duas regiões em que a pobreza aumentou, Leste Europeu e Ásia Central, com a queda do comunismo.

ONDE ESTÃO AS PESSOAS MAIS POBRES DO PLANETA?

Um ranking de 2015 que comparou os países com base em renda e custo de vida demonstrou que as dez nações mais pobres do mundo estão na África. Entretanto, os maiores números absolutos de pessoas em pobreza extrema permanecem na Ásia, onde estão os países mais populosos. Milhões de pessoas vivem em favelas gigantescas, e enormes populações rurais sobrevivem da agricultura de subsistência, com rendas baixíssimas.

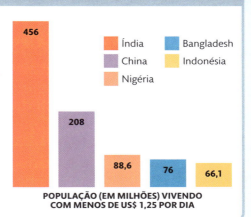

Índia 456 — China 208 — Nigéria 88,6 — Bangladesh 76 — Indonésia 66,1

POPULAÇÃO (EM MILHÕES) VIVENDO COM MENOS DE US$ 1,25 POR DIA

> "Salvar nosso planeta, tirar as pessoas da pobreza, aumentar o crescimento econômico... tudo isso **faz parte do mesmo esforço**."
>
> BAN KI-MOON, EX-SECRETÁRIO-GERAL DA ONU

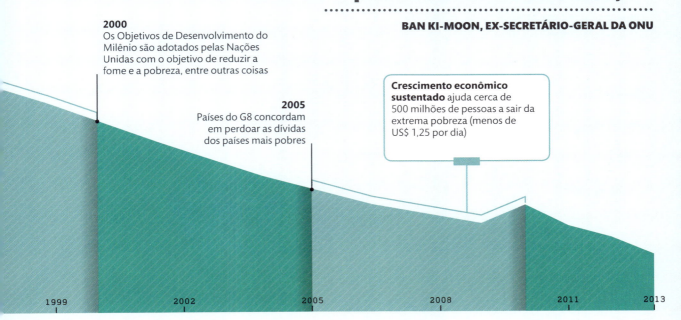

2000
Os Objetivos de Desenvolvimento do Milênio são adotados pelas Nações Unidas com o objetivo de reduzir a fome e a pobreza, entre outras coisas

2005
Países do G8 concordam em perdoar as dívidas dos países mais pobres

Crescimento econômico sustentado ajuda cerca de 500 milhões de pessoas a sair da extrema pobreza (menos de US$ 1,25 por dia)

1999 — 2002 — 2005 — 2008 — 2011 — 2013

Água limpa e saneamento

Água limpa e estruturas para tratamento de esgoto são essenciais para obter resultados em saúde pública, desenvolvimento e pobreza. Ao melhorar a cobertura dessas necessidades básicas, os avanços são impressionantes.

Melhor acesso à água limpa

De acordo com dados da Organização Mundial da Saúde coletados ao longo de 22 anos, os países abaixo tiveram os maiores avanços no mundo todo, e em suas respectivas regiões, ao levar a enormes parcelas de seus cidadãos o acesso à água potável limpa e segura. Entretanto, as diferenças permanecem entre áreas urbanas e rurais, e um número maior de pessoas vivendo no interior continua sem acesso a fontes confiáveis de água em comparação àqueles que vivem em áreas urbanas. Apesar dos avanços recentes, milhões de pessoas continuam morrendo todos os anos por doenças transmitidas pela água contaminada. Ásia e África continuam sendo as áreas em que as pessoas têm o maior risco de contrair doenças pela água.

Percentual da população sem acesso à água limpa

1990 — 2012 — AVANÇO (% DA POPULAÇÃO)

CADA GOTA REPRESENTA 10%

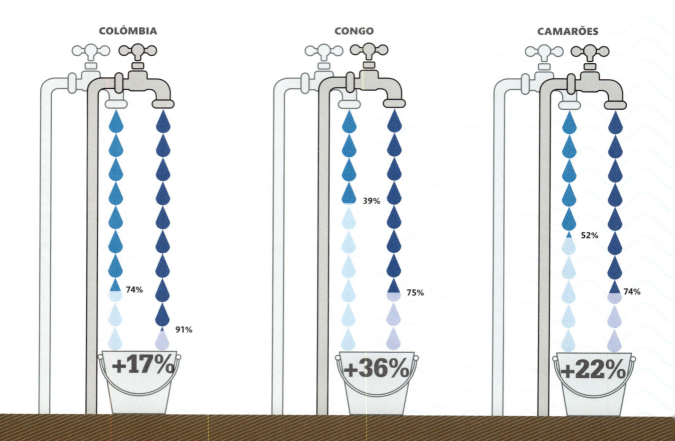

COLÔMBIA — 74% / 91% / +17%

CONGO — 39% / 75% / +36%

CAMARÕES — 52% / 74% / +22%

CONSEQUÊNCIAS DA MUDANÇA
Uma vida melhor para as pessoas

Tratar a água é a forma mais rápida e barata de melhorar a saúde pública, economizando dinheiro e salvando vidas. Graças a um programa global de melhorias, cerca de 91% da população mundial hoje tem acesso à água potável e limpa – um aumento de 2,6 bilhões de pessoas em relação a 1990. Um esforço em saneamento fez com que 68% da população global tenha acesso a melhores serviços de coleta e tratamento de esgoto – um aumento de 2,1 bilhões em relação a 1990. Entretanto, em 2015, 2,4 bilhões de pessoas ainda não tinham acesso a instalações sanitárias básicas. Cerca de 1 bilhão de pessoas ainda são obrigadas a defecar a céu aberto, causando contaminação por doenças como cólera, diarreia e hepatite A.

1 em cada 9 pessoas no mundo não tem acesso à água limpa

Potável
Na Índia, 70% da população tinha acesso a água potável em 2012, ou seja, 30% utilizava água de fontes não tratadas.

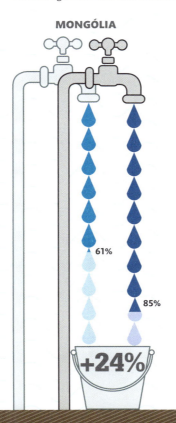

IRAQUE — 69%, 85%, +16%
MONGÓLIA — 61%, 85%, +24%

ACESSO AO SANEAMENTO

As diferenças brutais na melhoria do tratamento de esgoto nos países selecionados abaixo revelam suas circunstâncias locais contrastantes. Por exemplo, nível de desenvolvimento, velocidade do crescimento econômico e prevalência da corrupção.

Percentual da população com acesso ao saneamento
- 1990
- 2012

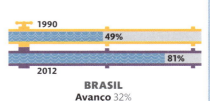

BRASIL
1990: 49%
2012: 81%
Avanço 32%
População ainda sem acesso 19%

RÚSSIA
1990: 59%
2012: 70%
Avanço 11%
População ainda sem acesso 30%

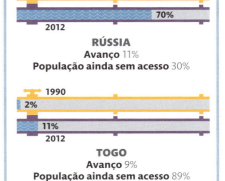

TOGO
1990: 2%
2012: 11%
Avanço 9%
População ainda sem acesso 89%

Ler e escrever

Melhorar os índices de alfabetização é essencial para reduzir a pobreza. Embora tenham ocorrido avanços na proporção das pessoas que sabem ler e escrever, os grandes desafios ainda permanecem – sobretudo na África.

Em 2011, ainda havia 774 milhões de adultos no mundo sem habilidades básicas de letramento. Três quartos dessas pessoas viviam no sul da Ásia, Oriente Médio e África Subsaariana – e dois terços eram mulheres.

Nos últimos trinta anos, houve esforços de governos, entidades filantrópicas e indivíduos para melhorar a alfabetização no mundo. As habilidades de ler e escrever aumentam muito as possibilidades de obter um emprego, gerar renda e contribuir para o desenvolvimento.

O desafio de se chegar à alfabetização global começa com a aquisição das competências básicas durante a infância e com o acesso à educação primária. Esse foi um dos pontos focais dos Objetivos de Desenvolvimento do Milênio, um conjunto de oito objetivos definidos em uma iniciativa da ONU, em 2000. Atualmente, 91% das crianças recebem educação primária.

Como o mundo está lendo?

América do Norte, Europa e Ásia Central já atingiram níveis de alfabetização quase universais. A situação na América do Sul melhorou nas últimas décadas e atingiu uma média de 92% da população alfabetizada. O Caribe ficou para trás com apenas 69% de seus adultos sendo capazes de ler e escrever. Os índices mais baixos de alfabetização ficam na África Subsaariana, Oriente Médio e sul da Ásia.

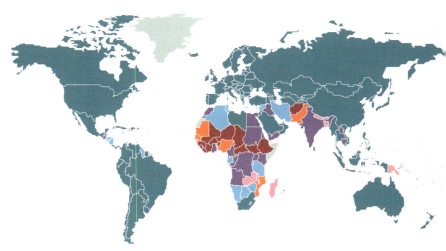

Índices de alfabetização de mulheres

Em quatro dos países com os piores índices, as taxas de alfabetização das mulheres ficam abaixo de metade das taxas masculinas. No Níger, apenas 1 em cada 9 mulheres possui competências de letramento – a população masculina tem taxas três vezes mais altas. Essa disparidade gera desafios como a redução da pobreza e do crescimento populacional (ver p. 22).

Benefícios da leitura

Estas mulheres e meninas são algumas das poucas que tiveram a sorte de aprender a ler e escrever na Somália. Aqui, apenas 25% das mulheres sabem ler e escrever, comparado a quase 50% dos homens.

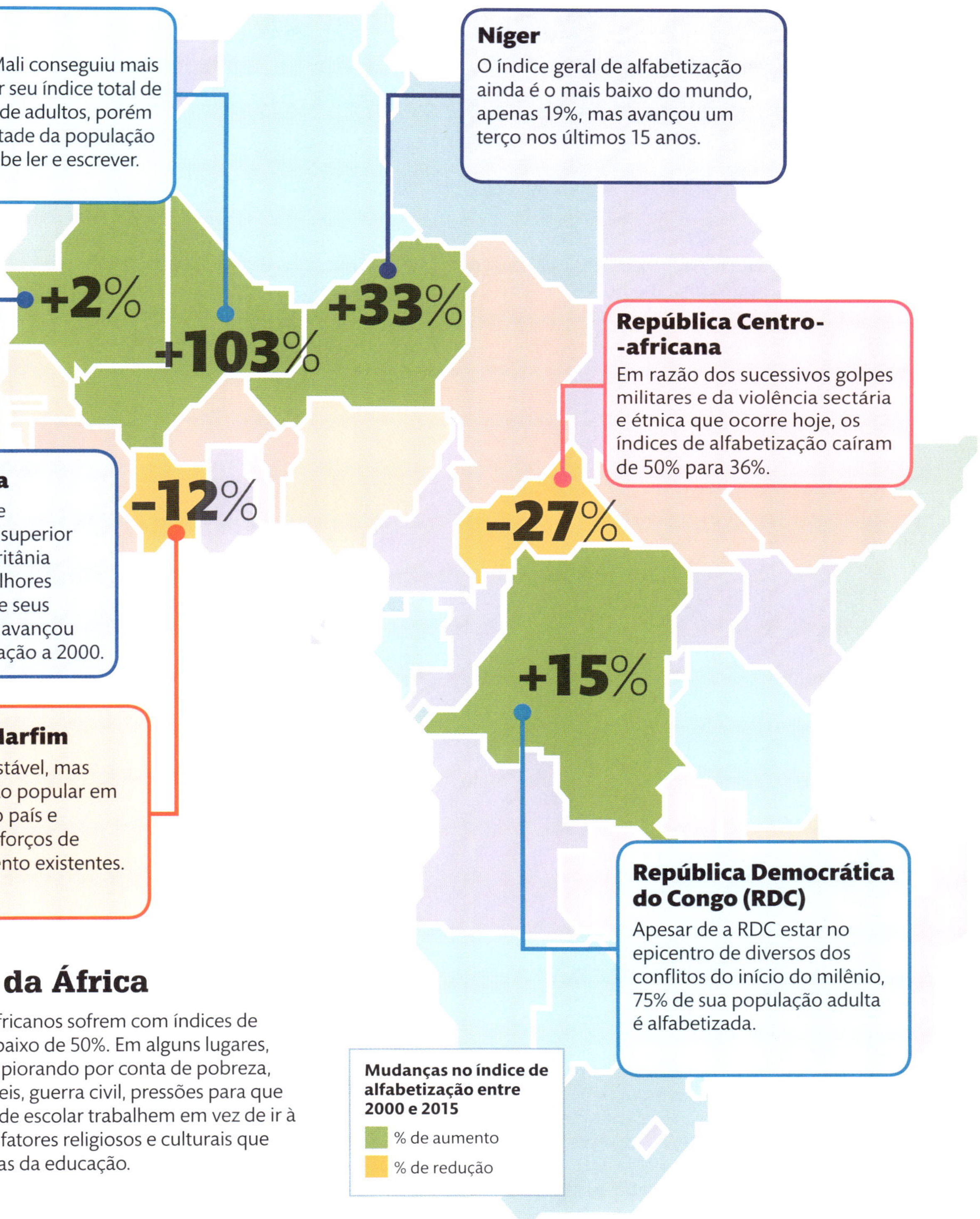

CONSEQUÊNCIAS DA MUDANÇA
Uma vida melhor parar as pessoas

Mali
Em 15 anos, Mali conseguiu mais do que dobrar seu índice total de alfabetização de adultos, porém menos da metade da população atualmente sabe ler e escrever.

+2%
+103%

Níger
O índice geral de alfabetização ainda é o mais baixo do mundo, apenas 19%, mas avançou um terço nos últimos 15 anos.

+33%

República Centro-africana
Em razão dos sucessivos golpes militares e da violência sectária e étnica que ocorre hoje, os índices de alfabetização caíram de 50% para 36%.

Mauritânia
Com índice de alfabetização superior a 50%, a Mauritânia apresenta melhores resultados que seus vizinhos, mas avançou pouco em relação a 2000.

−12%
−27%
+15%

Costa do Marfim
Era um país estável, mas uma convulsão popular em 2002 dividiu o país e destruiu os esforços de desenvolvimento existentes.

República Democrática do Congo (RDC)
Apesar de a RDC estar no epicentro de diversos dos conflitos do início do milênio, 75% de sua população adulta é alfabetizada.

História da África
Muitos países africanos sofrem com índices de alfabetização abaixo de 50%. Em alguns lugares, esse índice está piorando por conta de pobreza, governos instáveis, guerra civil, pressões para que crianças em idade escolar trabalhem em vez de ir à escola, além de fatores religiosos e culturais que excluem meninas da educação.

Mudanças no índice de alfabetização entre 2000 e 2015
- % de aumento
- % de redução

Vida mais saudável

No século XXI, a incidência de doenças transmissíveis letais caiu fortemente, permitindo médias de vida mais longas. As principais *causas mortis* atuais são doenças cardiovasculares e cânceres.

Entre 2000 e 2015, os índices de mortalidade na África caíram mais de um terço, sobretudo pela redução das mortes causadas por doenças transmissíveis, incluindo HIV/aids. Nesse mesmo período, as mortes causadas por malária na África foram cortadas quase pela metade. Isso se deveu a medidas como maior disponibilidade de redes contra mosquitos tratadas com inseticidas e maior acesso a medicamentos vitais básicos.

Desde 1990, reduziu-se em 44% a mortalidade materna, embora 830 mulheres ainda morram a cada dia por conta de complicações na gravidez e no parto. O sucesso na prevenção e no tratamento das doenças transmissíveis e a redução na mortalidade de prematuros por meio de melhores serviços de saúde pública fez com que as principais *causas mortis* hoje se relacionem a problemas decorrentes de idade avançada e estilo de vida – como doença cardiovascular e câncer.

Principais causas de morte

A redução nos índices de mortalidade em quase todas as regiões significa que menos pessoas morrem a cada ano, e que suas vidas se tornam mais longas. Ferimentos são responsáveis por um grande número de mortes na África, com uma proporção muito maior do que no resto do mundo. Mortes por doenças não transmissíveis permaneceram relativamente estáveis em todo o mundo.

Clínica de tratamento de HIV
Uma enfermeira consola uma criança com HIV, em Uganda. Investimentos em medicina reduziram a mortalidade por doenças transmissíveis.

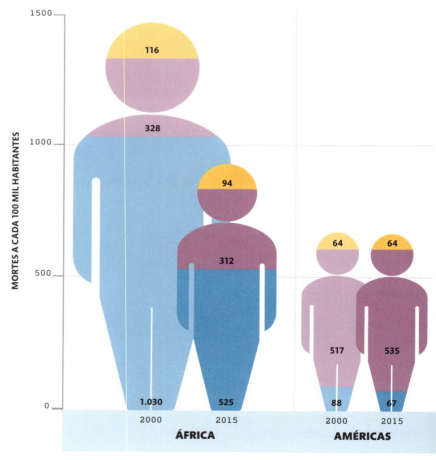

CONSEQUÊNCIAS DA MUDANÇA
Uma vida melhor para as pessoas

DOENÇAS E RENDA

Apesar dos avanços recentes na prevenção e no tratamento de diversas doenças infectocontagiosas, as principais *causas mortis* nos países mais pobres do mundo são infecções respiratórias do trato inferior, incluindo pneumonia, bronquite e tuberculose. Nos países mais ricos, as *causas mortis* em crescimento mais acelerado são mal de Alzheimer e demência como reflexo da maior longevidade no mundo desenvolvido. Isso gera impacto em longo prazo nos serviços de saúde – já sobrecarregados.

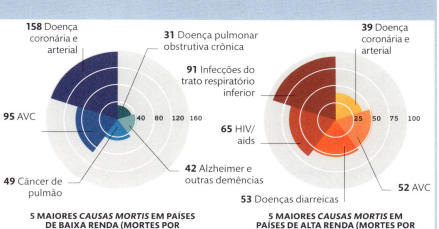

5 MAIORES *CAUSAS MORTIS* EM PAÍSES DE BAIXA RENDA (MORTES POR 100 MIL HABITANTES)
- 158 Doença coronária e arterial
- 95 AVC
- 49 Câncer de pulmão
- 42 Alzheimer e outras demências
- 31 Doença pulmonar obstrutiva crônica

5 MAIORES *CAUSAS MORTIS* EM PAÍSES DE ALTA RENDA (MORTES POR 100 MIL HABITANTES)
- 39 Doença coronária e arterial
- 91 Infecções do trato respiratório inferior
- 65 HIV/aids
- 53 Doenças diarreicas
- 52 AVC

Houve **47%** menos mortes de **crianças de até 5 anos** em 2012 do que em 1990

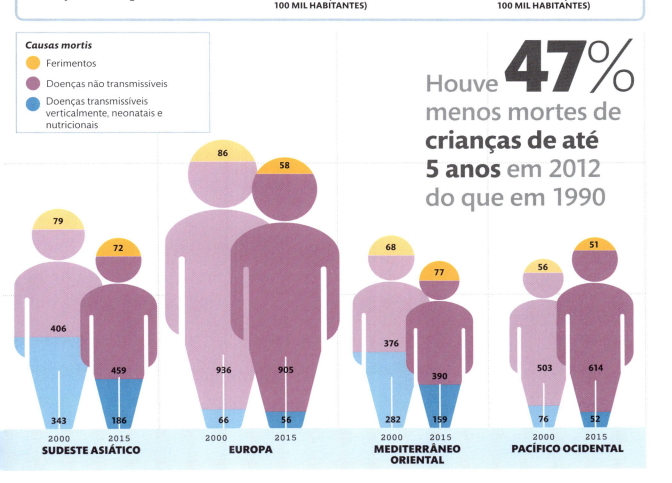

Causas mortis
- Ferimentos
- Doenças não transmissíveis
- Doenças transmissíveis verticalmente, neonatais e nutricionais

SUDESTE ASIÁTICO — 2000: 79 / 406 / 343 ; 2015: 72 / 459 / 186
EUROPA — 2000: 86 / 936 / 66 ; 2015: 58 / 905 / 56
MEDITERRÂNEO ORIENTAL — 2000: 68 / 376 / 282 ; 2015: 77 / 390 / 159
PACÍFICO OCIDENTAL — 2000: 56 / 503 / 76 ; 2015: 51 / 614 / 52

Mundo desigual

Muitas pessoas no mundo passaram a ter vidas melhores, mas a desigualdade explodiu vertiginosamente. As desigualdades de riqueza e renda podem ser vistas internacionalmente e dentro dos próprios países.

A desigualdade de riqueza entre os países pode ser demonstrada pela comparação do Produto Interno Bruto (PIB) *per capita*. É uma medição que dá uma ideia aproximada da renda e do padrão de vida. Países ricos, como a Suécia, possuem uma quantidade vastamente maior de riqueza que países menos desenvolvidos, como Lesoto ou Botswana.

A desigualdade também existe no nível doméstico, o que é quantificado por meio do coeficiente de Gini, uma ferramenta estatística que mede as diferenças na renda. O crescimento econômico recente nos países desenvolvidos beneficiou sobretudo aqueles no topo da sociedade, aumentando o abismo que separa ricos e pobres – uma situação que é ruim para todos. Pesquisas mostram que, quanto mais desigual for uma sociedade, mais problemas sociais ela enfrentará.

Desigualdade global

Utilizando os índices de Gini e o PIB *per capita*, é possível ver quais as sociedades mais igualitárias e quais as mais ricas. O país mais igualitário do mundo é a Suécia, com o sexto maior PIB *per capita* do mundo. Lesoto, o país menos igualitário, tinha um PIB de apenas US$ 996 *per capita*.

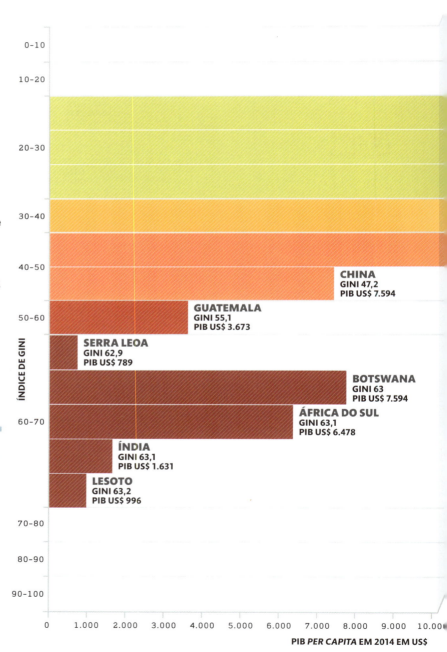

PIB *PER CAPITA* EM 2014 EM US$

CONSEQUÊNCIAS DA MUDANÇA
Uma vida melhor para as pessoas

1% da população mundial tinha mais dinheiro que os outros 99% em 2016

SUÉCIA
GINI 23,0
PIB US$ 58.887

ESLOVÊNIA
GINI 23,7
PIB US$ 23.963

DINAMARCA
GINI 24,8
PIB US$ 60.634

REINO UNIDO
GINI 32,3
PIB US$ 45.603

EUA
GINI 45
PIB US$ 54.630

O QUE É O COEFICIENTE DE GINI?

Criado em 1912 pelo estatístico e sociólogo italiano Corrado Gini (1884-1965), o coeficiente de Gini é a medida da igualdade de um país calculada pela medição da igualdade da distribuição de renda. Um país com a mais absoluta igualdade de renda terá um coeficiente igual a zero. A absoluta desigualdade, igual a 100.

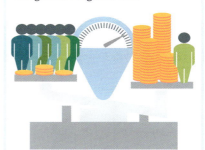

O que significa um alto coeficiente de Gini
Desigualdade perfeita significa que uma pessoa tem toda a riqueza, e todas as outras não têm nada. Em nações com alta desigualdade, poucos são ricos e muitos são pobres.

O que significa um baixo coeficiente Gini
Igualdade perfeita de riquezas significa que todas as pessoas possuem a mesma quantidade de dinheiro. Portanto, países com baixo coeficiente de Gini têm distribuição de renda mais igualitária.

Quanto vale a riqueza

Os bilionários controlam 10% dos bens do mundo, e muitos deles vivem em países pobres. Um terço da população da Índia vive na pobreza, mas o país está entre as 5 nações com mais bilionários.

- Produto Interno Bruto (PIB) Nacional
- Fortunas de bilionários como percentual do PIB nacional

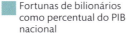

EUA 15,3% — 536 BILIONÁRIOS
CHINA 6,1% — 213 BILIONÁRIOS
RÚSSIA 16,1% — 88 BILIONÁRIOS
ÍNDIA 15,7% — 90 BILIONÁRIOS

20.000   30.000   40.000   50.000   60.000

Corrupção

Em diversos países, esforços para combater a pobreza e a degradação ambiental são prejudicados pelos efeitos de práticas corruptas, que geralmente atingem severamente os países mais pobres.

Práticas corruptas desviam recursos financeiros dos pobres e enfraquecem controles para proteger os bens ambientais. Tais práticas incluem atividades como suborno, desvio de verbas públicas, obstrução da justiça, ocultação e lavagem de dinheiro.

Isso impacta o desenvolvimento econômico, porque a desigualdade de renda dispara, políticas sociais são comprometidas e o crescimento econômico é estagnado. Em diversos países afetados pela corrupção, a exploração dos recursos naturais, que deveria trazer benefícios ao desenvolvimento, apenas enriquece pequenas elites. Tais condições podem contribuir para a guerra civil, como foi o caso em Serra Leoa, em 1991.

Onde a corrupção corrói o progresso

De acordo com o Banco Mundial, a cada ano, práticas corruptas causam o desvio de cerca de US$ 1 trilhão. Fundos que são profundamente necessários em educação, saúde e outros serviços públicos são perdidos, mantendo as pessoas acorrentadas à pobreza.

Todos os setores são afetados, mas água e eletricidade são especialmente vulneráveis à corrupção, em virtude do enorme número de empresas públicas e privadas envolvidas em seu fornecimento. A corrupção também leva ao desrespeito das leis de proteção dos recursos naturais e ecossistemas, gerando danos ambientais de larga escala. Espécies protegidas de vida selvagem são comercializadas por meio de suborno aos oficiais aduaneiros, e madeira desmatada ilegalmente entra no mercado internacional com documentação falsa.

Quem dá

O suborno pode facilitar o acesso a quem tem interesse comercial em recursos naturais, sendo vital para fazer com que os produtos obtidos ilegalmente cheguem até o mercado. Empresas oferecem suborno para ganhar licitações públicas. Oficiais aduaneiros recebem suborno para fazer vista grossa para a importação ou exportação de contrabando, como o tráfico de marfim entre a Tanzânia e a China.

CONSEQUÊNCIAS DA MUDANÇA
Uma vida melhor para as pessoas

Fornecimento de água
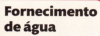
Licenças para despejar dejetos em rios são concedidas por suborno. Empresas do agronegócio pagam funcionários públicos para ter acesso à irrigação.
> A corrupção encarece entre 30% a 45% os custos de conexão de uma fonte de água potável.

Serviços essenciais

Medicamentos destinados a pobres são desviados para venda em farmácias privadas. Além disso, fundos desviados enfraquecem os esforços para combater os grandes desafios, como malária e HIV/aids.
> O Banco Mundial estima que até 80% dos fundos não salariais destinados à saúde nunca cheguem às clínicas e hospitais em alguns países.

O que podemos fazer?
> **Governos podem impedir que empresas** envolvidas com corrupção participem de licitações de contratos públicos.
> **Organizações da sociedade civil** podem difundir uma cultura de tolerância zero para práticas corruptas.
> **Governos podem priorizar** a implementação das políticas anticorrupção da ONU.

Comércio ilegal de animais
O comércio ilegal de animais ameaça décadas de conservacionismo. Esse já é o quarto crime transnacional mais lucrativo, apenas atrás do tráfico de narcóticos, armas e pessoas, estimado entre US$ 10 e US$ 20 bilhões ao ano.
> Ao menos 20 mil elefantes são mortos por ano para que suas presas sejam retiradas a cada ano na África.

Desmatamento

A extração ilegal de madeira atualmente representa 30% do total do comércio mundial desse material. O corte e envio de madeira no mercado negro é um processo complexo que apenas acontece com o apoio da corrupção.
> O Banco Mundial estima que, a cada ano, até US$ 23 bilhões em madeira são extraídos ilegalmente, causando perdas de US$ 10 bilhões em arrecadação.

Quem recebe
Funcionários públicos e políticos de todo o mundo já se mostraram suscetíveis ao suborno. Em grande parte da África subsaariana, por exemplo, os baixos salários pagos ao funcionalismo público fazem com que o suborno seja uma prática amplamente conhecida e aceita como parte do funcionamento dos negócios. Tal nível de assimilação da corrupção dificulta ao extremo que empresas operem legalmente.

Ascensão do terrorismo

A violência de terroristas com objetivos políticos ou religiosos incita o medo, e atentados impactam cada vez mais o noticiário, as liberdades civis e as agendas sociais.

O Índice de Terrorismo Global (em inglês GTI), relatório produzido pelo Instituto para Economia e Paz (IEP), define o terrorismo como "força e violência ilegais cometidos por um agente não pertencente ao Estado para atingir objetivos políticos, econômicos, religiosos ou sociais por meio de medo, coerção ou intimidação", excluindo a guerra civil e as mais de 300 mil mortes na Síria, desde 2011.

O GTI aponta correlação entre terrorismo, instabilidade política, tensões intergrupos (incluindo entre facções religiosas) e a falta de legitimidade dos Estados. Indicadores de pobreza, saúde e analfabetismo não estão diretamente relacionados ao terrorismo, mas este é um bloqueio ao desenvolvimento sustentável que desvia recursos da redução da pobreza e desestimula o investimento.

Países instáveis frequentemente não conseguem eleger governos democráticos, impedindo o progresso ambiental e social.

VEJA TAMBÉM...
> Corrupção p. 112-113
> População deslocada p. 116-117
> Mundo extremo p. 130-131

Terrorismo em números

Em 2013, quase 10 mil incidentes terroristas resultaram em aproximadamente 18 mil mortes. Excluindo os cinco países mais afetados, os quase 4 mil ataques no resto do mundo mataram 3.326 pessoas. A principal causa do terrorismo no Oriente Médio, África e sul da Ásia é a ideologia religiosa. Em outras regiões, o terrorismo está mais associado a movimentos políticos, nacionalistas e separatistas.

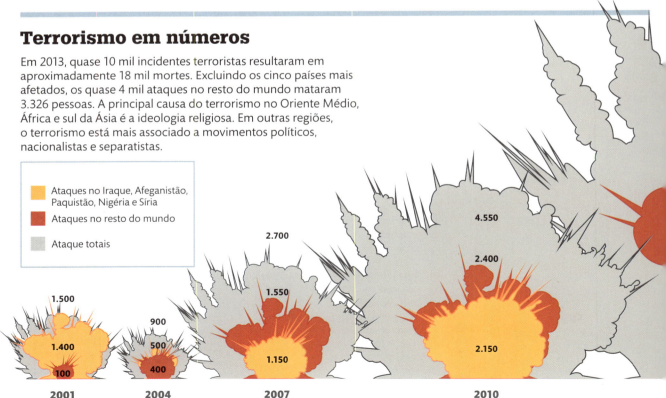

- Ataques no Iraque, Afeganistão, Paquistão, Nigéria e Síria
- Ataques no resto do mundo
- Ataque totais

2001: 1.500 / 1.400 / 100
2004: 900 / 500 / 400
2007: 2.700 / 1.550 / 1.150
2010: 4.550 / 2.400 / 2.150

CONSEQUÊNCIAS DA MUDANÇA
Uma vida melhor para as pessoas

13%
de diminuição no número de mortes **causadas pelo terrorismo** entre 2015 e 2016

Onde o terrorismo reina

O terrorismo é um fenômeno global; entretanto, mais de 80% dos ataques em anos recentes aconteceram em apenas 5 países: Iraque, Afeganistão, Paquistão, Nigéria e Síria, com destaque para o Iraque; na sequência da invasão das tropas dos EUA e do Reino Unido em 2003, numerosos grupos ultraviolentos se consolidaram, perpetrando incontáveis chacinas de civis.

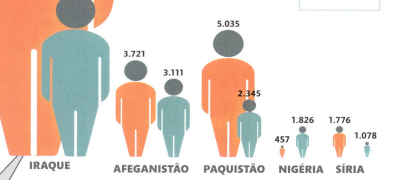

- Feridos
- Mortos

País	Feridos	Mortos
IRAQUE	14.947	6.362
AFEGANISTÃO	3.721	3.111
PAQUISTÃO	5.035	2.345
NIGÉRIA	457	1.826
SÍRIA	1.776	1.078

(valores ilustrativos: 9.600 / 6.000 / 3.600 — 2013)

CUSTOS OCULTOS DO TERRORISMO

A abominável perda de vidas humanas causada pelo terrorismo é apenas parte dos danos que causa à sociedade. Há outros custos adicionais com o aumento das forças de segurança, retirando recursos financeiros de programas sociais e ambientais. O crescimento econômico é afetado pela atividade terrorista porque as empresas enfrentam incertezas e aumento de custos, como seguros. Ao mesmo tempo, investidores preferem mover seus fundos para áreas mais estáveis. Nações afetadas pelo terrorismo também vivenciam a emigração de pessoas graduadas, impactando o desenvolvimento.

Preço alto do medo
Ataques terroristas em Paris em 2015 causaram indignação global, levando a um agravamento do bombardeamento aéreo por parte da Rússia e do Ocidente, em regiões da Síria e do Iraque.

População deslocada

Expulsos pela guerra, perseguição e mudança climática, o número de refugiados, requerentes de asilo e pessoas deslocadas em seus próprios países disparou, sendo equivalente à população do Reino Unido.

O Alto Comissariado das Nações Unidas para Refugiados (ACNUR) estima que, em 2016, o número global total de pessoas deslocadas atingiu a assustadora marca de 65 milhões, um aumento de mais de 50% sobre os cinco anos anteriores. Isso mostra movimentações forçadas em uma escala sem precedentes, criando uma "nação de deslocados", entre refugiados, requerentes de asilo e pessoas que foram deslocadas dentro de seus próprios países, mas que ainda vivem neles. As causas incluem conflitos armados, violações dos direitos humanos, violência política e os efeitos da seca. Os principais destinos para as pessoas que fogem pelas fronteiras são Turquia, Paquistão, Líbano, Irã, Uganda e Etiópia. Esses países recebem mais de 40% das pessoas que buscam abrigo fora de seus países de origem, aumentando a demanda de seus serviços já inadequados.

Um problema crescente

Até 2000, a rápida globalização e o fim da Guerra Fria haviam criado novas tensões que forçavam as pessoas a se mudarem, incluindo pressões causadas por redes criminosas. Em 2007, os países com as maiores populações internas deslocadas incluíam Eritreia, Colômbia, Iraque e República Democrática do Congo – todas causadas por conflitos internos. Os aumentos mais recentes se devem sobretudo ao conflito na Síria e ao terrorismo incessantes no Iraque.

Campo de refugiados somalis
Povos deslocados de suas regiões de origem buscam abrigo em campos de refugiados, frequentemente gerando enorme impacto sobre os recursos locais.

- Deslocados internamente
- Refugiados e requerentes de asilo

- Síria
- Afeganistão
- Somália
- Sudão
- Sudão do Sul
- Resto do Mundo

De onde eles vêm?
Entre os milhões de refugiados que cruzaram fronteiras internacionais em 2014, mais da metade vieram de apenas três países: Síria, Afeganistão e Somália.

27%
18%
8%
4,7%
4,3%
38%

21 milhões

17 milhões 2000

CONSEQUÊNCIAS DA MUDANÇA
Uma vida melhor para as pessoas

10,3 milhões de pessoas foram deslocadas em 2016 em razão de **conflitos e perseguições**

25 milhões

2016

40 milhões

17 milhões

26 milhões

2007

QUAL A IDADE DE UM REFUGIADO?

Em 2014, mais da metade de todos os refugiados tinha menos de 18 anos – eram 41% em 2009. Naquele ano, 34.300 requerimentos de asilo foram solicitados por crianças desacompanhadas ou separadas da família, grande parte vindos do Afeganistão, Eritreia, Síria e Somália. É a maior quantidade registrada desde 2006.

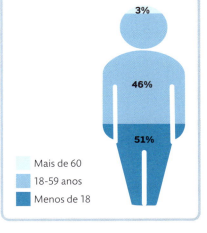

3%
46%
51%

Mais de 60
18-59 anos
Menos de 18

Mudanças na atmosfera

Sem a atmosfera, não haveria vida na Terra. A fina camada de gases que circula nosso planeta nos permite respirar e cria as condições climáticas que vivenciamos. Durante a longa história da Terra, o clima mudou diversas vezes, mas a principal razão da recente mudança climática é a concentração de gases do efeito estufa, que retêm o calor, e que são resultado das atividades humanas (ver p. 120-121). Por esse motivo, a atmosfera está retendo mais energia solar, fazendo com que as temperaturas médias subam e o clima se altere.

Aceleração do carbono

O gás do efeito estufa mais responsável pelo recente aquecimento da atmosfera é o dióxido de carbono (CO_2). É um gás que existe na natureza e mantém a Terra aquecida, gerando condições favoráveis para a vida. A concentração de CO_2 flutua, mas ultimamente vem crescendo em um ritmo acelerado e está no nível mais alto dos últimos 800 mil anos. A principal causa disso é a queima dos combustíveis fósseis, com contribuição também do desmatamento e das emissões dos solos.

Níveis históricos de CO_2
Por milhares de anos, os níveis de dióxido de carbono na atmosfera permaneceram abaixo de 280 partes por milhão (ppm).

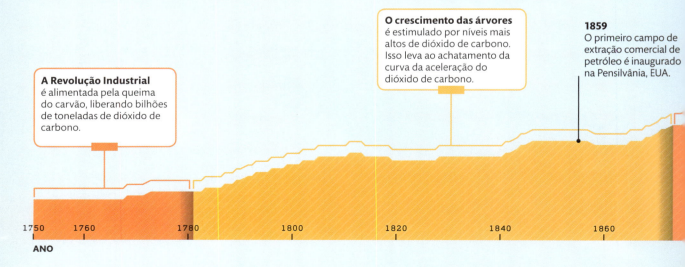

A Revolução Industrial é alimentada pela queima do carvão, liberando bilhões de toneladas de dióxido de carbono.

O crescimento das árvores é estimulado por níveis mais altos de dióxido de carbono. Isso leva ao achatamento da curva da aceleração do dióxido de carbono.

1859 O primeiro campo de extração comercial de petróleo é inaugurado na Pensilvânia, EUA.

ANO

Efeito estufa

A energia da luz solar é absorvida pela superfície da Terra, que se aquece. O calor resultante é emitido do solo e da água na forma de radiação infravermelha, e a maior parte dela volta para o espaço. Entretanto, gases que apreendem o calor na atmosfera tornam a Terra muito mais quente do que o normal. Tais gases criam um "efeito estufa", formando uma camada que segura o calor irradiado pela superfície da Terra e retém parte dele na atmosfera mais baixa. Atividades humanas interferiram no delicado equilíbrio energético da Terra, provocando rápido aumento na concentração de gases do efeito estufa, causando o aquecimento da atmosfera.

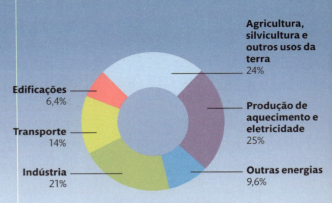

Agricultura, silvicultura e outros usos da terra 24%
Produção de aquecimento e eletricidade 25%
Outras energias 9,6%
Indústria 21%
Transporte 14%
Edificações 6,4%

Fontes de gases do efeito estufa
Atividades humanas produzem gases do efeito estufa de diversas formas, mas especialmente na atividade industrial e na produção de energia.

ATMOSFERA DA TERRA

Quantidades menores de radiação infravermelha conseguem escapar

Mais radiação infravermelha fica presa

4 Atividade humana causa aumentos nos níveis de gases do efeito estufa.

5 Mais gases do efeito estufa impedem que mais calor da superfície da Terra volte para o espaço, aumentando ainda mais a temperatura da superfície.

Mundo industrializado
A industrialização aumentou drasticamente as concentrações de gases do efeito estufa, apreendendo mais calor dentro da atmosfera e aquecendo a superfície e a atmosfera baixa.

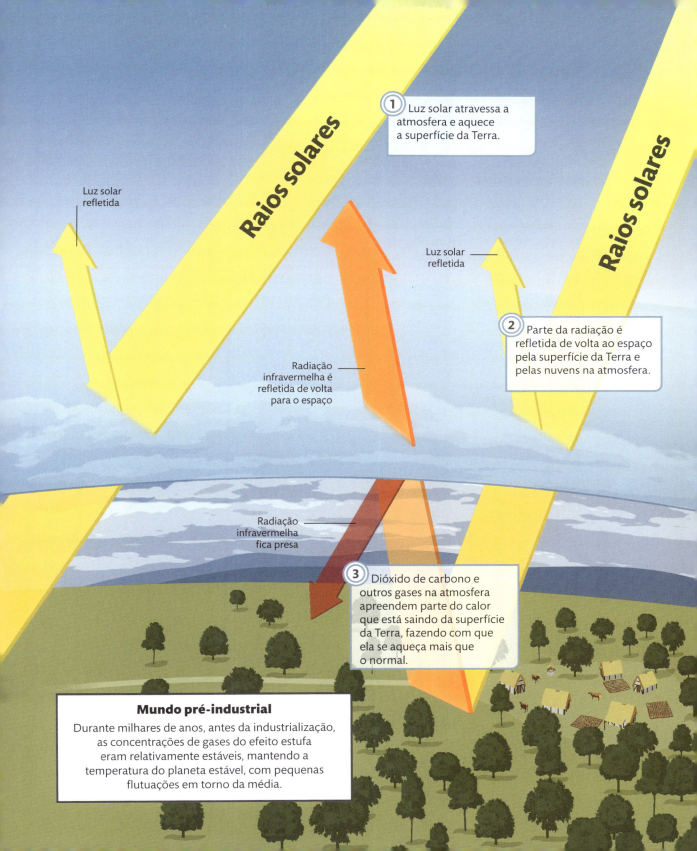

Um buraco no céu

Na atmosfera superior da Terra, muitos quilômetros acima da superfície do planeta, fica uma camada difusa do gás ozônio. Sua presença é vital para o funcionamento do próprio planeta.

A formação do ozônio depende do oxigênio em nossa atmosfera. À medida que a luz ultravioleta (UV) do sol atinge as moléculas de oxigênio na estratosfera, o ozônio se forma, absorvendo a radiação UV, que danifica o DNA (material genético) de plantas e animais. O oxigênio existia em pequenas quantidades até cerca de 2,3 bilhões de anos, quando ocorreu o chamado Grande Evento de Oxigenação, resultado de um aumento na fotossíntese realizada por cianobactérias.

A camada de ozônio

O ozônio estratosférico é mais denso na faixa de 20-30 km acima da superfície terrestre, onde a atmosfera é cerca de mil vezes mais rarefeita do que no nível do mar. Compostos liberados pelas atividades humanas consumiram a camada de ozônio, causando preocupação com o aumento da radiação UV, que poderia atingir a superfície terrestre. Além da destruição de organismos fundamentais, como o plâncton marinho, isso também dispara o risco de câncer de pele.

MESOSFERA
Entre 50-85 km acima da superfície, onde os meteoros se queimam

CAMADA DE OZÔNIO
A camada protetora de ozônio está localizada entre 20-50 km acima da superfície, e é mais densa na parte mais baixa

ESTRATOSFERA
Varia de 20-50 km acima da superfície

TROPOSFERA
É a camada mais próxima à superfície, com 20 km de espessura

Meteoros
Raios solares (incluindo raios UV)
Luz solar refletida (raios UV são absorvidos)
Altitude de cruzeiro de voos comerciais
Sistemas meteorológicos

Ozônio antártico

A concentração de ozônio é medida em unidades Dobson (DUs). Antes de 1979, o ozônio nunca havia ficado abaixo de 220 DUs, mas ficou evidente na primavera daquele ano sobre a Antártica que o protetor solar natural da Terra rareava. Essa área ficou conhecida como buraco na camada de ozônio. Em 1994, a concentração de ozônio chegou a 73 DUs.

OZÔNIO MAIS FINO
Substâncias que destroem o ozônio são potentes em temperaturas baixas, por isso o buraco se formou em cima da Antártica

CONCENTRAÇÃO DE OZÔNIO (UNIDADES DOBSON)

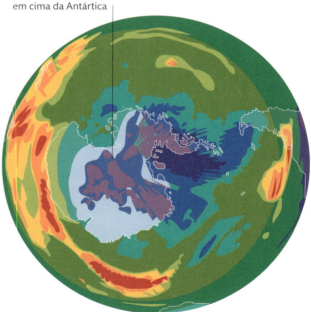

1979
As medições de ozônio feitas na superfície começaram em 1956 em Halley Bay, na Antártica. O monitoramento por satélite teve início nos anos 1970, e as primeiras medições globais começaram em 1978, com o satélite Nimbus-7. Essa monitoração ajudou a consolidar a política global de ações.

CONSEQUÊNCIAS DA MUDANÇA
Mudanças na atmosfera   122 / 123

40%
de redução do ozônio
sobre o Ártico em 2011

NOVA ZELÂNDIA
De tempos em tempos, o buraco na camada de ozônio se fragmenta, e seus braços chegam a regiões habitadas, como a Nova Zelândia

AMÉRICA DO SUL
Durante setembro de 2015, o buraco na camada de ozônio chegou a Punta Arenas, no Chile, expondo seus habitantes à radiação UV extrema

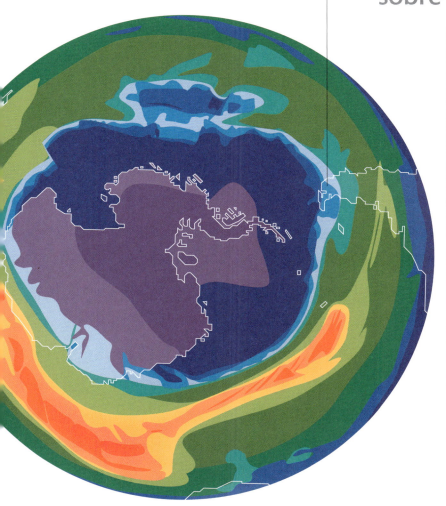

2013
Em 2013, o buraco na camada de ozônio permanecia gigantesco apesar da eliminação da maioria das substâncias que consomem ozônio. O ozônio antártico se recuperará em grande parte até meados do século XXI, mas poderá ser afetado por mudanças climáticas.

INIMIGOS DO OZÔNIO

O Protocolo de Montreal foi um acordo internacional estabelecido, em 1987, para reduzir a manufatura e liberação de substâncias nocivas ao ozônio. Ainda assim, as concentrações de ozônio precisam de tempo para se recuperar. Enquanto isso o monitoramento garante que as áreas de risco possam receber alertas. Apesar dos custos, foram desenvolvidas alternativas às substâncias que consomem o ozônio, agora amplamente utilizadas.

CFCs
Os clorofluorcarbonetos (CFCs) eram utilizados em aerossóis, esterilizadores, refrigeradores e freezers. Foram substituídos pelos hidrofluorcarbonetos (HFCs).

Halogênios
Esses poderosos gases do efeito estufa eram utilizados em extintores de incêndio e sistemas tecnológicos utilizados nas indústrias da aviação e de defesa. A produção de halogênios foi interrompida em 1994 pela Lei do Ar Limpo, nos EUA.

Brometo de metila
Era usado para o controle de diversas pragas agrícolas. Hoje existem inúmeras alternativas químicas e não químicas.

Mundo mais quente

Temperaturas cada vez maiores, aumento do nível do mar e degelo das calotas polares são apenas algumas das muitas mudanças resultantes dos impactos da humanidade na atmosfera. Esses e outros efeitos estão gerando diversas consequências socioeconômicas e ambientais.

De 1850 até hoje, as temperaturas da superfície já aumentaram 0,8 °C em média no mundo todo, e a causa principal é o aumento nos níveis de gases que aprisionam o calor, como o dióxido de carbono (CO_2) (ver p. 120-121). Isso tem gerado o derretimento de geleiras e glaciares, contribuindo para o aumento do nível dos oceanos. Essas mudanças devem continuar, mas podem não ser lineares em relação ao aumento da temperatura. A quantidade total de derretimento de gelo no planeta pode se acelerar à medida que pontos críticos são atingidos, o que pode acontecer com o gelo da Groenlândia e parte do gelo da Antártica.

Aumento na temperatura

Em todo o Hemisfério Norte, as três décadas entre 1983-2012 provavelmente foram as mais quentes dos últimos 1.400 anos. Este mapa mostra as mudanças estimadas para a temperatura, entre 1901 e 2012. Quedas na temperatura aparecem como tons de azul; aumentos, como tons de laranja e violeta. Áreas com dados insuficientes estão em branco.

Inundações
Aumento do nível da água já afeta a vida cotidiana em Bangladesh. Esse problema deve piorar ainda mais.

Mudança na temperatura
- -0,6°C
- -0,4°C
- -0,2°C
- 0°C
- 0,2°C
- 0,3°C
- 0,6°C
- 0,8°C
- 1,0°C
- 1,25°C
- 1,5°C
- 1,75°C
- 2,5°C

10 milhões de pessoas são afetadas a cada ano por inundações costeiras

 **VEJA TAMBÉM...**
- **Estações fora de sincronia** p. 126-127
- **Mundo extremo** p. 130-131
- **Circuitos de retorno** p. 134-135

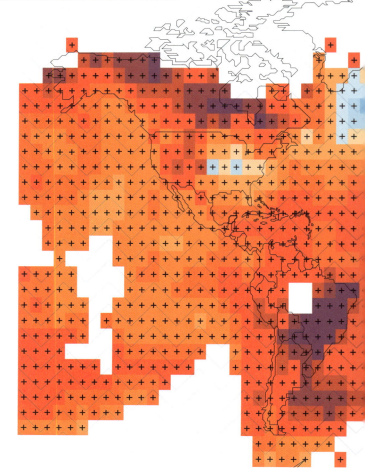

CONSEQUÊNCIAS DA MUDANÇA
Mudanças na atmosfera
124 / 125

Subida das águas

Os níveis dos mares estão subindo com o derretimento do gelo terrestre e porque a água dos oceanos se expande à medida que se aquece. O ritmo da subida do nível do mar desde meados do século XIX foi maior que a média dos dois milênios anteriores. Entre 1880 e 2013, o nível do mar subiu globalmente em média 23 cm. Essa subida será ainda maior à medida que os oceanos se aqueçam e as camadas de gelo polares e glaciares diminuam. As consequências da subida dos níveis do mar são especialmente negativas para países com pouca altitude, como Bangladesh.

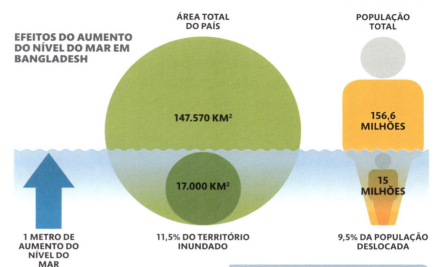

EFEITOS DO AUMENTO DO NÍVEL DO MAR EM BANGLADESH

ÁREA TOTAL DO PAÍS: 147.570 KM²
1 METRO DE AUMENTO DO NÍVEL DO MAR
11,5% DO TERRITÓRIO INUNDADO: 17.000 KM²

POPULAÇÃO TOTAL: 156,6 MILHÕES
9,5% DA POPULAÇÃO DESLOCADA: 15 MILHÕES

DERRETIMENTO DO GELO

Houve muita perda de gelo nas duas últimas décadas, em camadas de gelo e em glaciares. A perda média de gelo na Groenlândia aumentou vertiginosamente entre 2002-2011, e enormes perdas de gelo foram reportadas recentemente na Antártica. O diagrama abaixo mostra o encolhimento sazonal da camada de gelo no Ártico desde 1970. Até 2030, a camada ártica de gelo será apenas uma fração de seu nível em 1970. Até 2100, provavelmente haverá muito pouco ou nenhum gelo no verão nessa região.

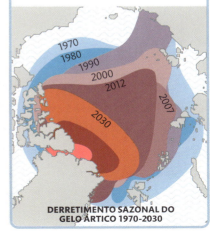

DERRETIMENTO SAZONAL DO GELO ÁRTICO 1970-2030

Estações fora de sincronia

Em todo o mundo, mudanças climáticas estão levando a alterações nos padrões sazonais. Às vezes sutis e ao longo de décadas, as implicações são, ainda assim, profundas para as pessoas e para a natureza.

Diversas partes do mundo possuem estações claramente definidas que são importantes para a agropecuária, disponibilidade de água, demanda de energia e para sustentar as relações complexas entre as espécies de vida selvagem. Embora muitas alterações sazonais sejam bem previsíveis, as mudanças no clima que ocorrem em longo prazo estão fazendo com que padrões e relações entrem em desequilíbrio, por exemplo, com a chegada do calor da primavera e o florescimento precoce das plantas.

Registros que cobrem décadas – e até séculos – permitem que cientistas documentem as tendências de longo prazo, como dados sobre as primeiras e as últimas folhas nas árvores ginkgo biloba no Japão, as datas das primeiras aparições de borboletas no Reino Unido, migração de pássaros na Austrália e registros de temperatura que revelam invernos cada vez mais curtos e a chegada da primavera cada vez mais cedo. É relevante o impacto que tais mudanças podem ter nas complexas relações do mundo natural.

VEJA TAMBÉM...
- **Planeta agrícola** p. 64–65
- **Mundo extremo** p. 130–31
- **Como funcionam os padrões climáticos** p. 128–129

Impacto global

O mundo natural e as civilizações humanas que dependem dele são fortemente influenciadas pelos ciclos das estações. Esses ciclos foram relativamente estáveis e previsíveis por milhares de anos. Isso agora está mudando, pois a velocidade e a intensidade da mudança da temperatura e das chuvas em resposta ao aquecimento global afetam pessoas e a vida selvagem de incontáveis formas.

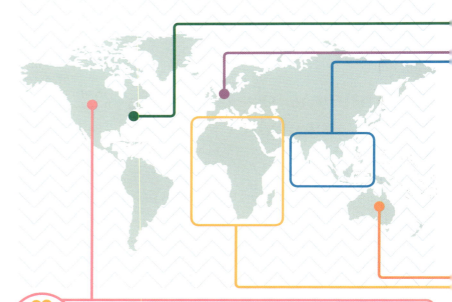

Primavera precoce

A primavera está chegando mais precocemente na maior parte dos EUA. Este mapa estima o primeiro dia em que as folhas despontam em cada estado, comparando a média de 1991-2010 com a média de 1961-1980, influenciando os ciclos de vida de animais e plantas.

MUDANÇAS NA CHEGADA DA PRIMAVERA POR ESTADO DOS EUA — 0-1 2 3 4 5+ Dias mais cedo

CONSEQUÊNCIAS DA MUDANÇA
Mudanças na atmosfera

Aquecimento da água
Entre 1982 e 2006, o Oceano Atlântico Norte esquentou 0,23 °C a cada década. Pesquisas desde a década de 1960 mostram que as populações de linguado moveram-se para o norte, causando problemas para as frotas pesqueiras.

Pesca anual de linguado chega a mais de US$ 30 milhões

Pássaros com fome
Estudo realizado nos Países Baixos mostrou que o ciclo reprodutivo do Chapim-real saiu de sincronia com o pico de abundância de larvas que os pássaros adultos usam para alimentar suas crias. Os insetos se adaptaram à chegada precoce da primavera, reproduzindo-se mais cedo, mas os pássaros não.

As primeiras folhas e flores chegavam **um dia antes por década** no Hemisfério Norte, de 1955 a 2002

Monções indianas
Embora sejam um padrão meteorológico anual previsível, as chuvas tendem a se tornar mais instáveis à medida que o clima se aqueça, podendo haver inundações e secas entre as chuvas. Uma mudança de apenas 10% pode ter impactos gigantescos na agropecuária, nos preços dos alimentos e na economia como um todo.

Aumento de 5%-10% nas chuvas de monções

- 33 in — Aprox. 850 mm — **CHUVAS DE MONÇÕES EM (JUNHO-SETEMBRO) DE 2015**
- 35–37 in — Aprox. 890-935 mm — **PREVISÃO DE CHUVAS DE MONÇÕES EM 205**

Agropecuária
Mais de 70% dos produtores africanos dependem da chuva (em vez de irrigação) para produzir comida. Mudanças na época e na intensidade das chuvas sazonais estão reduzindo as colheitas e a renda.

Chuvas
A Austrália é o continente habitado mais seco, e mudanças na média de chuvas impactam a agropecuária. Cientistas acreditam que o clima australiano mudou com as secas mais recentes. Tempestades mais intensas também vêm afetando algumas áreas.

Aquecimento
Sete dos dez anos mais quentes já registrados na Austrália ocorreram desde 2002, com um recorde de temperatura média entre 2005-2014. Altas temperaturas agravam os efeitos da falta de chuvas.

Incêndios florestais
O clima seco do sudeste da Austrália aumentou o risco de incêndios florestais. Entre 1973-2007, houve um aumento das condições de alto risco de incêndio.

Como funcionam os padrões climáticos

O clima é determinado por um conjunto de fatores. A energia solar aquece os oceanos e a atmosfera, e diferenças na pressão atmosférica e temperatura conduzem o ar e as correntes marítimas. O clima também é influenciado pela latitude e fatores como a distância do oceano e a altitude acima do nível do mar. As condições climáticas são calculadas em médias a cada década. A meteorologia é de curto prazo e muda a cada dia. O aquecimento solar faz com que o ar na atmosfera da Terra percorra ciclos ao redor do globo em três grupos gigantes, chamados de células atmosféricas: células de Hadley, células de Ferrel e células polares. Elas produzem correntes de vento norte-sul modificadas pelo giro da Terra, gerando ventos diagonais.

- Ar frio de altitude flui para o sul
- Ar morno baixa em latitudes subtropicais
- Ar frio tropical de altitude flui para o norte
- Ar frio é sugado para o norte

- Corrente quente de superfície
- Corrente fria de águas profundas

Correntes oceânicas
Oceanos retêm energia do sol, movimentando em correntes de superfície. Correntes oceânicas levam as águas quentes tropicais para regiões mais frias, afetando seu clima.

ESTAÇÕES

A Terra gira em torno do Sol em um eixo inclinado dentro de uma órbita que dura um ano. Como diferentes áreas da Terra ficam mais próximas ou mais afastadas do Sol, a duração do dia e as temperaturas mudam, criando dias longos e noites curtas no verão, e o oposto no inverno. As estações são mais definidas próximo aos polos.

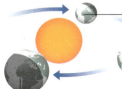

- Regiões tropicais em torno do Equador têm menos mudanças em suas estações
- Primavera no norte, outono no sul
- Em virtude da inclinação da Terra, inverno no norte é verão no sul
- Outono no norte, primavera no sul

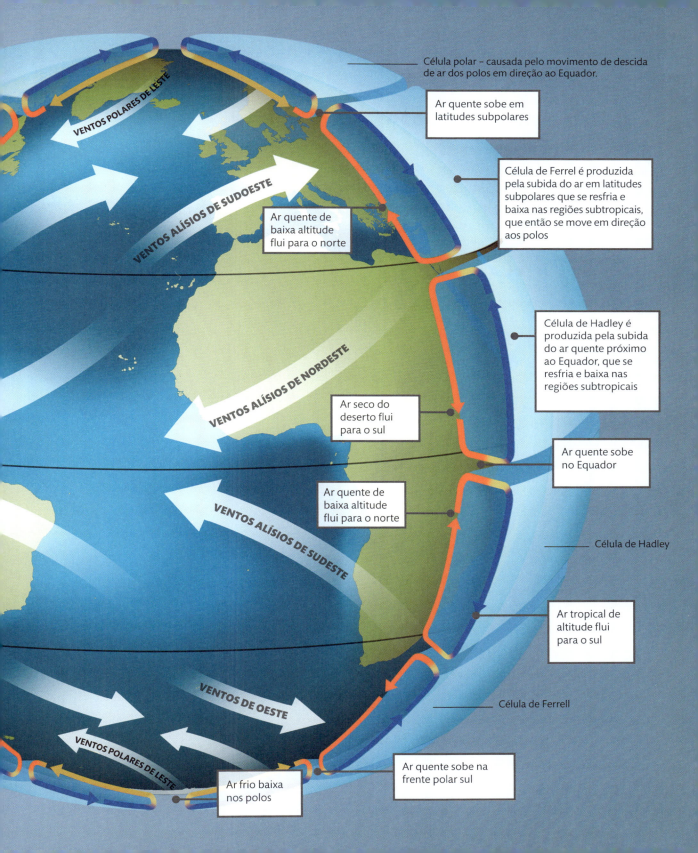

Mundo extremo

Recordes de temperatura são quebrados em todo o mundo. À medida que o clima se aquece, eventos meteorológicos extremos se tornam mais frequentes, causando consequências devastadoras.

A acumulação de mais calor na atmosfera está mudando os padrões de evaporação e circulação atmosférica. Isso causa eventos meteorológicos extremos e incomuns. A meteorologia é altamente variável no curto prazo, mas as tendências climáticas se baseiam em médias entre as décadas. A tendência de ocorrerem eventos meteorológicos mais extremos está em sintonia com os impactos previstos para o aquecimento progressivo, que irá causar inúmeras consequências socioeconômicas e ambientais. Tais eventos são intensificados por outras mudanças no meio ambiente, como o desmatamento.

Previsão do tempo

O impacto dos eventos meteorológicos extremos irá comprometer a produção de alimentos, aumentar a pressão sobre os serviços de emergência, elevar a demanda por ajuda humanitária, criar tensões de segurança e agravar os conflitos. Um aspecto vital do planejamento econômico futuro será a preparação para eventos extremos, reduzindo seu impacto. Isso pode se dar pelo armazenamento de água da chuva, preservação e recuperação de florestas, adoção de novas normas para infraestrutura, melhoria da qualidade do solo e diversificação da produção agropecuária.

Secas

Austrália, Califórnia, partes do leste africano e do sudeste brasileiro enfrentaram os efeitos da seca severa recentemente. Isso resultou em uma disponibilidade limitada de água para a indústria, agropecuária, domicílios, vida selvagem e geração de energia.

Enchentes

Partes do oeste africano, Tailândia, Europa ocidental e América do Sul foram atingidas por enchentes devastadoras recentemente, gerando perda de vidas, danos ao patrimônio e graves problemas à atividade empresarial. O dano ao solo causado pela agropecuária agravou ainda mais os eventos meteorológicos.

Tempestades

À medida que os oceanos se aquecem, as tempestades são alimentadas pelo ar quente que dela sobe e se tornam mais violentas. Os ciclones tropicais mais severos de que se tem registro ocorreram na última década. Quanto mais o mundo se esquentar, mais severas e mais frequentes se tornarão as tempestades.

Furacões
Intensidade, frequência e duração dos furacões do Atlântico Norte, como o Furacão Dean (atingindo a costa do México em 2007, nesta foto), aumentaram desde os anos 1980.

CONSEQUÊNCIAS DA MUDANÇA
Mudanças na atmosfera 130 / 131

Escassez de alimentos
Enchentes, secas e tempestades podem reduzir a produção de alimentos. Isso gera escassez, aumenta preços e leva a fome às pessoas mais pobres. Recentemente, secas e ondas de calor comprometeram as colheitas nos EUA e na Austrália.

Falta de água potável
Secas severas causaram restrições no consumo de água em partes da Austrália, Brasil e EUA. Enchentes e tempestades podem causar contaminação de fontes de água potável.

Falta de moradia
Grandes enchentes, como no Paquistão, destroem milhares de lares. Nos últimos anos, ciclones devastaram ilhas e áreas costeiras, deixando dezenas de milhares de pessoas sem moradia.

Danos à infraestrutura
Estradas, portos, ferrovias e sistemas de distribuição de energia são afetados por eventos meteorológicos extremos. Esse dano aumentou o número de pedidos de indenização de seguros contra eventos meteorológicos.

Migração em massa
Muitos dos migrantes que chegaram na Europa nos últimos anos vieram de partes da África que estão sofrendo com os efeitos da desertificação e agravados pela redução e irregularidade nos regimes de chuva. No futuro, mais pessoas serão forçadas a se mudar em razão do aumento dos níveis dos oceanos.

Conflito
Os impactos dos eventos meteorológicos extremos podem ser conectados aos conflitos. A Guerra Civil na Síria começou em um período de seca extrema. As tensões políticas se agravaram ainda mais quando cerca de 1,5 milhão de moradores rurais foram forçados a se mudar para as áreas urbanas.

Vítimas humanas
Alguns eventos meteorológicos causam mortes em massa, como o que aconteceu com o Furacão Mitch, em 1998. Cerca de 18 mil pessoas perderam suas vidas em razão dessa tempestade catastrófica, que também destruiu a infraestrutura de vastas áreas da América Central. Os impactos dos eventos extremos, como fome, exposição e conflito, também levam à perda de vidas humanas.

O limite de 2 graus

Em 2009, governos entraram em acordo sobre a necessidade de limitar o aumento da temperatura global a 2 °C em comparação ao período pré-industrial. Em 2015, foi estabelecida uma meta ainda mais ambiciosa, de 1,5 °C.

O limite de 2 graus foi adotado para cumprir o objetivo principal da Convenção-Quadro das Nações Unidas sobre Mudança do Clima de 1992 para evitar interferências humanas "perigosas" sobre o sistema climático. Embora não haja um veredito científico único sobre o que exatamente seria "perigoso", o limite de 2 °C é amplamente aceito como parâmetro. Entre as razões estão os impactos previstos sobre a segurança hídrica (ver p. 78-79), produção de alimentos (ver p. 74-75), acidulação dos oceanos (ver p. 160-161) e o quanto a extrapolação desse limite pode desencadear mudanças profundas no clima. Ao se adotar o limite, é possível construir um "orçamento de carbono". Para limitar o aquecimento ao parâmetro mais seguro de 1,5 °C, será necessário um orçamento de carbono mais apertado.

VEJA TAMBÉM...
- Um mundo mais quente p. 124–125
- Quanto ainda podemos queimar? p. 136–137
- O ciclo do carbono p. 138–139
- Metas para o futuro p. 142–143

Nosso orçamento de carbono

O orçamento de carbono define um limite para as emissões humanas de dióxido de carbono (CO$_2$). Para ter dois terços de chances de limitar o aquecimento a 2 °C, 960 gigatoneladas de carbono (GtC) poderão ser liberados (desde 1870). Quando se adicionam outros gases, como metano e óxido nitroso, o orçamento cai para 870 GtC. Os diagramas mostram um cenário otimista baseado no carbono e sem a possível retroalimentação de outros fatores, como o descongelamento da camada de *permafrost* (gelo permanente) do subsolo (ver p. 134-135).

A conexão dióxido de carbono/temperatura

Se continuarmos a liberar CO$_2$ na atmosfera no ritmo atual, as temperaturas globais irão subir 2 °C até 2050, em comparação à metade do século XIX.

O Reino Unido foi o primeiro país a **fixar um orçamento de carbono por lei,** para reduzir a 80% os níveis de emissões de 1990 até 2050

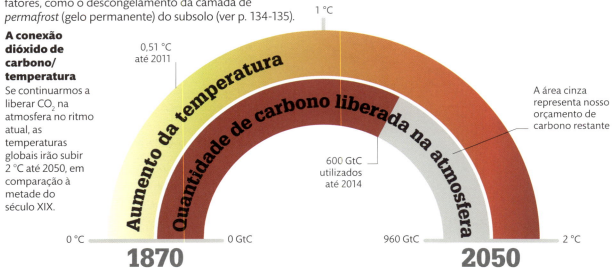

CONSEQUÊNCIAS DA MUDANÇA
Mudanças na atmosfera

Em 2014, havia um saldo restante de 358 GtC no orçamento

2045 — 55 GtC
2040 — 121 GtC
2030 — 121 GtC
2020 — 61 GtC
2014

O saldo restante previsto para 2020 é de cerca de 270 GtC

Hora de agir
Em 2014, o saldo restante do orçamento estava previsto para durar 30 anos. Quanto mais rápido esse saldo for "gasto", mais rapidamente o limite de 2 graus será extrapolado.

Saldo restante de carbono em 1870 era de 960 GtC

Até 2014, 600 GtC foram utilizados

BUSCANDO O MELHOR CAMINHO

Diversas estratégias são necessárias para se trilhar um caminho consistente com o aumento de 2 graus na temperatura. Muitas dessas estratégias estão relacionadas às escolhas energéticas, desmatamento, uso da terra e políticas econômicas. Avanços animadores já foram feitos, mas é necessário agir ainda mais – e urgentemente.

 Eficiência energética Emissões podem ser reduzidas com o uso eficiente da eletricidade. Por exemplo, com motores elétricos modernos em fábricas e lâmpadas de LED nas casas.

 Eletricidade renovável Mudar dos combustíveis fósseis para alternativas renováveis será o principal foco para conseguir trilhar o caminho de emissões e atingir o objetivo de 2 graus.

 Captura de carbono Captura e armazenamento de CO$_2$ (ver p. 136-137) podem reduzir emissões de usinas elétricas, embora haja muito pouco avanço nessas tecnologias.

 Eficiência veicular Motores convencionais mais eficientes, tecnologias híbridas e veículos elétricos irão reduzir as emissões e tornar o ar mais limpo para se respirar.

 Combustíveis com baixo nível de carbono Biocombustíveis misturados à gasolina e ao diesel e o uso de biomassa sustentável na indústria reduzem a dependência de combustíveis fósseis.

 Crescimento inteligente A construção de casas conectadas a empresas, escolas e comércio por transporte sustentável protege o meio ambiente e fortalece as economias locais.

 Taxação do carbono Exigir imposto das indústrias sobre suas emissões de carbono incentivaria investimentos em fontes de energia mais limpas.

 Carbono florestal e subterrâneo Parar o desmatamento e restaurar florestas contribuiria para atingir os 2 graus, favorecendo a preservação da vida selvagem e da água.

 Redirecionamento de subsídios Remover os subsídios aos combustíveis fósseis poderia reduzir as emissões em 13%. Esses subsídios valiosos poderiam alavancar alternativas renováveis.

Circuitos de retorno

A redução das emissões de combustíveis fósseis e a limitação do uso da terra estão relativamente sob controle humano. Entretanto, os chamados retornos têm um papel cada vez mais importante na mudança climática.

Retornos climáticos são efeitos da mudança climática que podem acelerar (retorno positivo) ou desacelerar (retorno negativo) o aquecimento. Por exemplo, alguns tipos de nuvens podem se tornar abundantes em temperaturas mais altas, gerando resfriamento e desacelerando a mudança climática. Quanto mais quente o mundo, maiores os riscos de aceleração das mudanças climáticas, independentemente das ações tomadas para cortar emissões.

A seca amazônica de 2010 causou a **liberação** de cerca de **2,2 bilhões de toneladas de carbono**

CO_2 é liberado

Circuitos de retorno e seu impacto

Há retornos potencialmente graves que podem gerar aquecimento global. Por isso, em 2009, governos limitaram aquecimento a menos de 2 °C na temperatura média global. Se as temperaturas subirem mais que isso, os retornos podem acelerar a mudança climática. Entre eles, estão a perda da camada de gelo, a retração das florestas tropicais, a liberação de metano do fundo dos oceanos e o derretimento da camada subterrânea de gelo.

Derretimento do ártico
A maior parte da energia solar que atinge as superfícies congeladas é refletida de volta para o espaço. À medida que o gelo derrete no Ártico e em outros lugares, as superfícies mais escuras do oceano e da tundra são expostas. Elas absorvem muito mais energia solar, acelerando o aquecimento global e, por sua vez, derretendo mais gelo.

Liberação do metano do fundo do mar
Enormes quantidades de metano estão armazenadas no fundo do mar. Esse metano é estável em temperaturas mais baixas, mas o aquecimento global pode fazer com quem o gás seja liberado na atmosfera. Esse poderoso gás poderia acelerar o aquecimento e liberar ainda mais metano do fundo do mar e do *permafrost*.

Derretimento do gelo subterrâneo
Em altas latitudes, próximo às regiões polares, há enormes áreas de solos de turfa congelados em gelo eterno – o chamado *permafrost*. Elas contêm dióxido de carbono e metano aprisionados dentro de si. Conforme o clima esquentar e derreter as turfeiras, esses gases do efeito estufa serão liberados, gerando mais derretimentos e emissões.

Retração das florestas tropicais
A diminuição das chuvas e o aumento do calor podem fazer com que vastas áreas de floresta tropical sequem e se transformem em savana ou em campos. Esses ecossistemas aprisionam menos carbono que as florestas densas, aumentando os níveis atmosféricos. Mudanças nas florestas também afetarão a vida selvagem.

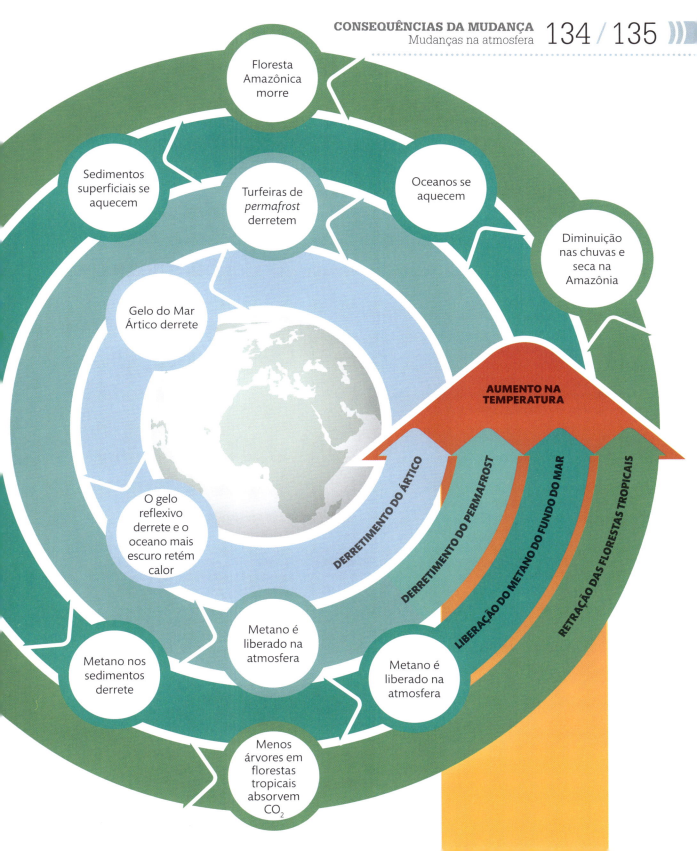

Quanto ainda podemos queimar?

Agora é possível calcular a emissão máxima de gases do efeito estufa até que o limite de temperatura seja excedido. Assim, devemos decidir como usar nossas reservas de combustíveis fósseis.

O orçamento de carbono descreve a quantidade máxima emitida de gases do efeito estufa, sobretudo o dióxido de carbono (CO_2), acordada entre países. Tais orçamentos são comparados com as reservas conhecidas de combustíveis fósseis para determinar a quantidade de carvão, petróleo e gás natural que podem ser queimados até que ocorra uma catastrófica elevação da temperatura. O nível de perigo para o aquecimento que foi definido em 2009 foi de 2 °C acima da temperatura média global em relação à época pré-industrial (ver p. 132-133). Para haver 80% de chances de respeitarmos o limite, menos de um terço das reservas podem ser queimadas.

Dentro do orçamento

Há mais combustíveis fósseis no solo do que podemos queimar com segurança. As emissões potenciais de CO_2 das reservas conhecidas são estimadas em 762 GtC (gigatoneladas de carbono), excluindo-se depósitos que sejam descobertos. Ações reais sobre a mudança climática resultariam no fato de que os bens das empresas extratoras de petróleo, carvão e gás natural ficariam abandonados ou "presos" no subterrâneo.

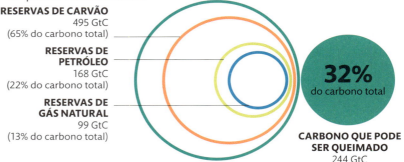

RESERVAS DE CARVÃO
495 GtC
(65% do carbono total)

RESERVAS DE PETRÓLEO
168 GtC
(22% do carbono total)

RESERVAS DE GÁS NATURAL
99 GtC
(13% do carbono total)

RESERVAS TOTAIS DE CARBONO 762 GtC

32% do carbono total

CARBONO QUE PODE SER QUEIMADO
244 GtC

TECNOLOGIA DE CAPTURA DE CARBONO

Essa tecnologia pode permitir que combustíveis fósseis sejam utilizados sem exceder o orçamento de carbono. Esses processos aprisionam as emissões de carbono na fonte e comprimem o gás na forma líquida. Ele então pode ser canalizado e enviado a estruturas geológicas para armazenamento.

Veios de carbono não mineráveis
Dióxido de carbono pode ser injetado em depósitos de carvão profundos, inacessíveis ou economicamente inviáveis para armazenamento, ocorrendo a liberação de metano, um gás do efeito estufa, que pode então ser recuperado e usado como fonte de energia.

Reservas exauridas de petróleo
Campos de petróleo e gás natural próximos a ficarem exauridos podem ser utilizados para armazenamento de carbono. A injeção de dióxido de carbono pode aumentar a pressão nos poços para extrair mais petróleo, um reforço da recuperação de petróleo.

Geologia salina profunda
Formações geológicas profundas feitas de arenito e rocha calcária preenchidas por água salgada podem se tornar impermeáveis, pois são seladas por outro tipo de formação. Isso significa que podem aprisionar dióxido de carbono injetado.

CONSEQUÊNCIAS DA MUDANÇA
Mudanças na atmosfera
136 / 137

Reservas de combustível
A quantidade de cada combustível fóssil que podemos queimar em segurança até atingir o limite de 2 °C varia. Queimar gás natural produz menos CO_2 que carvão, por exemplo. Se parássemos completamente de queimar carvão, seria possível utilizar quase todas as reservas de petróleo. Se utilizássemos parte do carvão, a distribuição poderia ser como demonstrada no gráfico.

12% de carvão pode ser queimado

Reserva de carvão 1.495 GtC

48% do gás pode ser queimado

Reserva de gás natural 99 GtC

65% do petróleo pode ser queimado

Reserva de petróleo 168 GtC

23,4%
das emissões globais de dióxido de carbono em 2014 foram feitas pela China

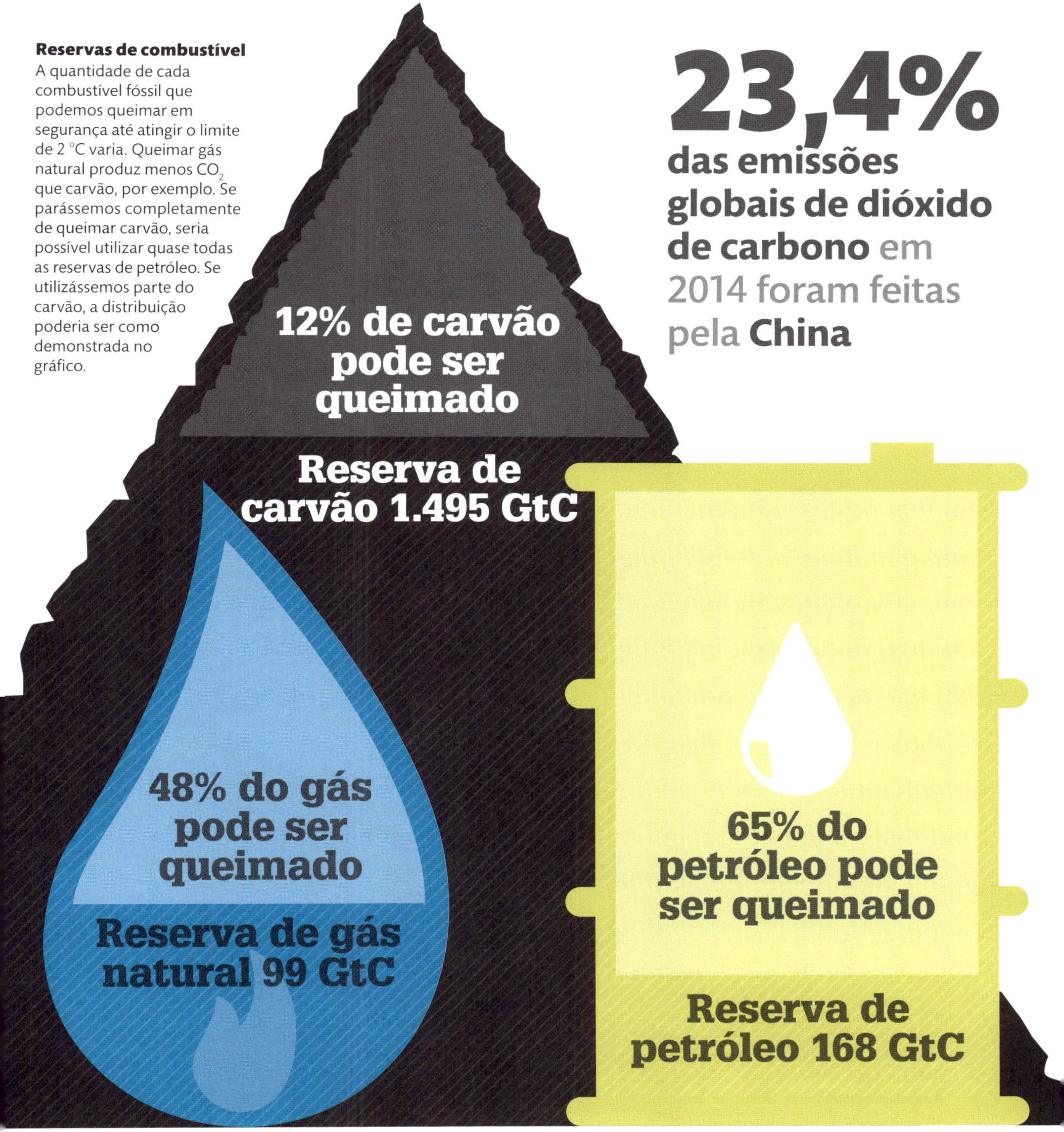

Dilema do carbono

O mundo enfrenta um dilema. Para limitar o aquecimento global a 2 °C acima da temperatura média da era pré-industrial, é necessário agir agora.

As concentrações futuras de dióxido de carbono (CO_2) e outros gases do efeito estufa na atmosfera serão determinadas por diversos fatores, como fontes de energia, mudanças populacionais e consumo individual. Sem ações urgentes, será quase impossível limitar o aquecimento global ainda neste século a 2 °C.

VEJA TAMBÉM...
- **Um mundo mais quente** p. 124–125
- **O limite de 2 graus** p. 132–133
- **Quanto ainda podemos queimar?** p. 136–137
- **Metas para o futuro** p. 142–143
- **Qual o plano global?** p. 186–187

Passado, presente e futuro

O Quinto Relatório de Avaliação do Painel Intergovernamental sobre Mudanças Climáticas (IPCC), finalizado em 2014, é uma avaliação completa da mudança climática. Entre suas principais conclusões, ele afirma que as atividades humanas, sobretudo a emissão de CO_2, estão causando um aumento continuado e inequívoco das temperaturas globais. Mesmo que todas as emissões cessassem imediatamente, as temperaturas iriam continuar subindo como resultado dos gases do efeito estufa já liberados na atmosfera. A mitigação desse aumento requererá reduções consideráveis e permanentes das emissões desses gases.

O QUE É UM RCP?

Entre suas conclusões, o IPCC explorou quatro cenários possíveis da futura mudança climática. Esses cenários, conhecidos como Caminhos Representativos de Concentração (RCPs), projetam as concentrações dos gases do efeito estufa e seu impacto nas temperaturas globais durante o século XXI. Cada caminho é consistente com os diversos cenários, com base em diferentes tendências socioeconômicas e escolhas políticas.

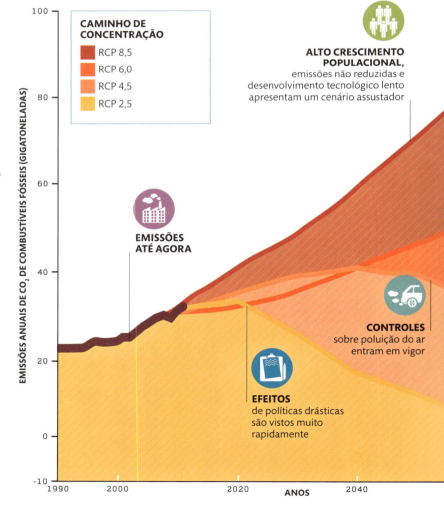

CONSEQUÊNCIAS DA MUDANÇA
Mudanças na atmosfera

> "Recebemos o mundo... **em empréstimo das futuras gerações,** para quem **deve ser devolvido!**"
>
> **PAPA FRANCISCO**

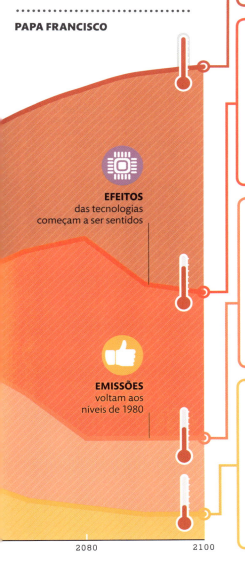

EFEITOS das tecnologias começam a ser sentidos

EMISSÕES voltam aos níveis de 1980

2080   2100

Caminho de máxima concentração

Um RCP 8,5 é coerente com alto crescimento populacional, baixa renda nos países em desenvolvimento, pouca tecnologia e aumento das emissões resultantes da queima de combustíveis fósseis. As emissões acabam se estabilizando, mas a temperatura média global sobe cerca de 5 °C.

Colapso dos ecossistemas Muitos ecossistemas, como vastas áreas de floresta tropical, entram em colapso, liberando mais CO_2.

Caminho de alta concentração

Um RCP 6 é coerente com avanços tecnológicos que começarão a ter impacto de larga escala na década de 2080. Isso fará com que as concentrações de CO_2 e outros gases do efeito estufa se estabilizem em torno do ano de 2100. Neste cenário, o aumento médio da temperatura global será de cerca de 3 °C.

Escassez de alimentos Mudanças em regimes de chuvas e temperaturas reduzem a produção de alimentos, sobretudo nos trópicos.

Caminho de concentração média

Um RCP 4,5 é coerente com uma ação moderada sobre a mudança climática e poluição atmosférica. A preservação e recuperação de florestas trará efeitos positivos consideráveis entre 2040 e 2060. Nos anos 2080, as emissões serão próximas às da década de 1980. O aumento na temperatura será de 2-3 °C.

Perda de corais Cerca de dois terços dos corais no mundo todo sofrem grave degradação de longo prazo.

Caminho de baixa concentração

Um RCP 2,5 é coerente com um pico inicial seguido de queda nas emissões resultante de mudanças radicais e imediatas nas políticas para incentivar as energias renováveis, eficiência energética e preservação de florestas em larga escala. Assim, a temperatura média global fica abaixo do limite.

Redução na produção de leite Pastagens de pior qualidade e afetadas pelo calor impactam grandes exportadores de laticínios, como a Austrália.

Ciclo do carbono

O carbono é essencial para a vida e está presente em todos os seres vivos. Ele flui em ciclos através dos sistemas da Terra, transitando entre rochas, plantas, animais, atmosfera, oceanos, também na forma de dióxido de carbono (CO_2). Ele chega ao ar por meio da respiração humana e como resultado do fogo. Ele é retirado do ar sobretudo por meio da fotossíntese (ver p. 172) e absorção pela água do oceano (ver p. 160-161). Nos dois últimos séculos, as atividades humanas causaram graves disrupções no ciclo de carbono, fazendo com que mais CO_2 se acumulasse na atmosfera, sobretudo em razão da queima de combustíveis fósseis e ao desmatamento. O gráfico a seguir mostra o carbono circulando entre as diferentes partes do sistema da Terra.

92 BILHÕES DE TONELADAS ABSORVIDAS PELOS OCEANOS

123 BILHÕES DE TONELADAS ABSORVIDAS PELO SOLO E VEGETAÇÃO

Todas as plantas, incluindo árvores, absorvem CO_2 da atmosfera e o utilizam na fotossíntese.

Quando animais produzem dejetos ou morrem, adicionam matéria morta rica em carbono ao solo.

Oceanos absorvem CO_2 da atmosfera. Parte dele é utilizada para fotossíntese do fitoplâncton ou acaba se transformando em carbonato nas conchas dos animais marinhos. Em excesso, pode contribuir para a acidificação do oceano.

Ao morrer, as plantas adicionam carbono ao solo com folhas e outros tipos de matéria morta.

CUSTO DO DESMATAMENTO

O desmatamento gera cerca de um quinto das emissões de gases do efeito estufa causadas pelas atividades humanas – maior do que as emissões causadas pelo transporte em todo o mundo. Impedir o desmatamento e recuperar florestas que foram derrubadas pode prover cerca de um terço de toda a ação necessária para combater a mudança climática.

8,3 MILHÕES DE HECTARES — 1990–2000
15,2 MILHÕES DE HECTARES — 2000–2010
ÁREA DE FLORESTA PERDIDA POR ANO

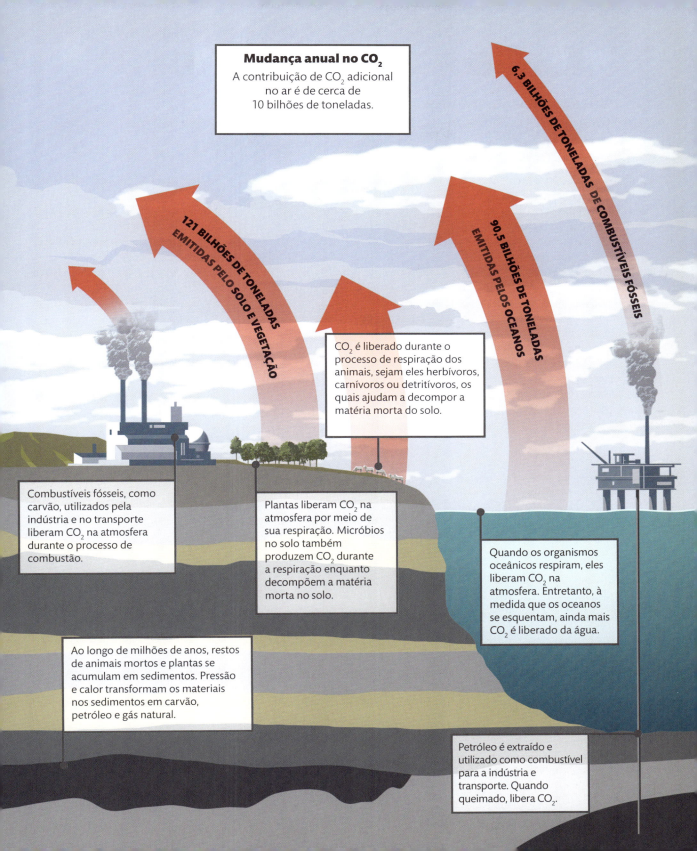

Metas para o futuro

Em 2015, países reafirmaram seu compromisso em limitar o aquecimento global a menos de 2 °C na Convenção sobre Mudanças Climáticas, em Paris, visando uma meta mais desafiadora, de 1,5 °C.

A Convenção-Quadro das Nações Unidas sobre Mudança do Clima foi adotada na Conferência das Nações Unidas sobre o Meio Ambiente e o Desenvolvimento no Rio de Janeiro, em 1992. As negociações levaram a um novo acordo, feito em Paris, em 2015, quando os países adotaram planos de ação federais e voluntários para reduzir as emissões de gases do efeito estufa. Grande passo em direção ao futuro, os cortes totais ainda são insuficientes para atender ao limite de 2 °C. Porém, uma revisão quinquenal exige que os países reexaminem seus esforços em desenvolvimento e considerem a necessidade de cortes mais profundos.

VEJA TAMBÉM...
› **O limite de 2 graus** p. 132-133
› **Dilema do carbono** p. 138-139
› **O que está funcionando?** p. 188-189

Linha do tempo das mudanças
Desde 1992, houve diversas conferências em que os países discutiram as melhores formas para se enfrentar as mudanças climáticas. Entretanto, seu sucesso é questionável.

Principais poluidores

Os 10 maiores emissores de dióxido de carbono em 2011 foram responsáveis por dois terços das emissões globais. Todos esses países (e mais 175) garantiram reduzir emissões como parte do Acordo de Paris de 2015. No gráfico, os números estão em milhões de toneladas de CO_2 ($MtCO_2$) emitidas em 2011. Cortes são propostos para 2020-2030.

10 México
Planeja reduzir 22% de suas emissões, ou mais, até 2030, se o acordo global sobre o preço internacional do carbono for aceito.

8 Japão
Apesar de dificuldades econômicas e problemas com energia nuclear, o Japão ainda pretende cortar suas emissões em 26%, em comparação a 2013

9 Canadá
Pretende reduzir suas emissões em 30% até 2030, em comparação a 2005

7 Brasil
Planeja reduzir suas emissões em 37% até 2025 com a expansão da energia renovável e preservação de florestas

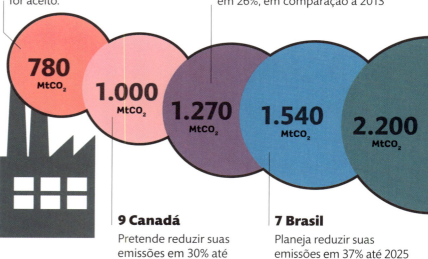

780 $MtCO_2$ — 1.000 $MtCO_2$ — 1.270 $MtCO_2$ — 1.540 $MtCO_2$ — 2.200 $MtCO_2$

1979 Primeira Conferência Mundial sobre o Clima em Genebra, Suíça

1988 O Painel Intergovernamental sobre Mudanças Climáticas (IPCC) é fundado

1992 A Convenção-Quadro da ONU sobre Mudança do Clima (UNFCCC) foi adotada na Conferência da ONU sobre o Meio Ambiente e Desenvolvimento

1997 O Protocolo de Kyoto é assinado, estendendo o UNFCCC

2007 China anuncia seu primeiro programa de Mudança Climática Nacional por ultrapassar os EUA como o maior poluidor do mundo

CONSEQUÊNCIAS DA MUDANÇA
Mudanças na atmosfera

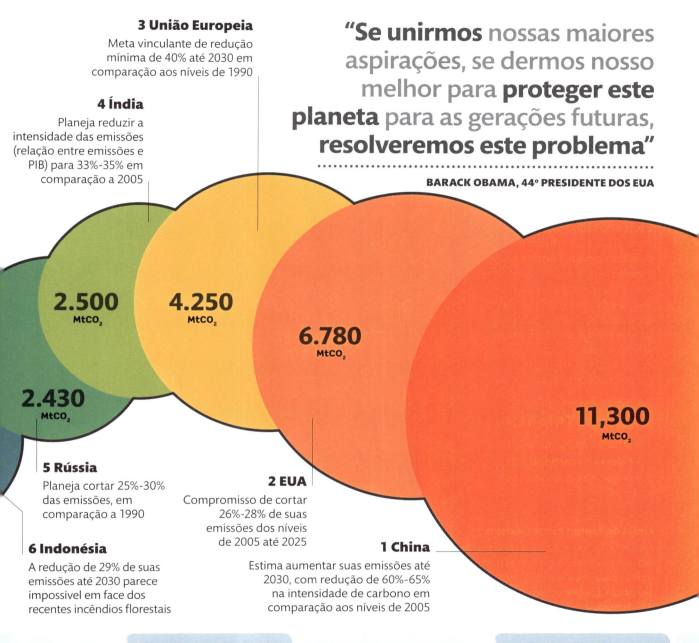

3 União Europeia
Meta vinculante de redução mínima de 40% até 2030 em comparação aos níveis de 1990

4 Índia
Planeja reduzir a intensidade das emissões (relação entre emissões e PIB) para 33%-35% em comparação a 2005

"**Se unirmos** nossas maiores aspirações, se dermos nosso melhor para **proteger este planeta** para as gerações futuras, resolveremos este problema"

BARACK OBAMA, 44º PRESIDENTE DOS EUA

2.500 $MtCO_2$

4.250 $MtCO_2$

6.780 $MtCO_2$

2.430 $MtCO_2$

11,300 $MtCO_2$

5 Rússia
Planeja cortar 25%-30% das emissões, em comparação a 1990

2 EUA
Compromisso de cortar 26%-28% de suas emissões dos níveis de 2005 até 2025

6 Indonésia
A redução de 29% de suas emissões até 2030 parece impossível em face dos recentes incêndios florestais

1 China
Estima aumentar suas emissões até 2030, com redução de 60%-65% na intensidade de carbono em comparação aos níveis de 2005

2009 Conferência de Copenhague resulta em um acordo frágil e não vinculante

2011 Cúpula de Durban concorda em abrir negociações para um novo tratado legalmente vinculante sobre a mudança do clima, a ser firmado em Paris em 2015

2014 Quinto Relatório de Avaliação do IPCC conclui que a "influência humana sobre o sistema climático é clara" e que "emissões humanas de gases do efeito estufa estão no nível mais alto já registrado na história"

2015 Conferência de Paris chega a um acordo global legalmente vinculante para limitar o aumento da temperatura a 2 °C e, se possível, 1,5 °C

Ar tóxico

A poluição do ar, associada à ascensão das megacidades, ao aumento da demanda por energia e aos veículos, é uma das principais causas de mortes prematuras.

Diversos poluentes causam danos à saúde. Escapamentos de veículos, emissões de usinas elétricas e incêndios florestais são as principais causas. Entre os poluentes mais nocivos estão partículas microscópicas, óxidos de nitrogênio, monóxido de carbono e ozônio – tóxico quando está no ar que respiramos. Óxidos de nitrogênio, partículas liberadas pelos motores a diesel e o *smog* fotoquímico (nevoeiro que surge da ação solar sobre os gases gerados por motores a gasolina) matam milhões de pessoas.

PARTÍCULAS NOCIVAS
Partículas de poluição são divididas em 2 grupos: PM2,5 e PM10, com base em seu diâmetro. A OMS define o limite seguro como 25 partículas PM2,5 a cada 35 pés cúbicos de ar a cada 24 horas.

Mortes por doenças

A poluição do ar aumenta os casos de doenças graves. Partículas liberadas pela combustão, por exemplo, podem ter menos de 2,5 mícrones de diâmetro, pequenas o suficiente para chegar às partes mais profundas do pulmão e penetrar na corrente sanguínea. A Organização Mundial da Saúde (OMS) divulgou 3,7 milhões de mortes relacionadas à poluição em 2012 por tipo de doença.

Espessura de um fio de **cabelo humano** (50-70 mícrones)

Diâmetro de uma **partícula PM10** (10 mícrones), como pó ou pólen

Diâmetro de uma **partícula tóxica PM2,5** (2,5 mícrones)

AR TÓXICO

PARTÍCULAS TÓXICAS

AVC 40%
Poluentes podem causar danos aos vasos sanguíneos do cérebro, causando falta de oxigênio nos tecidos cerebrais e morte

DPOC 11%
A doença pulmonar obstrutiva crônica (DPOC) causa estreitamento das vias aéreas e pode ser fatal

CÂNCER DE PULMÃO 6%
Maior risco com o aumento da exposição à poluição do ar, incluindo matéria particulada

DOENÇA CARDÍACA 40%
Poluição pode causar danos aos vasos sanguíneos, restringindo o fluxo de sangue e desencadeando ataques cardíacos

DISTÚRBIOS DO TRATO RESPIRATÓRIO INFERIOR 3%
A maior *causa mortis* de crianças pequenas em todo o mundo

Fontes de poluição
As principais fontes de poluição do ar são usinas elétricas, indústrias e veículos. Esses poluidores são amplamente conhecidos, mas não foi feita muita coisa para reduzir suas emissões. Milhões de pessoas morrem em consequência disso.

CONSEQUÊNCIAS DA MUDANÇA
Mudanças na atmosfera

Regiões mais tóxicas do mundo

Cerca de 88% das mortes causadas por poluição do ar ocorrem em países de renda baixa e média, onde vivem 82% da população mundial. Em 2012, as piores regiões estavam no Pacífico Ocidental e Sudeste Asiático, com 1,67 milhão e 936 mil mortes, respectivamente. Para especialistas, o número crescente de megalópoles (cidades com mais de 10 milhões de habitantes, ver p. 40-41) dependentes de combustíveis fósseis irá dobrar as mortes causadas por poluição do ar em 2050, em comparação a 2012. A qualidade do ar melhorou em algumas partes do mundo, as regiões em azul no mapa representam reduções nas mortes por poluição do ar desde os anos 1850.

Mortalidade prematura devido à poluição do ar (mortes por ano a cada 400 milhas quadradas)

- −1000
- −100
- −10
- −1
- −0,1
- 0,1
- 1
- 10
- 100
- 1000

O que podemos fazer?

> **Eletricidade!** Prefira um veículo elétrico a um veículo movido a gasolina ou a diesel para fazer a sua parte na melhoria da qualidade do ar e da saúde pública.

> **Plante árvores** Aumentar o número de árvores em áreas urbanas poluídas pode ajudar a limpar o ar. As folhas aprisionam partículas e outros poluentes que são levados para o solo quando chove.

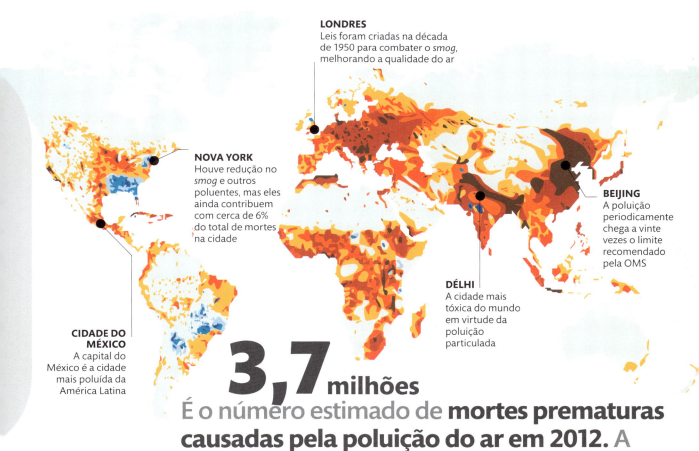

LONDRES Leis foram criadas na década de 1950 para combater o smog, melhorando a qualidade do ar

NOVA YORK Houve redução no smog e outros poluentes, mas eles ainda contribuem com cerca de 6% do total de mortes na cidade

BEIJING A poluição periodicamente chega a vinte vezes o limite recomendado pela OMS

DÉLHI A cidade mais tóxica do mundo em virtude da poluição particulada

CIDADE DO MÉXICO A capital do México é a cidade mais poluída da América Latina

3,7 milhões É o número estimado de **mortes prematuras causadas pela poluição do ar em 2012.** A maior parte em países em desenvolvimento.

Chuva ácida

A chuva ácida é causada pelas emissões de dióxido de enxofre e óxido de nitrogênio, os quais reagem com a água na atmosfera e produzem ácidos que podem prejudicar plantas, animais aquáticos e edificações. Também pode causar sérios problemas respiratórios em humanos. A principal causa de chuva ácida (também da neve e do granizo ácidos) é a combustão em larga escala de carvão em usinas termelétricas e indústrias, como siderúrgicas e cimenteiras. A chuva ácida consegue viajar centenas, até milhares de quilômetros. Ações adotadas em partes do mundo, sobretudo na América do Norte e Europa, reduziram os poluentes que causam a chuva ácida. Ela permanece sendo um problema grave em outros países, como China e Rússia.

1 Carvão é queimado em indústrias e usinas termelétricas.

2 Partículas e gases acidulados que não se misturam com as gotículas de chuva nas nuvens caem no solo como precipitação ácida seca.

A chuva ácida flui para os sistemas aquáticos, poluindo rios e lagos. A acidez desses corpos aquáticos aumenta, causando a morte de peixes e outros seres que vivem na água doce.

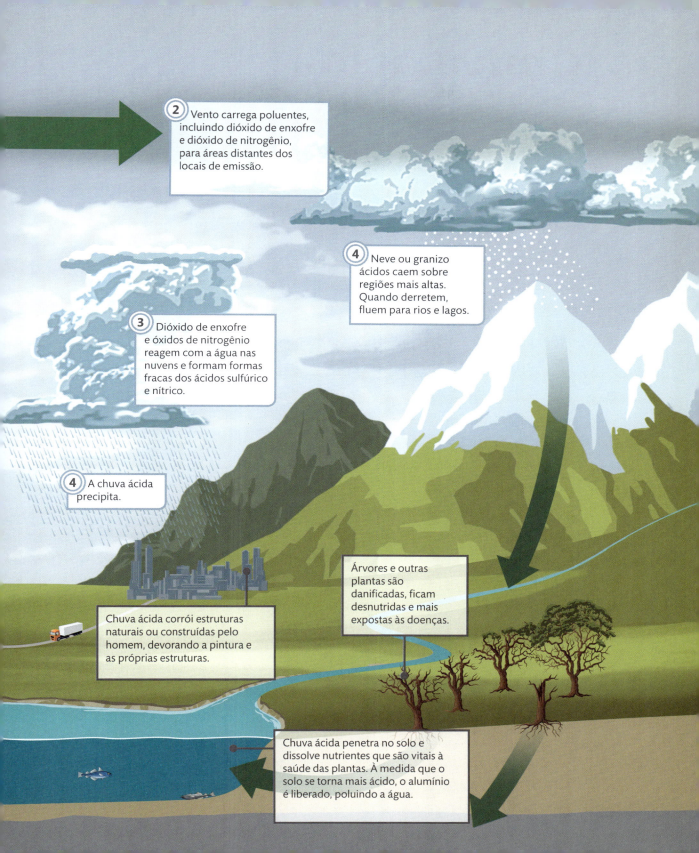

Mudanças na terra

No século XX, a expansão das plantações e pastagens para alimentar animais e o desenvolvimento da silvicultura para sustentar uma demanda progressiva por madeira e papel impactou muito o planeta. Ao mesmo tempo, destruímos diversos ecossistemas ao derrubar árvores e usar a terra para nossas próprias necessidades, sacrificando a vida selvagem. Um dos resultados disso é a desertificação de áreas que já foram produtivas. A terra se tornou um recurso escasso, e muitas regiões começaram a investir em terras distantes para produzir alimentos e biocombustíveis.

Consumindo os recursos naturais da Terra

Cientistas desenvolveram um indicador para medir o uso total dos recursos da Terra chamado de Apropriação Humana da Produtividade Primária Líquida (HANPP). Ele representa como os humanos atualmente consomem um percentual imensamente desproporcional da produtividade primária (produtividade primária é a soma da biomassa vegetal produzida por fotossíntese). Utilizamos a capacidade produtiva da terra colhendo a biomassa vegetal como alimento ou combustível. Tal mudança no uso da terra é a principal causa de danos aos ecossistemas e do declínio na diversidade e abundância da vida selvagem. O gráfico principal representa como nosso consumo da produtividade primária (HANPP) cresceu drasticamente no último século.

A produtividade agropecuária cresce nos anos pós-guerra, e menos terras são necessárias para aumentar a produção de alimentos.

> "Florestas [...] servem como **gigantescas empresas de serviços,** fornecendo **serviços públicos essenciais** para **todos.**"
> **PRÍNCIPE DE GALES**

1910   1920   1930   1940   1950
ANO

CONSEQUÊNCIAS DA MUDANÇA
Mudanças na terra

MUDANÇA DA BIOMASSA

Um dos indicadores mais explícitos da escala do consumo humano da produtividade do planeta é a proporção relativa de biomassa de vertebrados terrestres selvagens comparada à biomassa composta por pessoas e seus animais domesticados (como vacas, carneiros e porcos). Há 10 mil anos, havia muito menos pessoas no mundo, e a biomassa animal consistia basicamente de animais selvagens, sendo poucos os animais domesticados. Atualmente, 96% da biomassa de vertebrados terrestres é composta por pessoas e animais de criação.

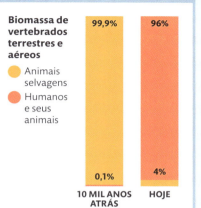

Biomassa de vertebrados terrestres e aéreos
- Animais selvagens
- Humanos e seus animais

10 MIL ANOS ATRÁS: 99,9% / 0,1%
HOJE: 96% / 4%

Em razão do aumento na produtividade média agrícola, o grau de crescimento no HANPP diminui, embora os níveis populacionais e de consumo continuem crescendo.

Rápido crescimento populacional é acompanhado de um acentuado aumento na apropriação humana de terras e biomassa vegetal.

Década de 1960
Apesar da agropecuária mais produtiva, uma explosão populacional faz com que cada vez mais terras sejam necessárias para atender a demanda humana.

Década de 1990
Acelerado crescimento econômico nas economias emergentes leva à maior demanda de carne e laticínios – e ainda mais terra para sua produção.

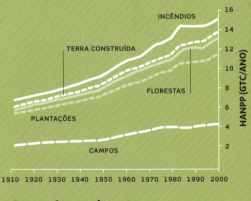

Tendência para o futuro
Projeções com base no alto crescimento da bioenergia (como biocombustíveis) sugerem que o HANPP irá crescer ainda mais até 2050, criando impactos adicionais sobre os hábitats naturais e serviços vitais aos ecossistemas.

Causas do crescimento
A maior parte do crescimento do HANPP no último século é explicada pela conversão dos hábitats naturais em plantações em pastos. Incêndios florestais e o consumo de produtos florestais também contribuem para isso.

Desmatamento

A maior parte da vegetação natural do mundo foi removida ou profundamente modificada como resultado da atividade humana. O que hoje vemos é uma drástica redução das áreas de florestas naturais.

Florestas são vitais para a captura dos gases do efeito estufa (veja box na página ao lado). Entretanto, desde o início da agricultura estacionária, vastas extensões de floresta já foram perdidas. Desde 1700, o ritmo da perda tem sido mais rápido que em qualquer outra época da história. Iniciado na Europa e Ásia, o processo se espalhou pela América do Norte e chegou aos trópicos. Em grande parte da Europa, oeste da África, Sudeste Asiático e sudeste do Brasil, a remoção das florestas naturais foi quase completa. A agropecuária é a principal causa da perda de florestas, seguida pela exploração da madeira.

Perdas ao longo do tempo

Até o início do século XX, o desmatamento concentrava-se nas florestas temperadas da Ásia, Europa e América do Norte. Em meados do século XX, esse padrão mudou. O desmatamento praticamente parou nas florestas temperadas (em alguns lugares, elas voltaram a crescer), mas aumentou rapidamente nos trópicos. A velocidade do desmatamento tropical permanece alta, e países da África, Ásia e América Latina continuam perdendo florestas.

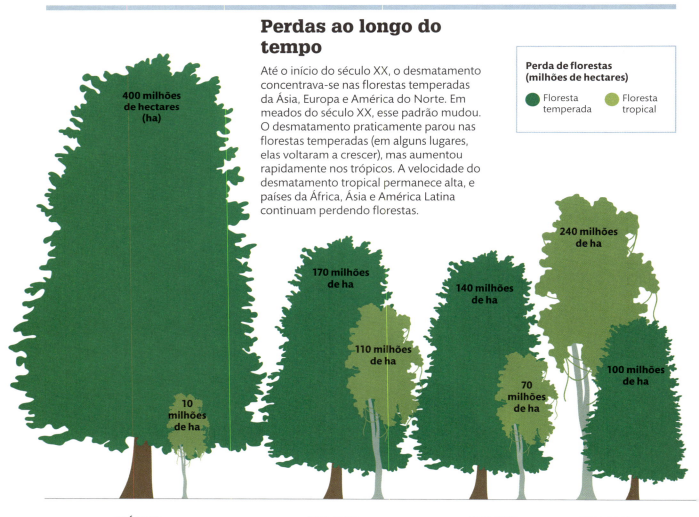

Perda de florestas (milhões de hectares)
- Floresta temperada
- Floresta tropical

PRÉ-1700: 400 milhões de hectares (ha); 10 milhões de ha

1700–1849: 170 milhões de ha; 110 milhões de ha

1850–1919: 140 milhões de ha; 70 milhões de ha

1920–1949: 240 milhões de ha; 100 milhões de ha

CONSEQUÊNCIAS DA MUDANÇA
Mudanças na terra

Ganhadores e perdedores

Em alguns países, o desmatamento está acontecendo rapidamente. Em outros, a cobertura de árvores está se expandindo sobre plantações. Veja os países que tiveram maiores mudanças na cobertura florestal.

MAIORES GANHOS	MAIORES PERDAS
China	Malásia
Vietnã	Paraguai
Filipinas	Indonésia
Índia	Guatemala
Uruguai	Camboja

POR QUE AS PESSOAS PRECISAM DE FLORESTAS

Florestas são devastadas em busca de madeira e para a agropecuária. Embora haja ganhos de valor para a sociedade com essas atividades, outros valores florestais importantes estão sendo perdidos.

Papel
Florestas fornecem papel ao mundo.

Proteção do solo
A cobertura de árvores ajuda a limitar a erosão do solo e a desertificação.

Combustível
Milhões dependem de florestas para obter lenha.

Redução de enchentes
Árvores retêm mais água e reduzem o risco de enchentes.

Armazenamento de carbono
Florestas são vitais no ciclo do carbono (ver p. 140-141).

Medicamentos e alimentos
Muitos medicamentos e alimentos foram criados a partir de plantas e animais silvestres.

Fornecimento de água
Florestas criam nuvens de chuva e são vitais à segurança hídrica.

Biodiversidade
Cerca de 70% da vida selvagem encontra-se nas florestas, principalmente nos trópicos.

- 320 milhões de ha — 1950-1979
- 20 milhões de ha — 1950-1979
- 220 milhões de ha — 1980-1995
- 5 milhões de ha — 1980-1995
- 110 milhões de ha — 1996-2010
- 0 — 1996-2010

O que eu posso fazer?

› **Comprar madeira e papel** de origem certificada pelo Forest Stewardship Council.

› **Descobrir quais empresas** adotaram políticas de desmatamento zero ou desmatamento zero líquido.

› **Visitar e apoiar florestas naturais** perto de casa ou durante viagens.

Desertificação

Muitas das regiões semiáridas do mundo estão se transformando em deserto, em virtude da degradação de ecossistemas como bosques de savana, levando a perda de solo superficial e desertificação.

Desertificação é a degradação persistente de ecossistemas de terra seca do semiárido, como campos e bosques. É causada pelas variações climáticas e pelas atividades humanas. Mais de um terço da superfície mundial está vulnerável à desertificação, e 10%-20% de toda a terra firme já foi perdida para o avanço dos desertos. Os efeitos mais generalizados da desertificação podem ser vistos nos desertos subtropicais do norte da África, Oriente Médio, Austrália, sudoeste da China e América do Sul oriental. Outras áreas em risco incluem os países do entorno do Mediterrâneo e as estepes subtropicais da Ásia.

A desertificação pode inutilizar terras produtivas. Esse é um problema global que tem graves implicações para a biodiversidade, erradicação da pobreza, estabilidade socioeconômica e desenvolvimento sustentável.

VEJA TAMBÉM...
- **Ameaças à segurança alimentar** p. 74-75
- **Mundo extremo** p. 130-131

ESTUDO DE CASO

Lago Chade

- Em 1963, o Lago Chade, na África, era uma vasta massa aquática que cobria 26 mil km². Em 2001, ele tinha apenas um quinto desse tamanho e, atualmente, possui apenas 1.300 km². Milhões de pessoas dependiam do lago para pesca e agropecuária.
- Desmatamento, excesso de pastagem e desvio de água para irrigação causaram a desertificação, empobrecendo as populações locais.

1972　　1987　　2007

Impactos da desertificação

Atividades humanas, como desmatamento e práticas agropecuárias, podem causar o aumento dos desertos – e dos problemas. As consequências são sentidas em alguns dos países mais frágeis do mundo, e em outros locais. Os efeitos da mudança climática estão agravando a situação, e as secas exacerbam os impactos humanos mais diretos sobre a terra.

Lavouras de alta lucratividade
São plantadas para exportação, e não para os mercados locais, que requerem agricultura mais intensiva e causam danos ao solo.

Irrigação inadequada
A maior produção de alimentos com irrigação pode impulsionar o sal à superfície do solo, dificultando o crescimento das plantas.

Causas

Corte de árvores
Desmatamento de madeira para lenha reduz a cobertura de árvores, deixando solos vulneráveis à erosão.

Excesso de pastagem
Quando animais pastam em uma mesma área por muito tempo, removem a vegetação que protege o solo, levando à erosão.

CONSEQUÊNCIAS DA MUDANÇA
Mudanças na terra   152 / 153

Rios secos
Solos degradados retêm menos água e a vazão dos rios diminui. Menos plantas geram menos evaporação de umidade, o que significa menos chuvas.

Solos degradados
❱ **Solos ressecados e rachados pelo sol** Expostos ao calor extremo do sol, os solos se tornam ressecados e impermeáveis às chuvas já escassas.
❱ **Erosão do solo** Com a remoção da cobertura de árvores, o solo se torna seco e vulnerável à erosão pelo vento e pela água.

Perda de plantas e animais
Conforme o deserto avança, a vida selvagem nativa dos bosques secos perece.

Eventos meteorológicos extremos
❱ **Enchentes súbitas** Em vez de penetrar no solo, a água da chuva escorre por cima do solo endurecido ressecado, causando inundações súbitas.
❱ **Voçorocas** O solo é ainda mais danificado quando a água de enchente vira uma enxurrada, erodindo o solo e formando vales profundos.
❱ **Tempestades de areia** O solo solto se transforma em poeira, levada pelo vento e formando tempestades de areia.

Impacto sobre as pessoas
❱ **Plantações e criações morrem** À medida que criações de animais e lavouras morrem, as pessoas se tornam ainda mais pobres.
❱ **Migrantes se mudam para as cidades** Quando a atividade agropecuária se torna impossível pelo avanço dos desertos, as pessoas são forçadas a se mudar para as cidades.
❱ **Instabilidade** Maior na demanda de serviços nas cidades causa tensões sociais.
❱ **Mortes** A menor produção de alimentos leva à desnutrição generalizada e à morte.

Desertificação

Impactos físicos

Impactos para humanos

O que podemos fazer?
❱ **Governos podem agir** por meio de programas de financiamento para atingir os objetivos da Convenção para o Combate da Desertificação da ONU, assinada em 1992, melhorando as condições das pessoas que vivem em áreas secas, mantendo e restaurando o solo e sua produtividade.

Corrida pela terra

Países com crescimento populacional por vezes têm potencial limitado para plantar alimentos. Questões sobre a segurança alimentar levaram governos e investidores a buscar controle sobre terras em outros países.

A falta de terras adequadas para plantar alimentos e biocombustíveis aliada à escassez de água são graves problemas globais. No passado, o comércio exterior era utilizado para alimentar países com acesso limitado a terras, mas o controle direto sobre a produção é visto hoje como mais adequado. Em alguns casos, governos alocaram terras para interesses estrangeiros sem consultar os povos locais, levando até mesmo à violência. Além de gerar impacto sobre florestas e outros hábitats, a alocação de terras para interesses agropecuários externos também prejudica a segurança alimentar dos países hospedeiros. Dois terços das aquisições em larga escala de terra ocorreram em países com graves problemas de fome.

Aquisição de terras

A corrida pela terra é um fenômeno global com investimentos vindos da Europa, Oriente Médio, Coreia do Sul e China, para controlar áreas na Ásia, América Latina e Leste Europeu. Entretanto, foi a África que recebeu a maior parte desse dinheiro.

Regiões de origem do investimento
- África
- Ásia
- América Latina
- Europa
- América do Norte
- Oceania
- Oriente Médio

AMÉRICA LATINA — 4 MILHÕES DE HECTARES
- 100 mil de ha
- 32 mil de ha
- 1,6 milhão de ha
- 68 mil de ha
- 500 mil de ha
- 1,7 milhão de ha

ÁFRICA — 732 MILHÕES DE HECTARES
- 3,7 milhões de ha
- 6,5 milhões de ha
- 3,5 milhões de ha
- 12,3 milhões de ha
- 6 milhões de ha

ÁSIA — 28 MILHÕES DE HECTARES
- 25 milhões de ha
- 1,5 milhão de ha
- 280 mil de ha
- 500 mil de ha
- 770 mil de ha

Mais de 50% da terra controlada por investidores estrangeiros está na África subsaariana

CONSEQUÊNCIAS DA MUDANÇA
Mudanças na terra

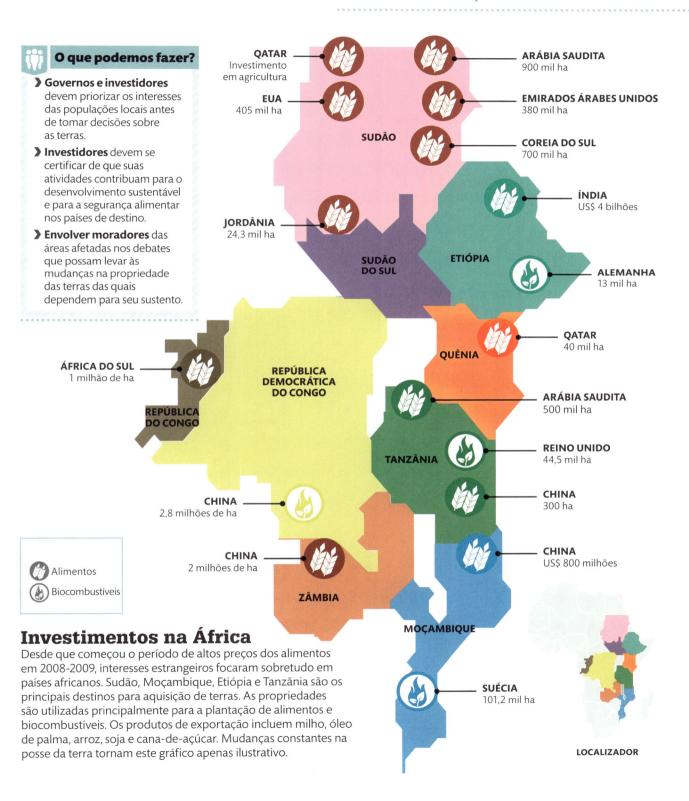

O que podemos fazer?

> **Governos e investidores** devem priorizar os interesses das populações locais antes de tomar decisões sobre as terras.

> **Investidores** devem se certificar de que suas atividades contribuam para o desenvolvimento sustentável e para a segurança alimentar nos países de destino.

> **Envolver moradores** das áreas afetadas nos debates que possam levar às mudanças na propriedade das terras das quais dependem para seu sustento.

Alimentos
Biocombustíveis

Investimentos na África

Desde que começou o período de altos preços dos alimentos em 2008-2009, interesses estrangeiros focaram sobretudo em países africanos. Sudão, Moçambique, Etiópia e Tanzânia são os principais destinos para aquisição de terras. As propriedades são utilizadas principalmente para a plantação de alimentos e biocombustíveis. Os produtos de exportação incluem milho, óleo de palma, arroz, soja e cana-de-açúcar. Mudanças constantes na posse da terra tornam este gráfico apenas ilustrativo.

SUDÃO
- QATAR — Investimento em agricultura
- ARÁBIA SAUDITA — 900 mil ha
- EUA — 405 mil ha
- EMIRADOS ÁRABES UNIDOS — 380 mil ha
- COREIA DO SUL — 700 mil ha
- JORDÂNIA — 24,3 mil ha

SUDÃO DO SUL

ETIÓPIA
- ÍNDIA — US$ 4 bilhões
- ALEMANHA — 13 mil ha

QUÊNIA
- QATAR — 40 mil ha

REPÚBLICA DEMOCRÁTICA DO CONGO
- CHINA — 2,8 milhões de ha

REPÚBLICA DO CONGO

ÁFRICA DO SUL — 1 milhão de ha

TANZÂNIA
- ARÁBIA SAUDITA — 500 mil ha
- REINO UNIDO — 44,5 mil ha
- CHINA — 300 ha

ZÂMBIA
- CHINA — 2 milhões de ha

MOÇAMBIQUE
- CHINA — US$ 800 milhões
- SUÉCIA — 101,2 mil ha

LOCALIZADOR

Mudanças no mar

A pesca é uma fonte essencial de desenvolvimento econômico. A pesca total global contribui com estimados US$ 278 bilhões anuais para a economia mundial, e mais US$ 160 bi vêm da indústria naval e de outros segmentos relacionados. Os estoques globais de pescados geram empregos para centenas de milhões de pessoas, a vasta maioria vivendo em países em desenvolvimento. A indústria pesqueira contribui para a segurança alimentar global – cerca de 1 bilhão de pessoas dependem da pesca de peixes soltos como sua principal fonte de proteína. A manutenção desses benefícios depende da sustentabilidade dos estoques de pescados.

Dilapidando os oceanos

Durante a década de 1950, os volumes da pesca cresceram rapidamente. Isso se deveu ao aumento em número e tamanho das embarcações pesqueiras, bem como o uso de novas tecnologias, como sonares. Governos concederam subsídios para o aumento da pesca (a sobrepesca ou pesca predatória), e, atualmente, mais da metade dos estoques de peixes estão em sua capacidade máxima sustentável de pesca. Além disso, cerca de um terço deles estão acima de sua capacidade sustentável – alguns deles a ponto de entrar em colapso. Este gráfico demonstra os desembarques globais de pescados de águas-marinhas entre 1950-2016. O Banco Mundial estima que, se os estoques de pescados fossem mais bem gerenciados, seria possível aumentar em US$ 50 bilhões o seu valor econômico a cada ano.

"Se você está realizando **pesca predatória** no topo da cadeia alimentar e **acidulando os fundos dos oceanos,** você está gerando um impacto que pode, teoricamente, fazer com que **todo o sistema entre em colapso.**"

TED DANSON, ATOR E ATIVISTA AMBIENTAL

1950   1955   1960   1965   1970   1975   1980

ANO

CONSEQUÊNCIAS DA MUDANÇA
Mudanças no mar

PEIXES AMEAÇADOS

Diversas organizações, como a Sociedade de Preservação Marinha do Reino Unido e o Fundo de Defesa Ambiental dos EUA, sugerem peixes para consumo, evitando espécies ameaçadas, como o atum rabilho e o esturjão, incentivando o consumo de arenque, cavala e outras espécies de estoques ainda saudáveis. O Marine Stewardship Council certifica quais são os peixes sustentáveis para consumo.

ALABOTE ATLÂNTICO – SELVAGEM **GALHUDO MALHADO** **RAIA, COMUM E BRANCA**
ESTURJÃO (CAVIAR) – SELVAGEM **ATUM RABILHO**

PEIXES QUE NÃO DEVEM SER CONSUMIDOS

1992 Pesqueira Grandes Bancos, em Newfoundland, Canadá, entra em colapso

1996 Captura de pescados no mundo atinge o pico de 104 milhões de toneladas

2002 72% dos estoques marinhos de peixes são explorados em velocidade maior que sua capacidade de reprodução

Destino das pesqueiras

Em 1992, a pesqueira de bacalhau dos Grandes Bancos, na província canadense de Newfoundland, entrou em colapso. O aumento do volume de pesca entre 1950 e 1960 exauriu os estoques e levou ao declínio dos volumes de pesca nos anos 1970. As ações conservacionistas foram insuficientes, e a contínua captura dos peixes adultos sucumbiu o estoque todo. Essa região pesqueira com 500 anos de idade, que já gerou 40 mil empregos, ainda não conseguiu se recuperar.

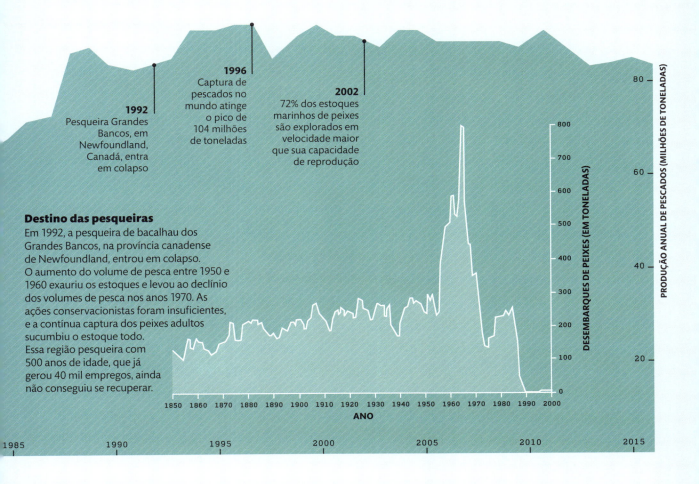

Piscicultura

Com um maior impacto sobre os estoques mundiais de peixes, cresceu a produção de peixes em cativeiro. Essa contribuição considerável para o atendimento de objetivos de segurança alimentar e dietéticos também trouxe desafios.

Nos últimos cinquenta anos, a expansão da piscicultura, ou aquicultura, foi impressionante. Em 1970, só 5% dos peixes utilizados como alimento eram obtidos dessa forma. Hoje, a piscicultura é responsável por cerca de metade de todo o pescado utilizado como alimento no mundo. Essa proporção deverá chegar a dois terços até 2030.

A piscicultura é uma indústria global que fornece peixes de água salgada e de água doce, como bacalhau, salmão, robalo e bagres, além de produzir quantidades crescentes de crustáceos, como camarão, lagosta e moluscos.

O crescimento na produção de peixes em cativeiro entre 1980 e 2010 ultrapassou o crescimento da pesca em mar aberto, de forma que o consumidor médio em 2010 comeu quase 7 vezes mais peixes produzidos em cativeiro que em 1980. Peixes são um meio eficiente de converter alimento em proteína para consumo humano, mas a piscicultura gerou problemas ambientais.

60%
de participação **chinesa** na produção global da **piscicultura**

Impactos da aquicultura

A piscicultura aumentou a disponibilidade de proteína saudável. Diversos impactos ambientais surgiram quando a produção aumentou, como o alastramento de parasitas nos peixes selvagens, embora os peixes criados em cativeiro sejam confinados em redes ou jaulas.

Carne e óleo de peixe
Algumas espécies, como o salmão, alimentam-se de peixes jovens selvagens capturados em mar aberto.

Perda de hábitat
A piscicultura pode causar danos ao hábitat. Diversas áreas de matas de manguezais foram derrubadas para a criação de tanques de camarão.

Parasitas
Parasitas, como piolhos, podem se espalhar rapidamente nos cardumes confinados, se espalhando então para o ambiente do entorno e infectando espécies de peixes selvagens.

Qualidade da água
Substâncias adicionadas para manter a saúde dos peixes confinados, como antibióticos, espalham-se e afetam os ecossistemas marinhos.

Poluição por dejetos
Resíduos alimentares e fezes de peixes se decompõem, exaurindo o oxigênio e matando plantas e animais.

CONSEQUÊNCIAS DA MUDANÇA
Mudanças no mar

AUMENTO NA PISCICULTURA

Durante os últimos 30 anos, o número de peixes pescados em mar aberto aumentou de 69 para 93 milhões de toneladas. A produção de peixes confinados cresceu de 5 para 63 milhões de toneladas. As áreas piscicultoras deverão atender às necessidades de peixe como alimento, sobretudo na China, que deverá ser responsável por 38% do consumo global até 2038.

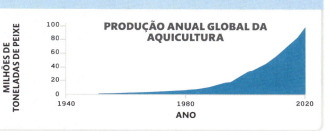

Predadores aéreos
Pássaros piscívoros, como águias-pesqueiras, são atraídos a áreas de confinamento e se tornam pestes a serem combatidas.

Drogas
Antibióticos são usados para combater doenças. Hormônios de crescimento e pigmentos podem ser adicionados.

Herbicidas
Herbicidas são muito usados no combate ao crescimento excessivo de algas no redil de peixes ou em seu entorno.

Doenças
Grandes cardumes em espaços confinados criam o ambiente ideal para a incubação de doenças, as quais podem se espalhar para os peixes selvagens.

Fuga de peixes
Peixes não nativos ou geneticamente modificados fugitivos podem causar impactos ecológicos, competir com os peixes selvagens na busca por comida, ser predadores de outros peixes, transmitir doenças e se reproduzir com populações nativas.

Predadores aquáticos
Focas, tubarões e golfinhos piscívoros podem se enroscar nas redes e acabar mortos na tentativa de obter comida de dentro dos redis.

Mares ácidos

Quase metade do dióxido de carbono emitido pelas atividades humanas foi absorvido pelos oceanos. Isso fez com que os ambientes marinhos rapidamente se tornassem mais ácidos, levando a condições que não eram vivenciadas na Terra há mais de 20 milhões de anos. Isso também trouxe profundos impactos em espécies ecologicamente vitais, incluindo ostras, amêijoas, ouriços-do-mar, corais e plâncton. O declínio desses e de outros organismos irá causar enorme disrupção a cadeias alimentares inteiras, trazendo consequências devastadoras para indústrias dependentes de peixes e mariscos. A acidificação crescente também irá limitar a capacidade dos oceanos de armazenarem carbono, conforme entrem em declínio os animais que utilizam carbonato para gerar suas conchas.

Mundo pré-industrial (1850)

Níveis mais baixos de dióxido de carbono atmosférico (CO_2) eram absorvidos pela água do mar na era pré-industrial. Desde esse período, sua acidez subiu 30%, o equivalente a uma queda de 0,1 unidade de pH em virtude de emissões por combustíveis fósseis e desmatamento.

dióxido de carbono

Níveis de CO_2 atmosférico mais baixos na era pré-industrial tornaram os oceanos menos acidulados; portanto, seu pH era mais alto: em torno de 8,2, comparados aos 8,1 atuais.

Em mares menos acidulados, associados a níveis mais baixos de CO_2, corais e outros animais conseguem extrair o carbonato dissolvido na água facilmente para construir seus exoesqueletos e conchas.

Oceanos mais saudáveis mantêm melhores estoques de peixe.

Tendência futura (2100)

Se as emissões de CO_2 permanecerem descontroladas, até 2100 a acidez dos oceanos deverá aumentar ainda mais, chegando a 150% dos níveis atuais, equivalendo a uma queda de mais 0,4 unidades de pH.

QUÍMICA DA ACIDULAÇÃO

Quando o dióxido de carbono (CO_2) se dissolve na água (H_2O), as duas moléculas reagem e formam ácido carbônico (H_2CO_3), que libera íons de hidrogênio (H+) e íons de carbonado de hidrogênio. Quanto mais íons de hidrogênio na água, mais acidulada ela se torna e menor seu pH. Os íons de hidrogênio reagem com o carbonato na água salgada, diminuindo o carbonato para que moluscos formem suas conchas. Eles também reagem com o carbonato existente nas conchas e as corrói.

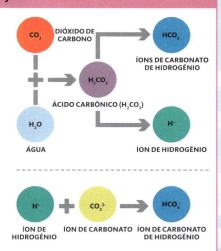

maiores níveis de dióxido de carbono

Níveis futuros de CO_2 atmosférico mais altos tornarão a água dos oceanos mais acidulada, e seu pH deve cair para 7,7.

Águas-vivas são mais tolerantes a águas mais ácidas e mais quentes. Elas competem com outras criaturas marinhas por comida e comem ovos de peixes. Espécies de águas-vivas vêm se alastrando, e seus números cresceram vertiginosamente em diversas áreas dos oceanos.

concha de um pterópode saudável

mares ácidos dissolvem as conchas de pterópodes

Pterópodes são pequenos caramujos marinhos que nadam livremente. Experimentos em laboratório demonstraram que suas conchas são corroídas em pouco mais de seis semanas em água marinha com a mesma acidez projetada para 2100.

Esqueletos de corais se tornam frágeis, mudam de forma, se desmancham e ficam incapazes de se reproduzir. Colônias inteiras de corais podem se desintegrar em mares mais acidulados.

Mares mortos

Altos níveis de poluição no oceano podem ter um impacto devastador na vida marinha. Substâncias como nitrogênio e fósforo agem como fertilizantes, disparando um processo chamado de eutrofização, que remove o oxigênio da água salgada e cria as chamadas zonas mortas.

Quando fertilizantes agrícolas ricos em nitrogênio e fósforo, dejetos animais, detergentes ou esgoto vazam para os cursos de água, eles vão parar nos oceanos, e zonas mortas podem surgir, principalmente em águas costeiras, nas quais os grandes rios deságuam – e seus níveis de oxigênio ficam tão baixos que a vida nessas áreas se torna impossível. Isso gera efeitos nocivos, desde a perda da biodiversidade da vida selvagem até o colapso de áreas pesqueiras. A situação é reversível se a causa for estancada e a área receber água oxigenada.

Como as zonas mortas se formam

A eutrofização pode ocorrer em qualquer massa aquática, como lagos, rios ou mares. Ela geralmente acontece quando um excesso de nutrientes chega até a água nas regiões com atividades humanas, como agropecuária, campos de golfe e gramados – áreas que recebem fertilização intensa.

ESTUDO DE CASO

Zona morta do Golfo do México

› Quase metade da massa continental dos EUA deságua no rio Mississippi. Ele deságua no Golfo do México, criando uma vasta zona morta todas as primaveras em razão do derramamento sazonal de fertilizantes agrícolas. Em 2015, essa área sem oxigênio se estendeu por quase 17 mil km². A vida marinha não sobrevive em águas com níveis de oxigênio abaixo de 2 mg/litro.

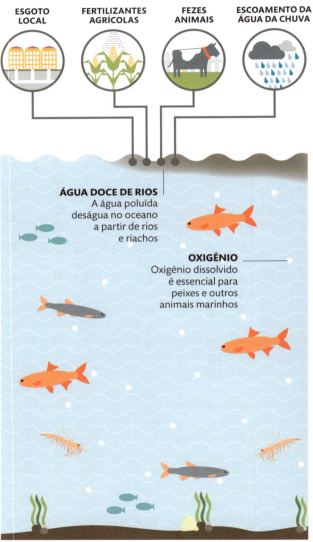

ESGOTO LOCAL

FERTILIZANTES AGRÍCOLAS

FEZES ANIMAIS

ESCOAMENTO DA ÁGUA DA CHUVA

ÁGUA DOCE DE RIOS
A água poluída deságua no oceano a partir de rios e riachos

OXIGÊNIO
Oxigênio dissolvido é essencial para peixes e outros animais marinhos

Chegada da água contaminada

Água rica em nutrientes (de esgoto e fertilizantes, por exemplo) escoa para o mar e forma uma camada acima da água salgada, que é mais densa.

CONSEQUÊNCIAS DA MUDANÇA
Mudanças no mar

405
é o número total de **áreas mortas** em águas costeiras em **todo o mundo**

O que eu posso fazer?

- **Impedir que o esgoto** seja despejado em rios e mares.
- **Limitar o uso** de fertilizantes industriais em áreas problemáticas, como litorais e beiras de grandes rios.
- **Recuperar áreas pantanosas** e outras defesas naturais costeiras, que ajudam a filtrar os nutrientes da água, antes que chegue ao mar.

LUZ SOLAR AQUECE A SUPERFÍCIE

ÁGUA DOCE
À medida que mais água doce rica em nutrientes escoa para o mar, a zona morta se expande

Algas florescem na camada de água doce
O calor solar cria as condições ideais para a formação de algas. Ao final de seu ciclo de vida, as algas caem no fundo do mar e se decompõem. Durante esse processo, o oxigênio é removido da água.

EXPLOSÃO DE ALGAS
Alimentadas por luz solar e fertilizantes, áreas de algas se formam, bloqueando a luz solar para as plantas aquáticas

ÁGUA DOCE
Mais leve e quente que a água salgada, ela forma uma camada sobre o oceano

PEIXES MORTOS
Os cardumes locais podem sofrer graves desfalques em uma zona morta

FUNDO DO MAR SEM OXIGÊNIO
Bactérias consomem grande parte do oxigênio da água, exterminando plantas e animais marinhos

Morte do ecossistema
Níveis baixos de oxigênio podem fazer com que os animais marinhos fujam, sofram mutações ou morram. Uma maior decomposição da matéria morta agrava a falta de oxigênio na água, e se forma a zona morta.

Poluição por plásticos

Embalagens, produtos e redes de pesca são alguns dos itens plásticos descartados nos oceanos. Eles matam criaturas marinhas, e as partículas plásticas concentram poluentes e entram na cadeia alimentar.

A maior parte do plástico que está nos oceanos foi descartada em terra e chegou por meio dos rios. Cerca de 80 milhões de toneladas de lixo plástico já estão nos mares, e cerca de 8 milhões de novos itens plásticos chegam ao mar todos os dias. Com o consumismo, o entulho plástico cresce rapidamente. Alguns animais selvagens confundem o plástico com comida, e milhões de animais morrem todos os anos em consequência disso. O Programa das Nações Unidas para o Meio Ambiente (PNUMA) estima que o impacto da poluição por plástico na vida marinha custe US$ 13 bilhões à economia global por ano.

Giros mortais

Giros são grandes áreas de mar aberto aonde chegam as correntes mais lentas. Plásticos leves são carregados pelas correntes para os giros, onde ficam concentrados em vastas regiões de plástico boiando na superfície. Há cinco grandes giros, incluindo o Oceano Pacífico Norte. Gigantescas quantidades de entulho plástico ficam boiando no centro desse giro. Na Baía de Bengali há outro giro alimentado de plásticos pelas águas dos maiores rios da Ásia, como o Ganges.

O que podemos fazer?

- **Restringir a venda** de plásticos de uso único, como sacolas de supermercado.
- **Incentivar programas de retorno** de garrafas plásticas.
- **Investir** em usinas de reciclagem de lixo sólido.
- **Países em desenvolvimento** devem investir em reciclagem moderna.

O que eu posso fazer?

- **Parar de comprar plástico** e preferir alternativas reutilizáveis.

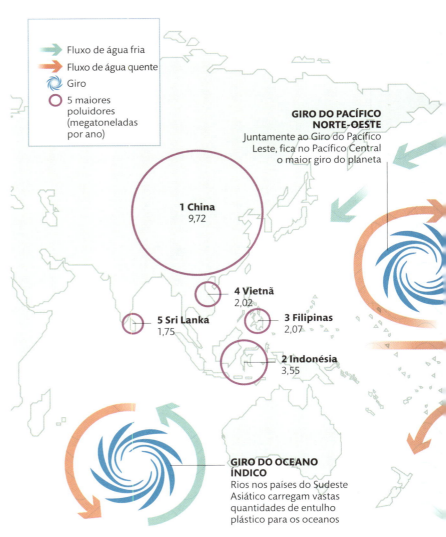

→ Fluxo de água fria
→ Fluxo de água quente
🌀 Giro
◯ 5 maiores poluidores (megatoneladas por ano)

1 China 9,72
2 Indonésia 3,55
3 Filipinas 2,07
4 Vietnã 2,02
5 Sri Lanka 1,75

GIRO DO PACÍFICO NORTE-OESTE
Juntamente ao Giro do Pacífico Leste, fica no Pacífico Central o maior giro do planeta

GIRO DO OCEANO ÍNDICO
Rios nos países do Sudeste Asiático carregam vastas quantidades de entulho plástico para os oceanos

CONSEQUÊNCIAS DA MUDANÇA
Mudanças no mar

90% de todo o lixo **boiando nos oceanos** é plástico

DECOMPOSIÇÃO DO PLÁSTICO

Pode levar muitos anos, até mesmo séculos, para que o lixo plástico se decomponha. Partículas plásticas microscópicas que se desprendem de peças maiores de lixo atraem químicos tóxicos, entrando na cadeia alimentar e causando malefícios.

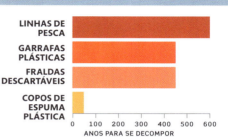

ANOS PARA SE DECOMPOR
- LINHAS DE PESCA
- GARRAFAS PLÁSTICAS
- FRALDAS DESCARTÁVEIS
- COPOS DE ESPUMA PLÁSTICA

GIRO DO ATLÂNTICO NORTE
Vai do Equador até próximo da Islândia, e da costa leste dos EUA até as extremidades ocidentais da Europa e África

GIRO DO PACÍFICO NORTE-LESTE
Em partes deste giro, há cerca de 40 mil itens de lixo por milha quadrada

GIRO DO PACÍFICO SUL
Apesar de estar longe de quaisquer continentes ou regiões produtivas do oceano, o Giro do Pacífico Sul também tem muito entulho plástico boiando

GIRO DO ATLÂNTICO SUL

EFEITOS NA VIDA SELVAGEM

O lixo plástico tem um enorme impacto sobre a vida selvagem. Veja os exemplos:

Pássaros
Há alta mortalidade de pássaros jovens em muitas colônias de albatrozes porque os filhotes são alimentados com pedaços de plástico, incluindo isqueiros encontrados boiando no mar.

Tartarugas
Redes e linhas de pesca e sacolas de supermercado podem ficar presas em animais como tartarugas, golfinhos e pássaros, fazendo com que se afoguem.

Plâncton
Micropartículas plásticas são ingeridas pelo plâncton e pelos seres que se alimentam de plâncton, causando problemas digestivos.

Baleias e golfinhos
A ingestão de plástico já foi detectada em 56% das espécies de baleias, golfinhos e botos. Baleias também confundem sacolas plásticas com lulas. Uma baleia foi encontrada com 17kg de plástico em seu organismo.

O grande declínio

O desaparecimento de espécies de vida selvagem talvez seja o mais grave de todos os problemas ambientais, ameaçando a perda de "serviços" naturais valiosíssimos (ver p. 172-173) e o bem-estar humano. Muitas são as causas do desaparecimento da diversidade natural, em uma escala que não era vista há 65 milhões de anos, desde a extinção dos dinossauros. A velocidade da perda de espécies deve aumentar ainda mais à medida que os impactos causados pelo crescimento populacional humano, expansão da agropecuária e desenvolvimento econômico se intensifiquem.

Fim da vida selvagem

Extinções de animais causadas por humanos iniciaram-se há dezenas de milhares de anos, quando grandes mamíferos, como mamutes e leões das cavernas, foram caçados até serem extintos por bandos de caçadores-coletores. A partir daí, outros impactos somaram-se aos efeitos da caça. Durante a era europeia de exploração e colonização, diversas espécies invasivas e agressivas de plantas e animais foram movimentadas no mundo, causando extinções de espécies nativas (ver p. 170-171). Hoje, a degradação da biosfera terrestre (ver p. 148-149) é a principal causa da perda de espécies.

"Sem dúvida alguma, estamos exterminando as espécies em uma velocidade sem precedentes."

SIR DAVID ATTENBOROUGH, APRESENTADOR E NATURALISTA BRITÂNICO

Efeitos das espécies introduzidas (sobretudo em ilhas) e impacto da caça levam à aceleração da perda de espécies.

Efeitos das perdas de hábitat em larga escala se juntam ao impacto causado por espécies introduzidas e caça.

1750　1760　1780　1800　1820　1840　1860
ANO

CONSEQUÊNCIAS DA MUDANÇA
O grande declínio

PRINCIPAIS AMEAÇAS ATUAIS ÀS ESPÉCIES

Espécies consideradas em risco de extinção são monitoradas pela União Internacional para a Conservação da Natureza (IUCN). A principal pressão sobre espécies animais e vegetais consideradas em risco de extinção é a expansão e intensificação da agropecuária. Isso inclui o desmatamento constante de áreas para lavouras de alimentos. As operações de silvicultura são uma grande ameaça tanto por causa da exploração da madeira quanto por sua substituição pelo florestamento intensivo.

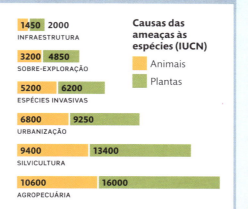

Causas das ameaças às espécies (IUCN)
- Animais
- Plantas

Causa	Animais	Plantas
INFRAESTRUTURA	1450	2000
SOBRE-EXPLORAÇÃO	3200	4850
ESPÉCIES INVASIVAS	5200	6200
URBANIZAÇÃO	6800	9250
SILVICULTURA	9400	13400
AGROPECUÁRIA	10600	16000

Extinção global de larga escala está acontecendo, comparável a outros cinco grandes eventos evidentes nos registros fósseis e agora também motivados pelos impactos da mudança climática.

Perda de espécies invertebradas
Muitas espécies de insetos estão em acelerado declínio em razão do impacto gerado pela perda dos hábitats e poluição química, bem como os efeitos da mudança climática.

- Diminuindo
- Estável
- Aumentando

Perda de espécies vertebradas
Uma tendência ascendente acentuada na velocidade da perda das espécies de mamíferos, pássaros, répteis, anfíbios e peixes é revelada nos dados da IUCN. A velocidade da extinção mostrada aqui deve ser vista como conservadora, pois o ritmo provavelmente é ainda maior.

Hotspots de **biodiversidade**

A diversidade das espécies de vida selvagem na Terra não é distribuída de forma homogênea. Entretanto, locais com uma diversidade imensamente mais rica estão ameaçados. São os *hotspots* (ou centros) de biodiversidade.

Os *hotspots* de biodiversidade são locais nos quais a natureza é mais diversa e única. A diversidade natural sustenta o bem-estar humano de muitas formas. Todos os alimentos e muitos dos medicamentos atuais se originaram de espécies selvagens. Também há um benefício potencial enorme do processo de biomimética – o conceito de copiar outras formas de vida para encontrar soluções para problemas de design e engenharia, por exemplo. Permitindo que essas áreas sejam destruídas pelo desmatamento e que as espécies sejam extintas, podemos perder os benefícios que a natureza nos dá. Portanto, a preservação dos hábitats nesses *hotspots* de biodiversidade é vital para a preservação da vida selvagem e para a proteção das perspectivas futuras da humanidade.

Ilhas do Caribe
As ilhas do Caribe formam um importante hotspot com uma diversidade de hábitats que vão de montanhas de 3 mil metros de altitude até desertos ao nível do mar. Lá vivem 6.550 espécies de plantas nativas e mais de 200 vertebrados endêmicos ameaçados.

Quando a natureza tem maior diversidade

A Conservation International identificou 35 *hotspots*. Juntos, cobrem apenas 2,3% da superfície terrestre, mas concentram mais de 50% de todas as espécies de plantas do mundo e 42% de todos os vertebrados terrestres. Todos esses *hotspots* estão ameaçados pelas atividades humanas. Ao todo, mais de 70% da vegetação natural já foi perdida. O desmatamento é o pior impacto, causado pela expansão da agropecuária, exploração de madeira e mineração.

FLORESTAS DE PINHO-ENCINO DE SIERRA MADRE
PROVÍNCIA FLORÍSTICA DA CALIFÓRNIA
MESOAMÉRICA
TUMBES-CHOCÓ-MAGDALENA
ANDES TROPICAIS
CERRADO
FLORESTAS VALDIVIANAS

Mata Atlântica
A Mata Atlântica se estende pelo litoral brasileiro. Há muito tempo isolada dos outros grandes blocos de floresta tropical na América do Sul, a Mata Atlântica possui tipos de vegetação e florestas extremamente diversificados, incluindo cerca de 8 mil espécies de plantas nativas. Séculos de exploração da madeira, pecuária, mineração e desmatamento para lavoura de cana-de-açúcar devastaram este hábitat único.

93% DO HÁBITAT PERDIDO
7% RESTANTE
PERDA DE MATA ATLÂNTICA DESDE 1500

Mais de **70%** da vegetação natural **já foi perdida** em todos os 35 *hotspots*

CONSEQUÊNCIAS DA MUDANÇA
O grande declínio

Cáucaso
Esta região inclui diversos hábitats importantes, como campos, desertos, florestas pantanosas, bosques áridos, florestas latifoliadas, florestas de coníferas montanhosas e matas de arbustos. Juntos, eles abrigam cerca de 1.600 espécies de plantas nativas.

Sondalândia
Este lado oriental do arquipélago indo-malaio possui duas das maiores ilhas do mundo: Bornéu e Sumatra. Isoladas pelo aumento do nível dos oceanos, as florestas tropicais dessas e outras ilhas abrigam diversas espécies únicas, como o tigre de Sumatra, que está criticamente ameaçado. O desmatamento ameaça 15 mil plantas nativas, e a subsequente perda de hábitats ameaça 162 vertebrados endêmicos da região.

TIGRE DE SUMATRA

Regiões indicadas no mapa:
- IRANO-ANATOLIANA
- BACIA MEDITERRÂNEA
- FLORESTAS GUINEENSES DA ÁFRICA OCIDENTAL
- GHATS OCIDENTAL
- MONTANHAS DA ÁSIA CENTRAL
- HIMALAIAS ORIENTAIS
- MONTANHAS DO SUDOESTE DA CHINA
- INDO-MYANMAR
- JAPÃO
- FILIPINAS
- POLINÉSIA E MICRONÉSIA
- AFROMONTANO ORIENTAL
- SRI LANKA
- CHIFRE DA ÁFRICA
- ILHAS LESTE DA MELANÉSIA
- WALLACEA
- NOVA CALEDÔNIA
- MONTANHAS DO ARCO ORIENTAL E FLORESTAS COSTEIRAS
- KAROO SUCULENTO
- MADAGASCAR E ILHAS DO OCEANO ÍNDICO
- MAPUTALÂNDIA-PONDOLÂNDIA-ALBÂNIA
- FLORESTAS DO LESTE DA AUSTRÁLIA
- NOVA ZELÂNDIA

Região florística do Cabo
Na ponta sudoeste do continente africano está uma região com uma diversidade excepcionalmente vasta de matas de arbustos, incluindo a vegetação fynbos, extremamente rica em flores. Este hábitat único contém 6.210 espécies de plantas nativas.

Sudoeste australiano
Nesta região da Austrália há uma mistura de florestas de eucaliptos, matagais, charnecas de matagais e charnecas. Aqui vivem 2948 espécies de plantas e 12 espécies ameaçadas de vertebrados que não ocorrem em nenhum outro lugar.

O que podemos fazer?

> **Preservar os hábitats naturais** nos *hotspots* irá requerer proteção jurídica, no mínimo, das áreas de melhor qualidade, com regras para proteger os hábitats e a vida selvagem. Também será necessário encontrar formas para que os agricultores locais consigam trabalhar sem avançar sobre as áreas naturais.

O que eu posso fazer?
> **Visitar regularmente** as áreas de proteção ambiental perto de sua residência ou quando estiver viajando. Quanto mais as áreas protegidas são utilizadas, sendo *hotspots* de biodiversidade ou não, maiores são os incentivos para que governos e indivíduos trabalhem para mantê-las intactas.

Espécies invasoras

O avanço de espécies invasoras em locais onde não são nativas pode colapsar ecossistemas locais. A chegada dessas espécies exóticas invasoras pode levar ao declínio ou extinção da vida selvagem nativa.

Em todo o mundo, o impacto das espécies exóticas invasoras pode ser tão danoso aos ecossistemas e à biodiversidade da vida selvagem quanto os efeitos da perda de hábitat e degradação. Milhares de espécies já foram levadas à extinção por animais e plantas trazidos por humanos. Algumas vezes, as espécies são introduzidas deliberadamente, como os coelhos na Austrália. Os danos à vegetação nativa levou à morte de muitos pássaros e mamíferos.

Outras espécies foram levadas inadvertidamente. Muitas aves não voadoras confinadas em determinadas ilhas foram levadas à extinção em virtude da predação de ratos vindos em navios.

VEJA TAMBÉM...
› *Hotspots* de biodiversidade p. 168–169
› **Espaços naturais** p. 190–191

Espécies terrestres invasoras

Predação, alastramento de doenças e competição por comida são fatores que levam espécies exóticas (ou não nativas) a expulsar animais e plantas nativos. Há diversos exemplos dos sérios danos que podem ser causados pela introdução generalizada de espécies em virtude do comércio global.

Trepadeiras podem crescer até 26 cm por dia

Uma coelha fêmea pode gerar 18-30 filhotes a cada ano

Besouros adultos se alimentam de gravetos e folhas, larvas ficam entocadas em árvores

Pítons adultas podem chegar a mais de 6 m de comprimento

Besouro de chifre longo asiático
Nativo da China e Coreia, esses insetos devastaram árvores em partes da Europa e dos EUA. Os custos com as tentativas de erradicação chegaram a US$ 800 milhões, entre 1996-2006.

Coelho europeu
Coelhos mudaram hábitats globais. Eles se reproduzem muito rapidamente: 24 coelhos introduzidos na Austrália em 1894 chegaram a 10 bilhões nos anos 1920. Eles competem com espécies nativas por comida.

Píton birmanesa
Animais de estimação importados do Sul e Sudeste Asiático são cobras gigantescas. Algumas conseguiram escapar e ameaçam a vida selvagem da Flórida. São competidoras e predadoras de espécies nativas.

Kudzu Tropical
Esse tipo de trepadeira é nativo do Sudeste Asiático, mas está devastando ecossistemas dos EUA à Nova Zelândia. Seus galhos crescem rápido sobre árvores e plantas, criando monoculturas.

CONSEQUÊNCIAS DA MUDANÇA
O grande declínio — 170 / 171

O que podemos fazer?
> Países devem se esforçar mais para impedir a importação de espécies invasoras. Isso pode ser feito por meio de controles aduaneiros eficientes, incluindo tipos de plantas e outras espécies marinhas trazidas nos tanques de lastro de navios.

O que eu posso fazer?
> Jamais liberte animais de estimação ou plantas de jardim deliberadamente. Muitos dos invasores exóticos nocivos chegaram dessa maneira. Uma vez libertados, geralmente é impossível impedir que se espalhem.

> Tenha cuidado ao descartar lixo proveniente de jardins e hortas.

Estimativas calculam que **7 mil espécies são transportadas todos os dias** dentro de tanques de lastro de navios

Espécies invasoras aquáticas

Navios de grande porte carregam a vida selvagem marinha ao redor do mundo dentro de seus tanques de lastro preenchidos com água do mar, bem como os animais que se prendem aos cascos. Diversos ecossistemas ricos e variados de água doce também já foram degradados gravemente por espécies invasoras. Esse é um dos motivos pelos quais peixes de água doce são um dos grupos de animais mais ameaçados.

Alga Caulerpa
Uma planta muito popular nos aquários marinhos, as algas caulerpa causam enormes problemas no Mediterrâneo. Elas sufocam algas e invertebrados nativos, causando o declínio de diversas espécies.

Perca do Nilo
Nativos de diversos rios africanos, a introdução desses predadores vorazes nos lagos africanos causou a extinção de centenas de espécies de peixes por conta da predação direta e competição por comida.

Mexilhão-zebra
Espalharam-se da Ásia ocidental aos Grandes Lagos canadenses, nos anos 1980. Eles reduzem a quantidade de fitoplâncton disponível para as larvas de peixe e podem devastar cadeias alimentares por completo.

Forma arbustos densos no fundo do mar, bloqueando outros tipos de vida marinha

Pode chegar a 2 m de comprimento

Filtra até 2 litros de água por dia

Serviços da natureza

Além de serem belos, sistemas naturais e espécies selvagens trazem benefícios essenciais e economicamente valiosos. São os chamados serviços ecossistêmicos. Eles incluem a proteção contra enchentes feita por florestas, armazenamento de carbono e reposição das reservas de água doce em pântanos e polinização de lavouras por insetos. Entretanto, o crescimento econômico frequentemente é obtido às custas da saúde dos sistemas naturais. Por exemplo, todas as plantas e animais utilizados como alimentos para humanos, bem como muitos dos nossos medicamentos, são derivados de espécies selvagens. Ao permitir que ocorram extinções, estamos fechando oportunidades futuras para inovação em alimentos e na medicina. Uma cadeia alimentar marinha saudável depende do plâncton – sem ele, cardumes seriam devastados.

FOTOSSÍNTESE

A energia solar é absorvida pelas células da folha

O oxigênio é liberado como subproduto

Células da folha absorvem dióxido de carbono e água

A fotossíntese produz glucose e outros alimentos para prover energia e crescimento

Turismo
Hábitats naturais, como praias, montanhas e florestas, são a base da indústria multibilionária do turismo. O acesso às áreas naturais melhora a saúde física e mental.

CADEIA ALIMENTAR MARINHA

A orca é o topo da cadeia predatória

O fitoplâncton é a base da cadeia alimentar, obtendo energia a partir do sol

Peixes maiores se alimentam de espécies menores. Peixes menores se alimentam de plâncton.

Zooplâncton são os consumidores primários e se alimentam de fitoplâncton

Proteção do litoral
Ecossistemas como mangues e pântanos de água salgada impedem que áreas costeiras sejam inundadas pelo mar.

Áreas pesqueiras
O plâncton marinho "movido" a energia solar é a base de uma cadeia alimentar que sustenta cerca de 90 milhões de toneladas de pescados por ano, sendo fonte de proteína de cerca de 1 bilhão de pessoas.

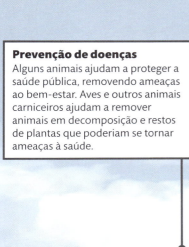

Prevenção de doenças
Alguns animais ajudam a proteger a saúde pública, removendo ameaças ao bem-estar. Aves e outros animais carniceiros ajudam a remover animais em decomposição e restos de plantas que poderiam se tornar ameaças à saúde.

Captura e armazenamento de carbono
Florestas, solos e oceanos absorvem dióxido de carbono da atmosfera. Plantas utilizam o dióxido de carbono na fotossíntese e liberam oxigênio.

Purificação e reciclagem da água
Florestas e pântanos, tais como turfeiras em montanhas e pântanos de planícies, armazenam, purificam e reabastecem fontes de água.

Redução de enchentes
Áreas alagadiças, solos saudáveis e florestas reduzem as enchentes e as mantêm dentro do próprio meio ambiente – e fora das casas das pessoas.

Polinização
Cerca de dois terços das lavouras dependem da polinização feita por animais, sobretudo insetos selvagens, como abelhas.

CICLO DE NUTRIENTES
Plantas se decompõem, liberando carbono e nitrogênio no solo.
Nutrientes são absorvidos através das raízes.
Decompositores, como vermes e fungos, liberam dióxido de carbono. Bactérias convertem nitrogênio em alimento para as plantas.

Polinização por insetos

Quase nove em cada dez espécies de plantas terrestres dependem da polinização de animais, sobretudo insetos, para completar seus ciclos de vida. Porém, insetos estão em declínio, gerando risco para a segurança alimentar.

Abelhas, vespas, moscas das flores, borboletas e besouros são alguns dos insetos que polinizam flores, permitindo que plantas produzam sementes e frutos. Grande parte das frutas e demais vegetais que comemos dependem de insetos. A perda de polinizadores naturais já causou disrupção na produção de alimentos, forçando produtores a adotar medidas extremas, tais como a polinização manual com pincéis. Tais situações revelam o papel essencial dos polinizadores na cadeia alimentar e seu gigantesco valor econômico. Sua contribuição anual global está estimada em cerca de US$ 190 bilhões a cada ano – US$ 14,6 bilhões nos EUA e US$ 600 milhões no Reino Unido.

VEJA TAMBÉM...
› **Serviços da natureza** p. 172-173

TIPOS DE POLINIZADORES

A polinização por insetos surgiu há cerca de 140 milhões de anos e tem uma função essencial nos ecossistemas. Há diversos tipos de polinizadores. Alguns são especializados e visitam apenas um tipo de planta. Outros, mais generalistas, alimentam-se de plantas que produzem flores.

Abelhas
Muitas fazem polinização, incluindo abelhões, abelhas solitárias, Osmia, Xylocopa e as tradicionais produtoras de mel.

Vespas
Muitas das 75 mil espécies de vespas polinizam apenas um tipo especial de planta. Algumas vivem em colônias, outras são solitárias.

Moscas-das-flores
Seus adultos se alimentam de néctar e pólen, e suas larvas são predadoras de pulgões. Controlando pragas.

Borboletas e mariposas
Com seus longos probóscides, alimentam-se do néctar armazenado nas flores, transferindo pólen entre diferentes flores.

Ameaças aos polinizadores

No mundo, polinizadores selvagens estão em queda drástica, especialmente em decorrência da agricultura. A perda de hábitat priva insetos de plantas da alimentação e de áreas para se reproduzirem, e muitos pesticidas são nocivos a eles. Muitos polinizadores também são afetados pela mudança climática e ameaças como empreendimentos imobiliários, desenvolvimento da infraestrutura e poluição. No gráfico, veja as principais ameaças às abelhas na Europa.

AGRICULTURA
A intensificação progressiva da agricultura vem levando ao desaparecimento cada vez maior de espécies nas áreas produtoras. Pesticidas devastaram populações de insetos polinizadores, e herbicidas matam flores selvagens, privando de comida os polinizadores.

Concentração de nitrogênio vindo primariamente de fertilizantes leva à degradação de campos, pântanos e outros hábitats, privando de comida os polinizadores.

POLUIÇÃO

PECUÁRIA
A criação intensiva de animais substituiu os pastos tradicionais por silagem. Em alguns países, como no Reino Unido e Suécia, mais de 95% de campos floridos foram perdidos, retirando os hábitats dos polinizadores.

CONSEQUÊNCIAS DA MUDANÇA
O grande declínio

O que podemos fazer?
> **Governos podem banir os pesticidas mais agressivos,** incluindo neonicotinoides, que são nocivos para abelhões e pássaros (ver p. 69).
> **Subsídios para fazendeiros** podem ser concedidos apenas para aqueles que protegerem ou restaurarem hábitats de polinizadores.

O que eu posso fazer?
> **Cultivar plantas que atraiam polinizadores** em seu jardim e deixar áreas mais intocadas, nas quais eles possam hibernar e se reproduzir.
> **Comprar frutas, verduras e legumes orgânicos,** produzidos sem pesticidas nocivos aos polinizadores.

O valor econômico estimado de abelhas e outros polinizadores é de US$ 190 bilhões ao ano

A expansão urbana e o desenvolvimento da infraestrutura reduzem áreas selvagens e semisselvagens, fragmentando e isolando ainda mais as que ainda restam.

Grandes quantidades de chuva, secas, ondas de calor e alterações na época das estações podem afetar adversamente as populações de insetos polinizadores.

As defesas marinhas que afetam os hábitats litorâneos podem impactar espécies que estão especialmente adaptadas a esses hábitats.

MUDANÇAS CLIMÁTICAS

OUTRAS MUDANÇAS NO ECOSSISTEMA

INCÊNDIOS E COMBATE A INCÊNDIOS

EXPANSÃO RESIDENCIAL E COMERCIAL

POLINIZAÇÃO
Abelhas e outros polinizadores transferem pólen entre as flores, permitindo que as plantas se reproduzam.

Incêndios têm mais impacto sobre espécies de áreas mais secas. A gestão das áreas para reduzir o risco de incêndios também reduz a diversidade vegetal.

DISTÚRBIOS COM LAZER
Turismo em áreas selvagens ou semisselvagens, como esquiar nos Alpes, pode perturbar os hábitats naturais e ameaçar abelhas e outros polinizadores.

MINAS E PEDREIRAS
A extração mineral leva à perda de vegetação; entretanto, minas e pedreiras reabilitadas podem se tornar excelentes hábitats para insetos.

Importância das abelhas

Dietas saudáveis incluem frutas e vegetais. Para garantirmos esses produtos no futuro, é preciso cuidar da saúde dos insetos. Colmeias de abelhas domesticadas podem ser úteis, mas diversas lavouras dependem de espécies, como os abelhões. No Reino Unido, por exemplo, pelo menos 70% da polinização das lavouras é feita por insetos selvagens.

Polinização manual
Em partes do sudoeste chinês, a destruição dos polinizadores selvagens por pesticidas fez com que produtores de frutas tivessem que polinizar as flores manualmente.

Valor da natureza

Pressupõe-se como verdade que o dano ambiental seja inevitável ao progresso. Porém, a perda de serviços gratuitos prestados pela natureza cria grandes riscos e custos.

A natureza provê serviços essenciais que sustentam o desenvolvimento. É possível estimar seu valor financeiro, como o trabalho das abelhas polinizadoras nas lavouras, a importância dos recifes de corais na proteção do litoral contra tempestades e o papel de pântanos e florestas no reabastecimento da água doce. O valor econômico dos serviços da natureza é vasto e estimado como maior que o PIB global.

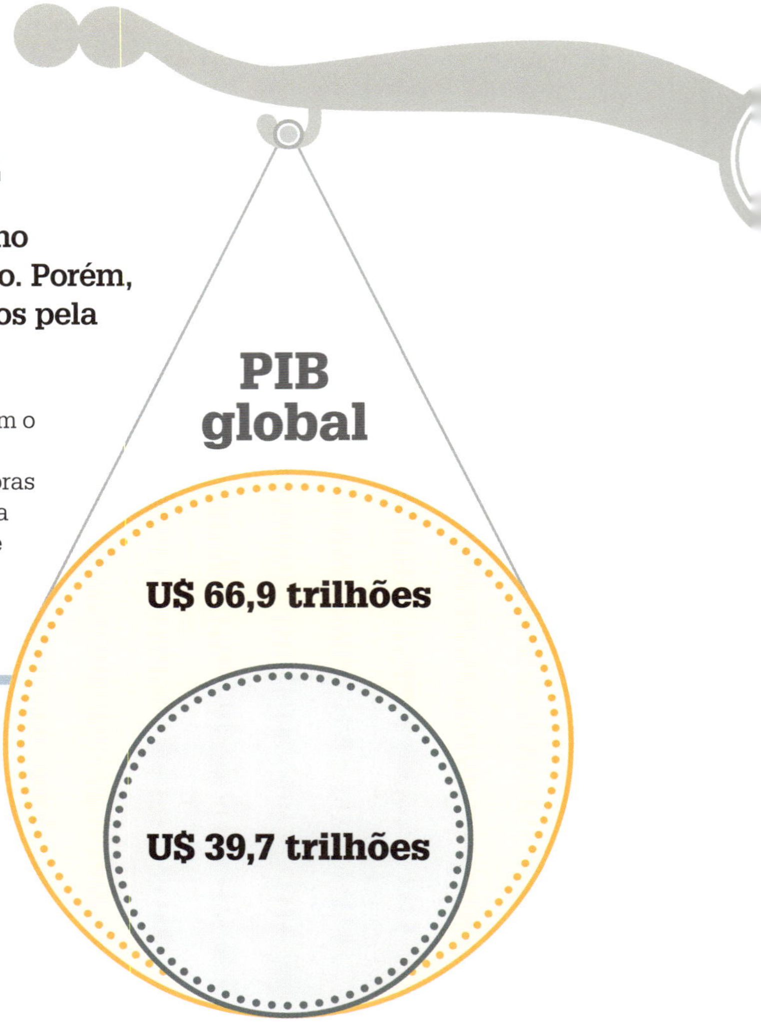

Generosidade da natureza

Um trabalho do economista ambiental dos EUA Robert Costanza e colegas revelou o valor da natureza e como o valor financeiro dos serviços ecossistêmicos mudou entre 1997-2011. Diversos métodos de avaliação foram utilizados, mas esta pesquisa demonstra que a contribuição anual da natureza é maior que o próprio PIB do planeta inteiro. As conclusões revelam que a perpetuação do desenvolvimento das sociedades humanas depende diretamente da saúde da natureza. Quanto mais degradamos os ecossistemas, maiores os custos para que as sociedades humanas substituam o que a natureza antes fazia de graça.

PIB global
US$ 66,9 trilhões
US$ 39,7 trilhões

O que podemos fazer?

> **Governos e empresas** podem reunir informações sobre seu impacto e dependência dos bens naturais. Essas informações podem moldar as decisões econômicas para melhorar a saúde de ecossistemas fundamentais.

"Sem terras, rios, oceanos, florestas e outros milhares de recursos naturais que possuímos, não haveria economia alguma."

SATISH KUMAR, ATIVISTA E ECOLOGISTA INDIANO

CONSEQUÊNCIAS DA MUDANÇA
O grande declínio

Sistemas naturais

Ecossistemas e espécies selvagens ajudam a manter o bem-estar global. O dióxido de carbono é removido do ar pelas florestas, contribuindo para frear as mudanças climáticas. Cardumes selvagens se renovam por cadeiras alimentares "movidas" a energia solar, começando pelo plâncton, criando empregos e garantindo alimentos. A contribuição da natureza é representada nas estimativas de Costanza e sua equipe.

Valor do PIB
Países buscam crescimento no PIB, mas omitem a degradação da saúde da natureza de seus cálculos econômicos. À medida que ecossistemas são destruídos ou degradados, o valor que recebemos deles decresce.

(US$ EM VALORES DE 2007)
- 1997
- 2011

Valor global da natureza

US$ 124,8 trilhões
DISTRIBUIÇÃO DOS VALORES DOS ECOSSISTEMAS PARA 2011

MARINHOS 40% — TERRESTRES 60%

FLORESTAS
O valor econômico das florestas é de mais de US$ 16 trilhões ao ano, provendo oxigênio e água, abrigando a maior parte das espécies terrestres.

CAMPOS
Estima-se que forneçam mais de US$ 18 trilhões em valor econômico, sustentando a maior parte dos rebanhos no mundo.

ÁREAS PANTANOSAS
Reduzem o risco de enchentes, capturam carbono e purificam a água, fornecendo uma economia de mais de US$ 26 trilhões.

LAGOS E RIOS
Nosso fornecimento depende do reabastecimento de lagos e rios: uma contribuição de mais de US$ 2 trilhões ao ano.

ÁREA CULTIVADA
As lavouras provêm alimentos que dependem de nutrientes do solo para as plantas, prestando serviços que valem mais de US$ 9 trilhões ao ano.

ÁREA URBANA
Ambientes seminaturais nas cidades garantem serviços valiosos. Seu valor global ultrapassa os US$ 2 trilhões anuais.

MAR ABERTO
Fornece serviços em torno de US$ 22 trilhões ao ano, como plantas marinhas que produzem grande parte do oxigênio da Terra.

LITORAL
Ecossistemas litorâneos fornecem US$ 28 trilhões em serviços, tais como turismo e proteção de tempestades.

"**Os valores que fundamentam** o desenvolvimento sustentável – **interdependência, empatia, equidade, responsabilidade pessoal e justiça intergeracional** – são os únicos sobre os quais qualquer **visão viável de um mundo melhor** possa ser construída."

SIR JONATHON PORRITT, AMBIENTALISTA E ESCRITOR BRITÂNICO

 A Grande Aceleração

 Qual o plano global?

 Dando forma ao futuro

3 DOMANDO AS CURVAS

Diversas ações estão sendo implementadas para abordar os desafios globais que estão inter-relacionados. Para atingir um futuro seguro e sustentável, será necessário fazer ainda muito mais.

A Grande Aceleração

O impacto da raça humana sobre o planeta modificou muito a atmosfera, os ecossistemas e a biodiversidade, exaurindo recursos. A continuação dos crescimentos populacional e econômico está impactando a demanda que está por trás das mudanças em curso – muitas das quais estão interconectadas. A escala da atividade humana se tornou fator crucial no direcionamento das mudanças da vida na Terra. Cientistas acreditam que entramos em uma nova era geológica, o Antropoceno, na qual as pessoas se tornaram uma força global que define a realidade.

Uma nova era: o Antropoceno

O início do Antropoceno ainda é assunto de debate. Alguns sugerem que começou no Pleistoceno, há cerca de 50 mil anos, quando os humanos causaram a extinção de diversos grandes mamíferos. Outros sugerem que ele coincide com a ascensão da agricultura. Há um forte argumento de que a Revolução Industrial tenha sido o início de uma nova era, dado o impacto global sem precedentes no planeta. Uma quarta visão seria que ele começou quando a primeira bomba atômica foi detonada, deixando uma impressão digital radioativa humana no âmbito global. Outros defendem que os anos 1950 marcam o início do Antropoceno com a Grande Aceleração, quando diversas atividades humanas decolaram e iniciaram acelerações de crescimento vertiginosas na direção do final do século.

50 MIL ANOS ATRÁS
GRUPOS DE CAÇADORES-COLETORES BUSCAVAM GRANDES MAMÍFEROS COMO ALIMENTO E PARA OBTER OUTROS RECURSOS, TAIS COMO PELE E OSSOS.
Embora a mudança climática que veio com o fim da última Era do Gelo tenha tido sua influência, estimativas indicam que cerca de dois terços das extinções de grandes mamíferos que ocorreram nesse período tenham sido causadas por humanos.

8 MIL ANOS ATRÁS
AS ASCENSÕES DA AGRICULTURA E DAS CIDADES MARCARAM UMA MUDANÇA SÚBITA NOS IMPACTOS HUMANOS.
As sociedades caçadoras-coletoras viviam próximas à natureza, nos ecossistemas dos quais dependiam. Agricultores passaram a alimentar as populações urbanas, e isso causou mudanças fundamentais aos seus ambientes, incluindo a derrubada de florestas, com o aumento dos níveis de dióxido de carbono (CO_2). Ao mesmo tempo, os construtores das cidades dependiam da extração sistemática em larga escala de outros recursos naturais.

5 MIL – 500 ANOS ATRÁS
MUDANÇAS NO SOLO CAUSADAS PELA ATIVIDADE HUMANA SE ESPALHARAM RAPIDAMENTE EM TODO O MUNDO COM A ASCENSÃO DA AGRICULTURA.
Algumas mudanças foram deliberadas e tinham por objetivo melhorar a qualidade do solo. Outros impactos foram involuntários e levaram à degradação dos solos a ponto de pararem de produzir colheitas.

1610
QUEDA NA CONCENTRAÇÃO DE CO2 ATMOSFÉRICO COINCIDE COM O CRESCIMENTO DAS FLORESTAS.
Massacres em massa de povos indígenas em áreas de florestas tropicais causados pela escravidão e pelas doenças trazidas pelos europeus recém-chegados fizeram com que lavouras fossem reconvertidas em floresta, removendo CO_2 da atmosfera.

DOMANDO AS CURVAS
A Grande Aceleração
180 / 181

Tendências de crescimento

Quando pesquisadores representaram as diversas tendências refletindo as demandas e impactos humanos em crescimento, eles esperavam que as curvas começassem a crescer de forma acentuada desde o início da era industrial, no século XVIII ou XIX. Entretanto, eles perceberam que essas e muitas outras tendências realmente decolaram em meados do século XX. A Grande Aceleração que se iniciou na década de 1950 e continua até hoje talvez seja o ponto mais adequado para se definir como o início do Antropoceno.

> "Seria difícil superestimar **escala e velocidade das mudanças.** No período de apenas uma vida humana, a **humanidade** se tornou uma **força geológica de escala planetária.**"
>
> **WILL STEFFEN, DIRETOR EXECUTIVO DO PROGRAMA INTERNACIONAL GEOSFERA-BIOSFERA**

- Temperatura média da superfície do Hemisfério Norte
- População
- Concentração de CO_2
- PIB
- Extinção das espécies
- Uso de água potável

AUMENTO

A Grande Aceleração

1950   1960   1970   1980   1990   2000

FINAL DO SÉCULO XVIII COMEÇA A REVOLUÇÃO INDUSTRIAL NA INGLATERRA, QUE LOGO SE ESPALHA POR TODA A EUROPA E AMÉRICA DO NORTE.
Começa a combustão em larga escala de combustíveis fósseis, havendo um aumento acentuado na demanda por outros recursos naturais. A agropecuária em escala industrial vem a seguir. Levou mais de 200 anos para o desenvolvimento industrial se espalhar no resto do planeta.

1950
A Grande Aceleração: início do rápido crescimento em diversas áreas.
Após a primeira detonação de bomba nuclear, a Grande Aceleração define a ascensão dos impactos verdadeiramente globais causados pelos humanos na Terra. Além de deixarem marcadores radioativos em sedimentos em todo o planeta, a acidulação dos oceanos, danos generalizados ao solo e extinção em massa de espécies acompanham o aumento explosivo da influência humana.

Fronteiras planetárias

A degradação dos sistemas terrestres é um risco crescente para as sociedades humanas. Cientistas identificaram diversas "fronteiras" planetárias que, se ultrapassadas, poderiam causar consequências potencialmente desastrosas.

Ultrapassando as fronteiras

Uma equipe internacional liderada por cientistas do Centro de Resiliência de Estocolmo definiu 9 "fronteiras planetárias" cruciais para a saúde da Terra, relacionadas a tendências globais, como mudança climática, destruição do ozônio, acidulação dos oceanos, uso de água potável e biodiversidade. As cores representam o nível de risco para cada área. Verde indica que o risco está abaixo da fronteira até agora, sem representar uma ameaça global sistêmica. Amarelo está na zona da incerteza, na qual o risco é considerado em crescimento. Vermelho já ultrapassou a incerteza e representa alto risco. Cinza mostra um aspecto ainda não quantificado.

ORÇAMENTO TERRESTRE

A demanda humana hoje é muito maior do que o planeta consegue sustentar indefinidamente. Muitas das grandes economias utilizam mais recursos que podem ser providos em suas próprias fronteiras. Por exemplo, o Japão precisa de cinco vezes a sua própria superfície para sustentar o nível atual de consumo. China e Reino Unido também estão entre os países que demandam mais do que produzem em seu próprio território.

CHINA	2,7
REINO UNIDO	3
MÉDIA MUNDIAL	1,6

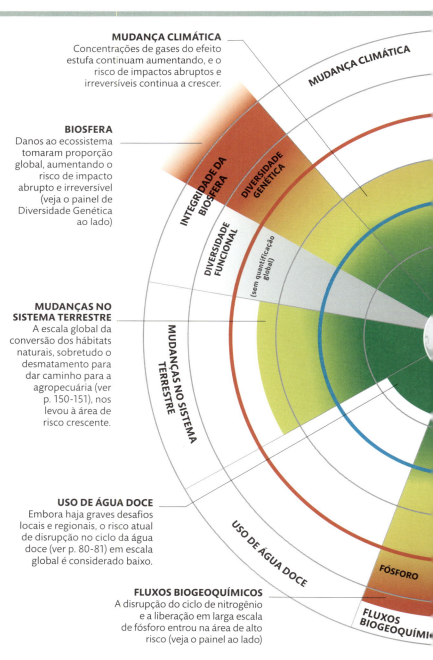

MUDANÇA CLIMÁTICA
Concentrações de gases do efeito estufa continuam aumentando, e o risco de impactos abruptos e irreversíveis continua a crescer.

BIOSFERA
Danos ao ecossistema tomaram proporção global, aumentando o risco de impacto abrupto e irreversível (veja o painel de Diversidade Genética ao lado)

MUDANÇAS NO SISTEMA TERRESTRE
A escala global da conversão dos hábitats naturais, sobretudo o desmatamento para dar caminho para a agropecuária (ver p. 150-151), nos levou à área de risco crescente.

USO DE ÁGUA DOCE
Embora haja graves desafios locais e regionais, o risco atual de disrupção no ciclo da água doce (ver p. 80-81) em escala global é considerado baixo.

FLUXOS BIOGEOQUÍMICOS
A disrupção do ciclo de nitrogênio e a liberação em larga escala de fósforo entrou na área de alto risco (veja o painel ao lado).

DOMANDO AS CURVAS
A Grande Aceleração

É importante identificar esses impactos planetários que se tornaram mais graves e podem expor a humanidade a riscos de catástrofe. Isso pode nos ajudar na preparação para grandes mudanças, priorizando recursos para atender os desafios mais graves. As nove áreas apresentadas aqui se relacionam às mudanças globais. Em diversos locais, as mudanças já chegaram na zona de alto risco.

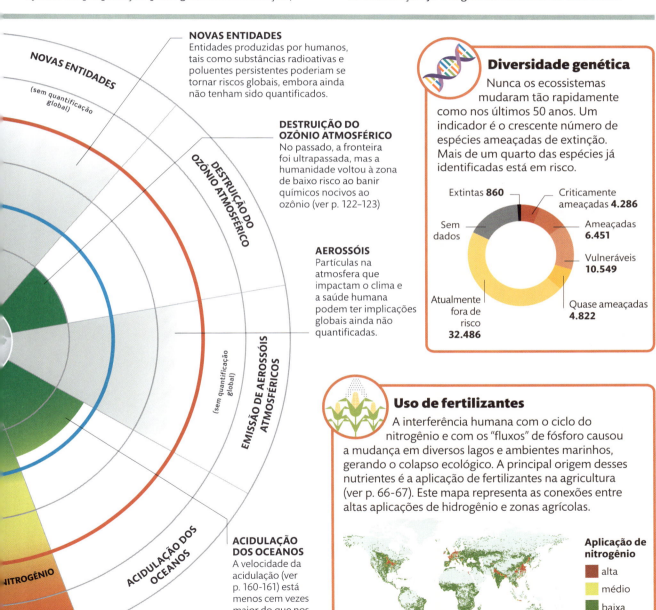

NOVAS ENTIDADES
Entidades produzidas por humanos, tais como substâncias radioativas e poluentes persistentes poderiam se tornar riscos globais, embora ainda não tenham sido quantificados.

DESTRUIÇÃO DO OZÔNIO ATMOSFÉRICO
No passado, a fronteira foi ultrapassada, mas a humanidade voltou à zona de baixo risco ao banir químicos nocivos ao ozônio (ver p. 122-123).

AEROSSÓIS
Partículas na atmosfera que impactam o clima e a saúde humana podem ter implicações globais ainda não quantificadas.

ACIDULAÇÃO DOS OCEANOS
A velocidade da acidulação (ver p. 160-161) está menos cem vezes maior do que nos últimos vinte milhões de anos, chegando à zona de alto risco.

Diversidade genética
Nunca os ecossistemas mudaram tão rapidamente como nos últimos 50 anos. Um indicador é o crescente número de espécies ameaçadas de extinção. Mais de um quarto das espécies já identificadas está em risco.

- Extintas **860**
- Criticamente ameaçadas **4.286**
- Ameaçadas **6.451**
- Vulneráveis **10.549**
- Quase ameaçadas **4.822**
- Atualmente fora de risco **32.486**
- Sem dados

Uso de fertilizantes
A interferência humana com o ciclo do nitrogênio e com os "fluxos" de fósforo causou a mudança em diversos lagos e ambientes marinhos, gerando o colapso ecológico. A principal origem desses nutrientes é a aplicação de fertilizantes na agricultura (ver p. 66-67). Este mapa representa as conexões entre altas aplicações de hidrogênio e zonas agrícolas.

Aplicação de nitrogênio:
- alta
- médio
- baixa

Efeitos interconectados

A crescente demanda de alimentos, energia e água gera enormes desafios. Entretanto, as conexões entre eles são menos óbvias. Energia e água produzem alimentos, água produz energia e energia purifica e fornece água.

Em 2008, os preços dos alimentos aumentaram muito, adicionando cerca de 100 milhões de pessoas à situação de fome no mundo. Isso gerou convulsões sociais e fez com que diversos países restringissem suas exportações de alimentos básicos. Os preços de petróleo e gás nos níveis mais altos da história e as secas que afetaram as principais regiões produtoras impactaram essa situação. O futuro da segurança das sociedades humanas depende da busca por soluções que reconheçam as conexões entre alimentos, água e energia. Evitar o desperdício e o uso eficiente de energia, alimentos e água é fundamental.

Demandas conectadas

Estimativas indicam que, até 2030, o mundo irá precisar de 30% mais água, 40% mais energia e 50% mais comida. Atender a tais crescentes demandas individualmente será especialmente desafiador, mas os efeitos que surgem de sua interação foram descritos como possíveis criadores de uma "perfeita tempestade". Este gráfico representa algumas das implicações da crescente demanda por alimentos, energia e água, e como o aumento do consumo de cada uma delas tem implicações sobre as outras.

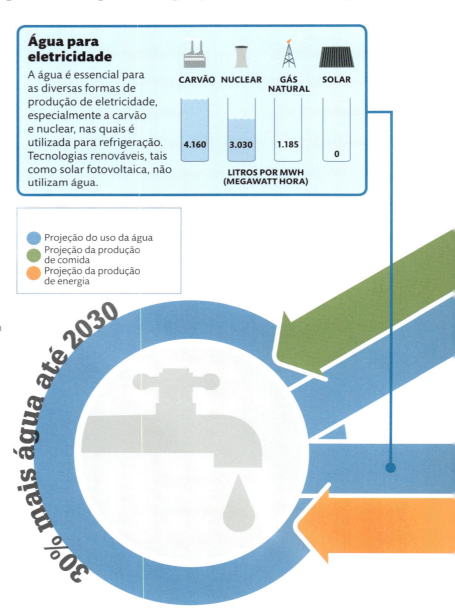

Água para eletricidade
A água é essencial para as diversas formas de produção de eletricidade, especialmente a carvão e nuclear, nas quais é utilizada para refrigeração. Tecnologias renováveis, tais como solar fotovoltaica, não utilizam água.

CARVÃO 4.160 | NUCLEAR 3.030 | GÁS NATURAL 1.185 | SOLAR 0
LITROS POR MWH (MEGAWATT HORA)

- Projeção do uso da água
- Projeção da produção de comida
- Projeção da produção de energia

30% mais água até 2030

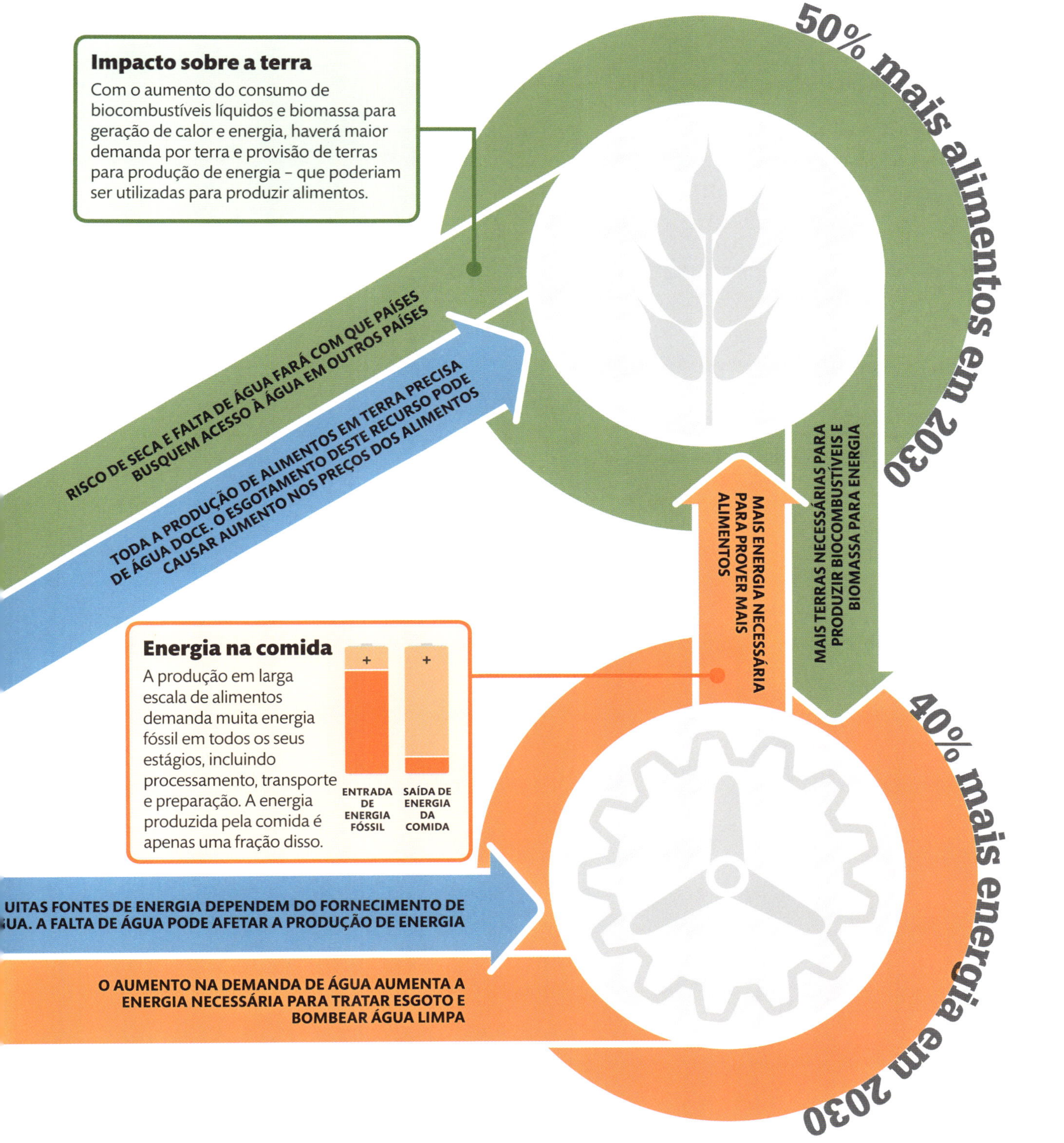

DOMANDO AS CURVAS
A Grande Aceleração   184 / 185

Impacto sobre a terra

Com o aumento do consumo de biocombustíveis líquidos e biomassa para geração de calor e energia, haverá maior demanda por terra e provisão de terras para produção de energia – que poderiam ser utilizadas para produzir alimentos.

50% mais alimentos em 2030

RISCO DE SECA E FALTA DE ÁGUA FARÁ COM QUE PAÍSES BUSQUEM ACESSO À ÁGUA EM OUTROS PAÍSES

TODA A PRODUÇÃO DE ALIMENTOS EM TERRA PRECISA DE ÁGUA DOCE. O ESGOTAMENTO DESTE RECURSO PODE CAUSAR AUMENTO NOS PREÇOS DOS ALIMENTOS

MAIS ENERGIA NECESSÁRIA PARA PROVER MAIS ALIMENTOS

MAIS TERRAS NECESSÁRIAS PARA PRODUZIR BIOCOMBUSTÍVEIS E BIOMASSA PARA ENERGIA

Energia na comida

A produção em larga escala de alimentos demanda muita energia fóssil em todos os seus estágios, incluindo processamento, transporte e preparação. A energia produzida pela comida é apenas uma fração disso.

ENTRADA DE ENERGIA FÓSSIL **SAÍDA DE ENERGIA DA COMIDA**

MUITAS FONTES DE ENERGIA DEPENDEM DO FORNECIMENTO DE ÁGUA. A FALTA DE ÁGUA PODE AFETAR A PRODUÇÃO DE ENERGIA

O AUMENTO NA DEMANDA DE ÁGUA AUMENTA A ENERGIA NECESSÁRIA PARA TRATAR ESGOTO E BOMBEAR ÁGUA LIMPA

40% mais energia em 2030

Qual é o plano global?

Reconhecendo a capacidade limitada de países individuais para resolver diversos problemas ambientais, esforços intensos vêm sendo realizados para negociar e implementar diversos acordos ambientais multilaterais (MEAs). São acordos legais e formais entre os países para enfrentar coletivamente os desafios, o que nenhum país conseguiria por si só. Países assinam acordos multilaterais para se comprometer com a implementação de regras e metas negociadas, conectadas a diversos desafios ambientais.

Crescimento dos MEAs

No século passado, o número de tratados, protocolos e outros acordos ambientais internacionais cresceu, sobretudo nas décadas de 1970, 1980 e 1990. Alguns desses acordos tiveram enorme sucesso em consolidar as respostas coordenadas. Outros, porém, tiveram dificuldade para atingir seus objetivos. Alguns deles conquistaram apoio ao longo do tempo; outros, entretanto, foram assinados já de início por muitos países. Por exemplo, quando as nações se deram conta dos graves riscos e ameaças que surgem com a perda da diversidade natural da Terra, o apoio à Convenção sobre Diversidade Biológica cresceu rapidamente.

- **Convenção para o Patrimônio Mundial**
  Adotada em 1972 para defender os patrimônios naturais e culturais.
- **CITES**
  Acordo adotado em 1973 e em vigor desde 1975. Busca proteger espécies que são comercializadas.
- **Viena/Montreal**
  Em vigor desde 1988 para proteger a camada de ozônio da Terra.
- **Basileia**
  Assinado em 1989 e em vigor desde 1992 para controlar o comércio internacional de lixo perigoso e sua destinação.
- **UNFCCC**
  Convenção-Quadro das Nações Unidas sobre Mudança do Clima (UNFCCC) e Protocolo de Kyoto. Convenção assinada em 1992 e protocolo, em 1997. Acordo de Paris assinado em 2015.
- **CDB**
  Convenção sobre Diversidade Biológica das Nações Unidas (CDB). Assinada na ECO92, no Rio de Janeiro, em 1992. Os EUA se recusaram a assinar.

1988
O mundo reage com velocidade nunca antes vista na história para salvar a camada de ozônio com os acordos de Viena/Montreal.

1972 1975 1980 1985
ANO

DOMANDO AS CURVAS
Qual é o plano global? 186 / 187

ACORDOS AMBIENTAIS MULTILATERAIS

Ao longo do último século, centenas de novos tratados ambientais foram assinados. A maior parte deles consiste de alterações técnicas a planos já existentes. Outros são acordos inteiramente novos. Ao longo do tempo, cada vez mais MEAs vêm sendo adotados, a velocidade dos novos acordos vem diminuindo. O mundo tem tido dificuldade em avançar devido a problemas na implementação dos acordos já existentes, não por falta de interesse em novos acordos.

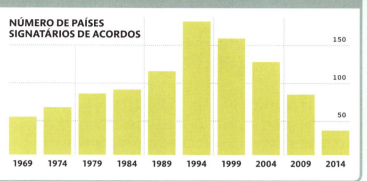

NÚMERO DE PAÍSES SIGNATÁRIOS DE ACORDOS

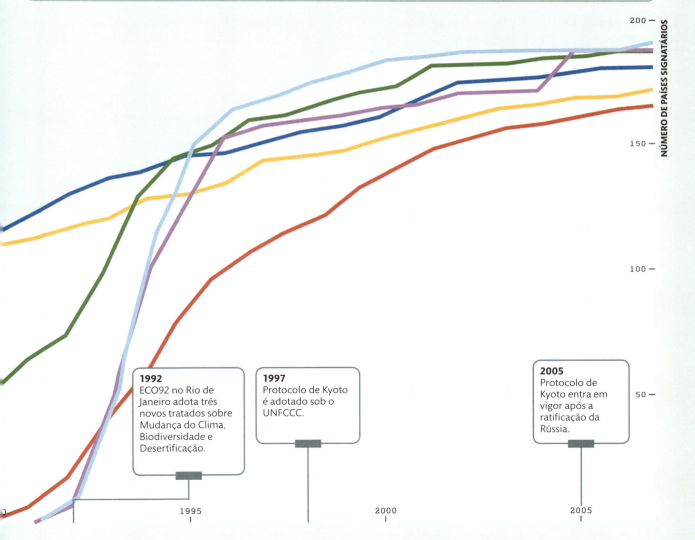

1992 ECO92 no Rio de Janeiro adota três novos tratados sobre Mudança do Clima, Biodiversidade e Desertificação.

1997 Protocolo de Kyoto é adotado sob o UNFCCC.

2005 Protocolo de Kyoto entra em vigor após a ratificação da Rússia.

O que está funcionando?

Centenas de acordos e tratados ambientais vêm sendo adotados internacionalmente. Entretanto, os avanços são maiores nos objetivos sociais que nos objetivos ambientais.

Levar o bem-estar às pessoas tem gerado aprovação de menos medidas ambientais. A melhoria da saúde e da nutrição, por exemplo, tem tido mais sucesso que as ações conservacionistas e sobre a mudança climática. A disparidade entre o desempenho dos diversos tratados está conectada a fatores como as demandas dos principais objetivos, ambiguidade no apoio político, disponibilidade de fundos para implementação e conflitos com objetivos econômicos mais amplos.

Limites do progresso

Em 2012, o Programa das Nações Unidas para o Meio Ambiente (PNUMA) publicou uma avaliação da eficácia dos tratados ambientais. Este gráfico revela o grau de sucesso e insucesso. Apenas três objetivos ambientais tiveram progresso considerável: extinção das substâncias nocivas ao ozônio (ver p. 123), remoção de chumbo dos combustíveis veiculares e melhoria do acesso à água potável.

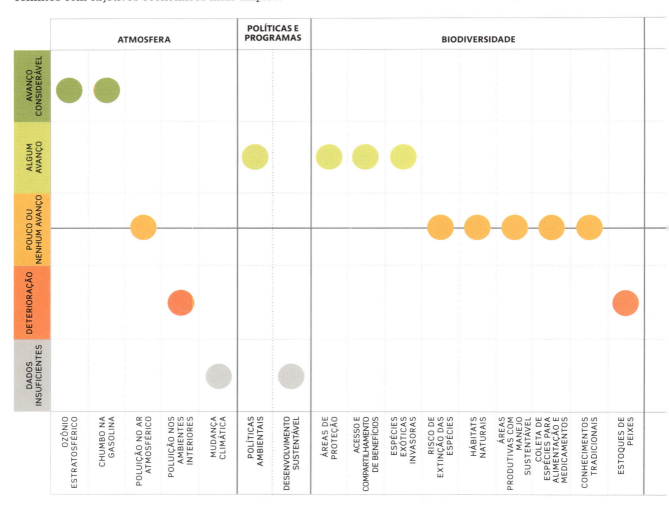

DOMANDO AS CURVAS
Qual é o plano global?

OBJETIVOS DE DESENVOLVIMENTO DO MILÊNIO

Os objetivos sociais internacionais estabelecidos têm obtido mais sucesso. Os Objetivos de Desenvolvimento do Milênio, negociados pela ONU em 2000, definiram a redução da pobreza extrema, melhor educação infantil, promoção da igualdade entre os gêneros e redução da mortalidade infantil. No mundo em desenvolvimento, a cooperação política e a ajuda internacional vêm alcançando resultados impressionantes.

MORTES GLOBAIS DE CRIANÇAS COM MENOS DE 5 ANOS

1990
12,7 MILHÕES

2015
6 MILHÕES

CRIANÇAS EM IDADE ESCOLAR PRIMÁRIA NÃO MATRICULADAS

2000
100 MILHÕES

2015
57 MILHÕES

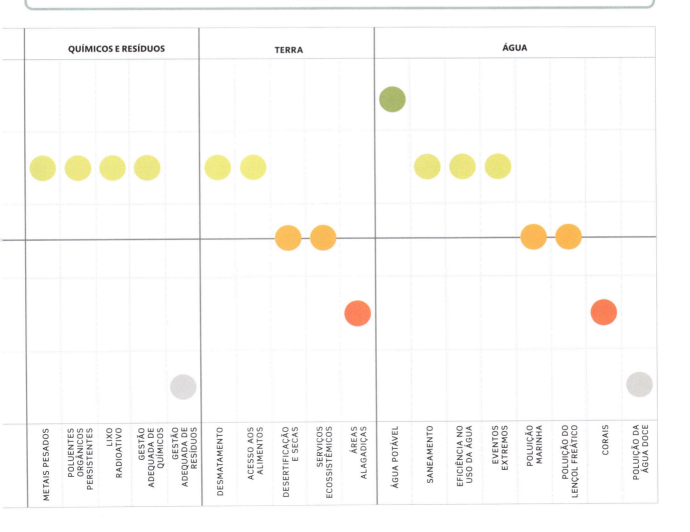

Espaços naturais

Nos últimos cinquenta anos, houve um aumento explosivo na quantidade de parques nacionais, reservas naturais e outras áreas de proteção, mas ainda há muitos desafios a serem superados.

É preciso investir em áreas de hábitat natural conectadas, de grande porte e alta qualidade em regiões remotas, costeiras e áreas marinhas para minimizar a extinção das espécies selvagens. Em 2010, os governos mundiais se comprometeram em aumentar as áreas de proteção, como parte das Metas de Biodiversidade de Aichi. Entretanto, ainda é preciso adotar outras medidas, como a agropecuária sustentável, aplicação de leis contra a caça ilegal, prevenção da poluição e ações efetivas contra as mudanças climáticas. Áreas de proteção também devem ter manejo sustentável – hoje, só 24% estão sob "gestão adequada", o que é insuficiente para proteger toda a variedade de espécies e ecossistemas. Apenas uma pequena fração do mar aberto é protegida, e muitas áreas precisam de maior atenção, como barreiras de corais tropicais, sargaços e turfeiras.

Crescimento das áreas de proteção

Desde 1962, o número de áreas de proteção cresceu mais de 20 vezes em todo o mundo, e a área total de proteção aumentou cerca de 14 vezes, chegando a mais de 209 mil locais e cobrindo uma área de quase 33 milhões de km² em 2014. Ao todo, as áreas de proteção cobriam cerca de 15% da área terrestre do mundo e 3% da área oceânica em 2014.

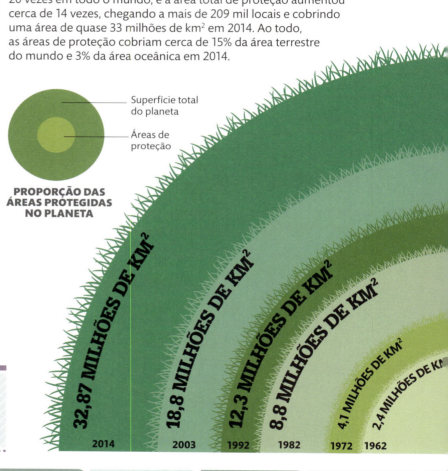

PROPORÇÃO DAS ÁREAS PROTEGIDAS NO PLANETA

- Superfície total do planeta
- Áreas de proteção

32,87 MILHÕES DE KM² — 2014
18,8 MILHÕES DE KM² — 2003
12,3 MILHÕES DE KM² — 1992
8,8 MILHÕES DE KM² — 1982
4,1 MILHÕES DE KM² — 1972
2,4 MILHÕES DE KM² — 1962

VEJA TAMBÉM...
- Serviços da natureza p. 172-173
- Valor da natureza p. 176-177

Linha do tempo da proteção
A proteção legal das áreas de preservação se iniciou em meados do século XIX. Países vêm adotando leis de proteção cada vez mais consistentes para a proteção de espaços individuais.

1864 Lei de Outorga do Yosemite é aprovada, criando a primeira grande área de preservação da modernidade

1872 Criação do Parque Nacional de Yellowstone, na Califórnia, o primeiro parque nacional do mundo

1948 Criação do IUCN, então chamado União Internacional para Proteção da Natureza (UIPN)

1958 IUCN cria provisoriamente a Comissão de Parques Nacionais

DOMANDO AS CURVAS
Qual é o plano global?

15%
da **superfície terrestre** está dentro de alguma forma de reserva natural ou parque nacional

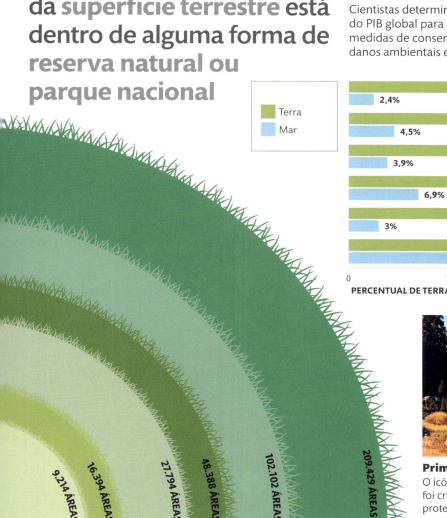

9.214 ÁREAS
16.394 ÁREAS
27.794 ÁREAS
48.388 ÁREAS
102.102 ÁREAS
209.429 ÁREAS

Panorama regional

Todas as regiões do mundo possuem áreas de proteção, mas muitas delas não são implementadas adequadamente. Cientistas determinaram que iria custar cerca de 0,12% do PIB global para corrigir essa distorção e aplicar outras medidas de conservação. Enquanto isso, o custo global dos danos ambientais está estimado em 11% do PIB global.

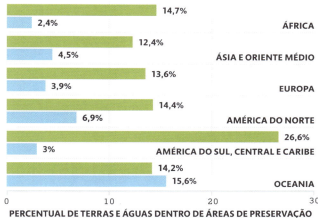

Terra
Mar

ÁFRICA 14,7% / 2,4%
ÁSIA E ORIENTE MÉDIO 12,4% / 4,5%
EUROPA 13,6% / 3,9%
AMÉRICA DO NORTE 14,4% / 6,9%
AMÉRICA DO SUL, CENTRAL E CARIBE 26,6% / 3%
OCEANIA 14,2% / 15,6%

PERCENTUAL DE TERRAS E ÁGUAS DENTRO DE ÁREAS DE PRESERVAÇÃO

Primeiro do mundo
O icônico Parque Nacional de Yellowstone foi criado em 1872. Atualmente, ele protege um dos últimos ecossistemas de zona temperada ainda intactos na Terra.

1962 Primeiro Congresso Mundial de Parques, fórum global sobre áreas de proteção, em Washington

1972 Assinatura da Convenção das Nações Unidas do Patrimônio Mundial Cultural e Natural

1982 Terceiro Congresso Mundial de Parques nas áreas de proteção e desenvolvimento sustentável

1992 Tratado da Convenção sobre Diversidade Biológica das Nações Unidas (CDB) assinado no Rio de Janeiro

2010 CDB adota os Objetivos de Biodiversidade de Aichi para estancar a perda de biodiversidade

2015 Objetivos de Desenvolvimento Sustentável da ONU são adotados (ver p. 198-199), incluindo metas para proteção da natureza

Novos objetivos globais

Os Objetivos de Desenvolvimento do Milênio (ver p. 189) expiraram em 2015. Era necessário tomar novas ações para definir um molde de enfrentamento dos desafios ambientais e de desenvolvimento até 2030, estabelecendo as bases de um futuro mais seguro.

O primeiro compromisso com o desenvolvimento sustentável foi na ECO-92, no Rio de Janeiro, em 1992. Porém, a sociedade vêm dedicando esforços globais para pôr em prática o conceito de atender às necessidades do presente sem comprometer as necessidades das gerações futuras. Em vez disso, o crescimento e o progresso econômico para atingir os objetivos sociais foram priorizados às custas dos bens ambientais e da estabilidade climática. Então, em 2000, os Objetivos de Desenvolvimento do Milênio (ODMs) foram adotados (ver p. 189) com a finalidade de reduzir a pobreza e a fome, mas sem tratar as causas da pobreza, e não mencionavam direitos humanos ou desenvolvimento econômico. Em 2012, países e grandes corporações empresariais concordaram em negociar para adotar um novo conjunto de objetivos.

Isso resultou em um novo modelo aceito na Assembleia Geral da ONU de 2015. Um dos desafios principais dos Objetivos de Desenvolvimento Sustentável (ODSs) será conseguir resultados ambientais, em vez de avançar em uma frente às custas da outra.

193 nações assinaram os Objetivos de Desenvolvimento Sustentável

DOMANDO AS CURVAS
Qual o plano global? 192 / 193

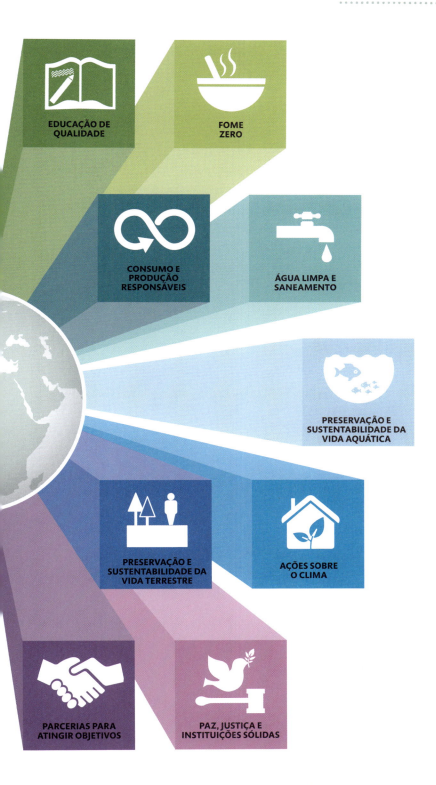

Quais são os objetivos?

Os 17 ODSs focam em desafios distintos, mas interconectados. Todos estão relacionados ao bem-estar humano, visando um mundo livre de pobreza e fome, no qual todos têm acesso à educação, saúde, proteção social e energia sustentável a um preço acessível. Eles também abordam direitos humanos e a dignidade humana. Os objetivos foram concebidos para construir um mundo mais justo, igualitário, tolerante e socialmente inclusivo. Acima de tudo, se dedicam à sustentabilidade e construção de um mundo no qual todas as nações vivenciam um crescimento econômico sustentável e inclusivo, com trabalho decente para todos – ao mesmo tempo, protegendo o meio ambiente e preservando a biodiversidade.

O que podemos fazer?

› **Pressionar os governos** em todo o mundo para adotar planos ambiciosos de implementação completa dos Objetivos de Desenvolvimento Sustentável.

O que eu posso fazer?

› **Ao comprar produtos e serviços** de empresas internacionais, escolha aquelas cujas diretrizes apoiam o cumprimento desses objetivos.

Dando forma ao futuro

Desde a primeira Revolução Industrial, ondas sucessivas de invenções vêm alimentando o desenvolvimento econômico, melhorando as condições de vida de bilhões de pessoas. Diversos fatores vêm dando forma à inovação, como o acesso aos recursos naturais, a força das sociedades que desenvolvem novas tecnologias, o papel dos governos no incentivo à inovação, níveis educacionais e tecnologias que alavancam a inventividade. Uma nova onda de inovação está nascendo e pode ser vital na consolidação do desenvolvimento que respeita o planeta.

Ondas de inovação

Desde meados do século XVIII, houve diversas novas Revoluções Industriais. Cada uma delas transformou todos os aspectos da economia e da sociedade, seguindo um padrão similar: uma invenção inicial cria um período de crescimento explosivo e aumento da riqueza. Nesse processo, surgem economias secundárias com base nas entradas primárias – como o carvão para as máquinas a vapor e processadores para computadores que fazem rodar a economia digital. Cada vez que uma tecnologia atinge a maturidade, passa por um período de ajustes até ser completamente substituída. A história mostra sucessivas ondas de progresso motivado por novas tecnologias, que duram cerca de cinquenta anos cada. Talvez estejamos no começo de uma nova era – a revolução da sustentabilidade.

Primeira onda de inovação: energia hidráulica Maquinário movido a água (rodas d'água) transforma a manufatura têxtil e leva à industrialização de um trabalho antes feito manualmente por trabalhadores.

Segunda onda: energia a vapor A água é substituída por motores a vapor alimentados a carvão, que fornecem energia para a manufatura e para o transporte em longas distâncias sobre trilhos e na água, expandindo o comércio global.

1785　1800　1820　1840　1860　1880

ANO

DOMANDO AS CURVAS
Dando forma ao futuro

BIOMIMÉTICA

Biomimética é o processo de imitar a natureza. Por exemplo, cupins resfriam seus cupinzeiros utilizando dutos de ventilação para circular o ar. Arquitetos criaram o Eastgate Centre, no Zimbábue, com um sistema de ar condicionado que segue esses moldes, com pouca eletricidade, reduzindo muito as emissões de carbono.

90% é a economia de energia com **biomimética** para ventilação no Eastgate Centre, no Zimbábue

Sexta onda: sustentabilidade
Uma nova Revolução Industrial se dá a partir da sustentabilidade, com energias renováveis, restauração de ecossistema (para provisão de serviços essenciais), produtos de economia circular com perda zero, agropecuária sustentável, biomimética e inovações nanotecnológicas.

Terceira onda: eletrificação A energia elétrica transforma o mundo, juntamente com a ascensão dos motores a combustão interna, que revolucionam os transportes a partir do óleo fóssil.

Quarta onda: era espacial
Tecnologias de aviação são refinadas e permitem o transporte de massa para longas distâncias e nos levam para o espaço. Eletrônicos e petroquímicos transformam as vidas dos consumidores.

Quinta onda: mundo digital
Computadores se popularizam e mudam nossas vidas, empresas e governos. Biotecnologias e outras indústrias se desenvolvem à medida que a Revolução Digital ganha velocidade.

INOVAÇÃO

1920 | 1940 | 1960 | 1980 | 2000 | 2020

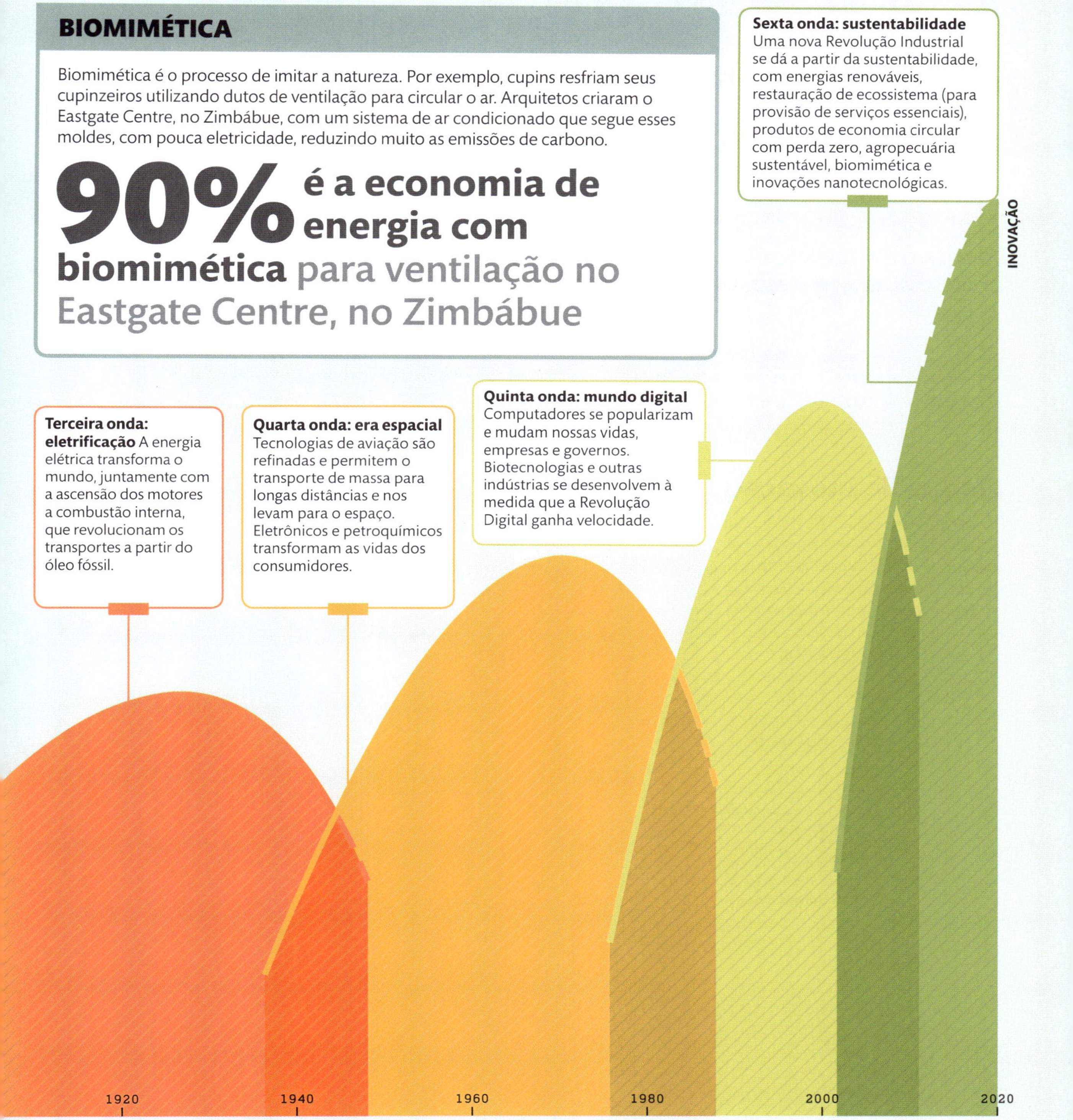

Redução da intensidade de carbono

A Revolução da Sustentabilidade terá de atender às demandas de mais pessoas e realizar uma redução drástica no impacto ambiental.

Os padrões atuais de desenvolvimento têm alta intensidade de carbono: cada unidade de produção econômica gera altos índices de dióxido de carbono (CO_2). A estratégia para avançar precisa estar alinhada à menor intensidade de carbono, um mundo no qual continuamos a crescer em riquezas, mas com menor dependência de fatores que aumentam as emissões de CO_2 – como a produção de energia com combustíveis fósseis. Essa desconexão entre crescimento econômico e emissões de carbono é vital para garantirmos que o aumento médio da temperatura global não ultrapasse os 2 graus.

Intensidade de carbono

Este gráfico apresenta a intensidade de carbono por US$ no PIB em 2007 no Reino Unido e no Japão, bem como as médias mundiais. O uso eficiente da energia, geração com gás e energia nuclear fazem com que o Reino Unido emita cerca de metade da média global por PIB. Sem recursos energéticos fósseis, a economia do Japão é muito eficiente. O país utiliza uma grande quantidade de energia nuclear e possui baixo nível de emissões por unidade de PIB em comparação com a média mundial. Porém, ambos estão acima da meta de carbono global necessária até 2050 – entre 6 e 36 gramas de CO_2 por US$ (veja os Cenários 1-4 ao lado).

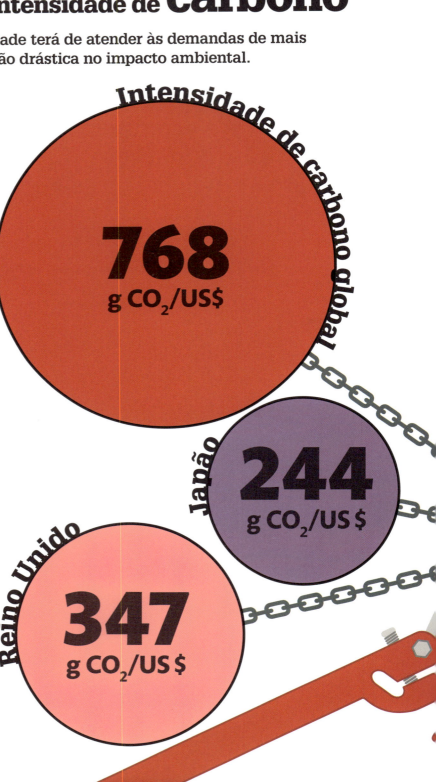

Cenários futuros

É necessário reduzir a intensidade de carbono para impedir que as temperaturas globais subam mais de 2 graus acima dos níveis médios pré-industriais. O economista Tim Jackson desenvolveu quatro possíveis cenários para revelar a escala e os desafios futuros, com variação nos tamanhos populacionais e rendas médias. Eles preveem quanto das emissões de carbono precisa ser reduzido em comparação a 2007. Com o crescimento econômico, vem o crescimento na renda. Se o mundo atingir os níveis de renda do Cenário 4, a intensidade de carbono por US$ do PIB deve cair para 6 gramas. Com a continuação da desigualdade, mas com algum crescimento (Cenário 1), as emissões por unidade de PIB devem ser de menos de um vigésimo da média de 2007.

6,2%
é o quanto a **economia global** precisa cortar de intensidade de carbono a **cada ano**

2050 Cenário 1
Prevê que a população chegue a 9 bilhões. A renda *per capita* continua a crescer em níveis de 2007, mas a desigualdade continua.

POPULAÇÃO MUNDIAL
 9 BILHÕES

CRESCIMENTO DA RENDA *PER CAPITA*
$ ↑

768 g CO₂/US$ emissões de 2007
36 g CO₂/US$
Objetivo de emissões para 2050, considerando estes níveis de população e renda

2050 Cenário 2
Prevê um aumento populacional de 11 bilhões. Como no Cenário 1, a renda *per capita* cresce e a desigualdade continua.

POPULAÇÃO MUNDIAL
 11 BILHÕES

CRESCIMENTO DA RENDA *PER CAPITA*
$ ↑

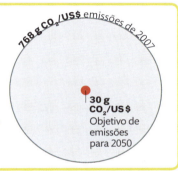

768 g CO₂/US$ emissões de 2007
30 g CO₂/US$
Objetivo de emissões para 2050

2050 Cenário 3
População chega a 9 bilhões (como no Cenário 1). Todos têm crescimento da renda *per capita* equivalente à média da UE em 2007.

POPULAÇÃO MUNDIAL
 9 BILHÕES

CRESCIMENTO DA RENDA *PER CAPITA*
$ ↑ ↑

768 g CO₂/US$ emissões de 2007
14 g CO₂/US$
Objetivo de emissões para 2050

2050 Cenário 4
População chega a 9 bilhões. Todos têm alto estilo de vida, em razão do crescimento econômico acima dos padrões atuais da UE.

POPULAÇÃO MUNDIAL
 9 BILHÕES

CRESCIMENTO DA RENDA *PER CAPITA*
$ ↑ ↑ ↑

768 g CO₂/US$ emissões de 2007
6 g CO₂/US$
Objetivo de emissões para 2050

Ascensão da tecnologia limpa

Aumentar nosso uso de energias limpas por meio da energia renovável, eficiência energética, reciclagem, transportes verdes e uso mais racional da água é vital para reduzir nossa pegada ecológica.

As tecnologias limpas estão começando a fazer a diferença. Mais notadamente, a mudança para fontes renováveis de energia reduz a quantidade de carbono que seria liberada pela queima de combustíveis fósseis. Outros avanços promissores incluem: tecnologias que extraem recursos do que seria lixo, tratamentos de água mais eficientes, sistemas de recuperação de nutrientes que previnem a poluição e tecnologias da informação que atraem investimentos crescentes à medida que se tornam mais eficientes e competitivas, fazendo com que cresçam ainda mais. Entre 2007 e 2010, o setor de tecnologias limpas expandiu em média 11,8% ao ano e, em 2011-2012, representava um mercado de cerca de US$ 5 trilhões.

Desenvolvendo um futuro limpo

As tecnologias limpas alavancam o crescimento nos países em desenvolvimento, até entre pequenas e médias empresas (PMEs). Um estudo do Banco Mundial projetou investimento de US$ 6.4 trilhões em tecnologias limpas entre 2014 e 2024 nos países em desenvolvimento – dos quais US$ 1.6 trilhão estarão disponíveis para PMEs. Estimativas indicam que América do Sul e África subsaariana serão as principais áreas de crescimento de tecnologias limpas no mundo em desenvolvimento.

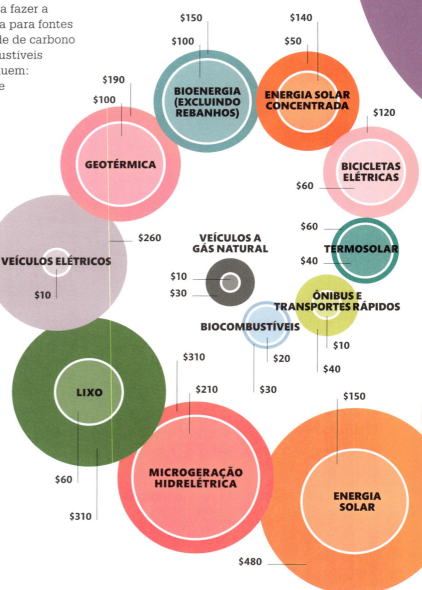

DOMANDO AS CURVAS
Dando forma ao futuro   198 / 199

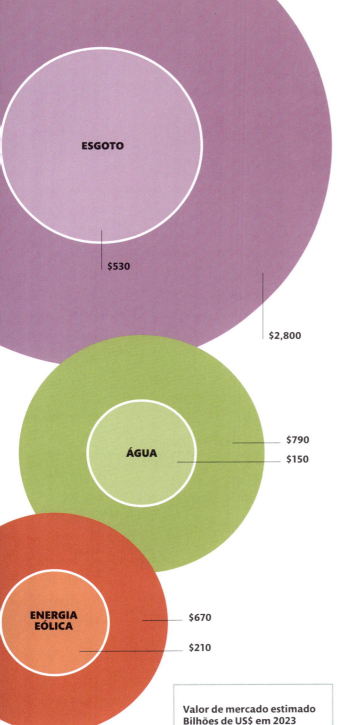

Valor de mercado estimado Bilhões de US$ em 2023
◯ Total
● Participação das PMEs

Empregos mais verdes, mais limpos

De acordo com a Agência Internacional de Energia Renovável, havia 9,8 milhões de empregos em energia renovável em 2016 – havia 5,7 milhões em 2012. As maiores concentrações estão na China, Brasil, EUA, Índia e Alemanha. Energia solar, hidrelétrica e biocombustíveis são os maiores empregadores.

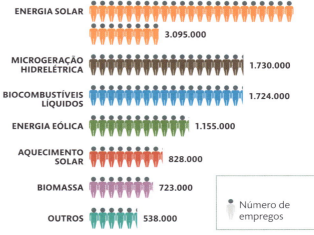

EMPRESAS VERDES

A organização sem fins lucrativos The Climate Group identificou Ikea, Apple, Kohl's, Costco e Wal-Mart como as empresas que utilizaram energia renovável em 2013. A quantidade total de energia solar que essas empresas utilizaram nos EUA em 2013 é informada abaixo em megawatts (MW).

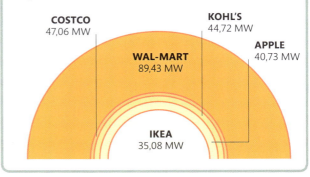

Economia sustentável

Para alcançar os Objetivos de Desenvolvimento Sustentável (ver p. 198-199), subir o padrão de vida, sem os efeitos da mudança climática, esgotamento dos recursos e degradação dos ecossistemas, serão necessárias mudanças econômicas.

Recriando a lógica econômica

Em 2015, o Instituto de Liderança e Sustentabilidade da Universidade de Cambridge (CISL), no Reino Unido, propôs um plano para recriar a lógica da economia, definindo dez tarefas para governos, empresas e instituições financeiras, a fim de tornar nosso sistema econômico mais alinhado com as prioridades sociais e ambientais. As tarefas incluem mudanças nas políticas governamentais e no mundo dos negócios, ainda aproveitando o poder gigantesco do capital financeiro. As mudanças são deliberadamente direcionadas para promover o cumprimento dos Objetivos de Desenvolvimento Sustentável, que não poderão ser atingidos só com os programas tradicionais de desenvolvimento e meio ambiente, sendo necessária uma mudança econômica profunda.

> "Se há lixo ou poluição, alguém vai acabar pagando por isso."
>
> **LEE SCOTT, EX-CEO DA WAL-MART**

Governo

- **Definir metas e medidas adequadas**
  O corte nas emissões dos gases do efeito estufa e a proteção dos ecossistemas devem ser sustentados por políticas públicas.
- **Criação de novos sistemas de taxação**
  Por exemplo, o custo das diferentes escolhas taxando lixo e poluição para promover produção industrial e fontes de energia mais limpas.
- **Influência positiva**
  Incentivar a mudança positiva com o poder dos gastos públicos, subsídios, regras de planejamento, educação e pesquisa.

Capital financeiro

- **Garantir que o capital aja no longo prazo**
  Estender os prazos de modelagem de riscos e retornos financeiros, garantindo proteção aos investidores.
- **Computação dos custos da atividade empresarial**
  Identificar estratégias que incentivem empresas a atingirem objetivos sociais e ambientais, além da rentabilidade financeira.
- **Inovação nas instituições financeiras**
  Fazer com que o capital financeiro traga benefícios sociais, com o combate à mudança climática e a proteção aos ecossistemas.

Empresas

- **Definir objetivos ambiciosos**
  Transformar as atividades empresariais de forma a incluir objetivos de energia de baixa intensidade de carbono, desmatamento zero e lixo zero.
- **Aumentar medição e divulgação**
  Garantir que empresas reportem amplamente os impactos que criam, incluindo seu desempenho social e ambiental.
- **Aumentar capacidade e incentivos**
  Usar o talento e o capital financeiro das empresas para conectar os bônus de executivos à redução de emissões de carbono.
- **Utilizar o poder da comunicação**
  Mudar a publicidade para evitar mensagens que enfraqueçam o progresso social e ambiental.

DOMANDO AS CURVAS
Dando forma ao futuro

Hoje, apesar dos diversos impactos sociais e ambientais, cumprir com os Objetivos de Desenvolvimento Sustentável pode criar a base para um futuro positivo. Isso irá requerer uma mudança na forma de pensar e será necessário superar a percepção de que a proteção ambiental gera custos financeiros inviáveis, pois o progresso social não poderá ser atingido se os ambientes naturais continuarem a se degradar. É por isso que os danos ambientais devem ser minimizados pela forma como a economia opera. Há evidências de diversos lugares do mundo de que isso está começando a acontecer quando práticas políticas, empresariais de investimentos e padrões começam a mudar.

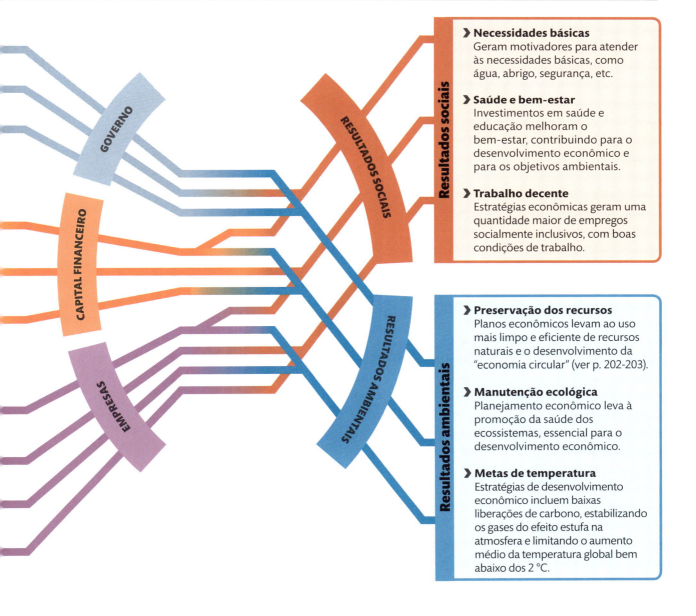

Resultados sociais

> **Necessidades básicas**
> Geram motivadores para atender às necessidades básicas, como água, abrigo, segurança, etc.

> **Saúde e bem-estar**
> Investimentos em saúde e educação melhoram o bem-estar, contribuindo para o desenvolvimento econômico e para os objetivos ambientais.

> **Trabalho decente**
> Estratégias econômicas geram uma quantidade maior de empregos socialmente inclusivos, com boas condições de trabalho.

Resultados ambientais

> **Preservação dos recursos**
> Planos econômicos levam ao uso mais limpo e eficiente de recursos naturais e o desenvolvimento da "economia circular" (ver p. 202-203).

> **Manutenção ecológica**
> Planejamento econômico leva à promoção da saúde dos ecossistemas, essencial para o desenvolvimento econômico.

> **Metas de temperatura**
> Estratégias de desenvolvimento econômico incluem baixas liberações de carbono, estabilizando os gases do efeito estufa na atmosfera e limitando o aumento médio da temperatura global bem abaixo dos 2 °C.

Economia circular

Séculos de desenvolvimento e crescimento econômico vêm se baseando em uma economia fundamentalmente linear. Neste sistema, os recursos são obtidos (combustíveis fósseis, metais e nutrientes), utilizados e descartados no ar, na água e no solo. Embora seja uma forma de sustentar o crescimento populacional e atingir padrões de vida mais confortáveis, gera efeitos negativos, como mudanças climáticas, esgotamento dos recursos, poluição e danos ao ecossistema. Uma economia circular, por outro lado, reduz tais impactos, tratando o lixo como um novo recurso. Há dois exemplos ilustrativos do funcionamento de uma economia circular – um biológico e outro de insumos industriais. O mesmo conceito pode ser aplicado em outros segmentos econômicos, com inúmeros nutrientes biológicos e materiais.

Estação de tratamento de esgoto
Novas tecnologias já estão instaladas em algumas estações de tratamento. O fósforo é capturado dos dejetos e transformado em fertilizante de alta qualidade.

RECICLAR

Ciclo biológico
Fósforo é um nutriente biológico essencial. Em nossa economia linear, mineramos o fósforo de fontes rochosas finitas. Então ele é dispersado no ambiente, causando danos ao ecossistema. Em uma economia circular, o fósforo é reciclado para sustentar o novo crescimento de plantas. Isso economiza recursos e protege o meio ambiente.

CONSUMIR

Consumo
Os alimentos, depois de ingeridos, passam pelo sistema digestório humano. Os dejetos são transferidos às estações de tratamento de esgoto por meio de vasos sanitários.

Ponto de partida
Materiais biológicos, tais como fosfatos, vêm originalmente da natureza. Quando reutilizados, limitam a necessidade de se extrair ainda mais.

PLANTAR/USAR

Fornecimento e venda de alimentos
Alimentos são fornecidos a lojas, supermercados e feiras. Parte dos custos dos produtos é determinada pelo preço dos fertilizantes, tais como o fósforo.

Lavouras
O fósforo é aplicado nas lavouras como fertilizante para promover o crescimento das plantas e aumentar a produtividade da colheita necessária para uma população em crescimento.

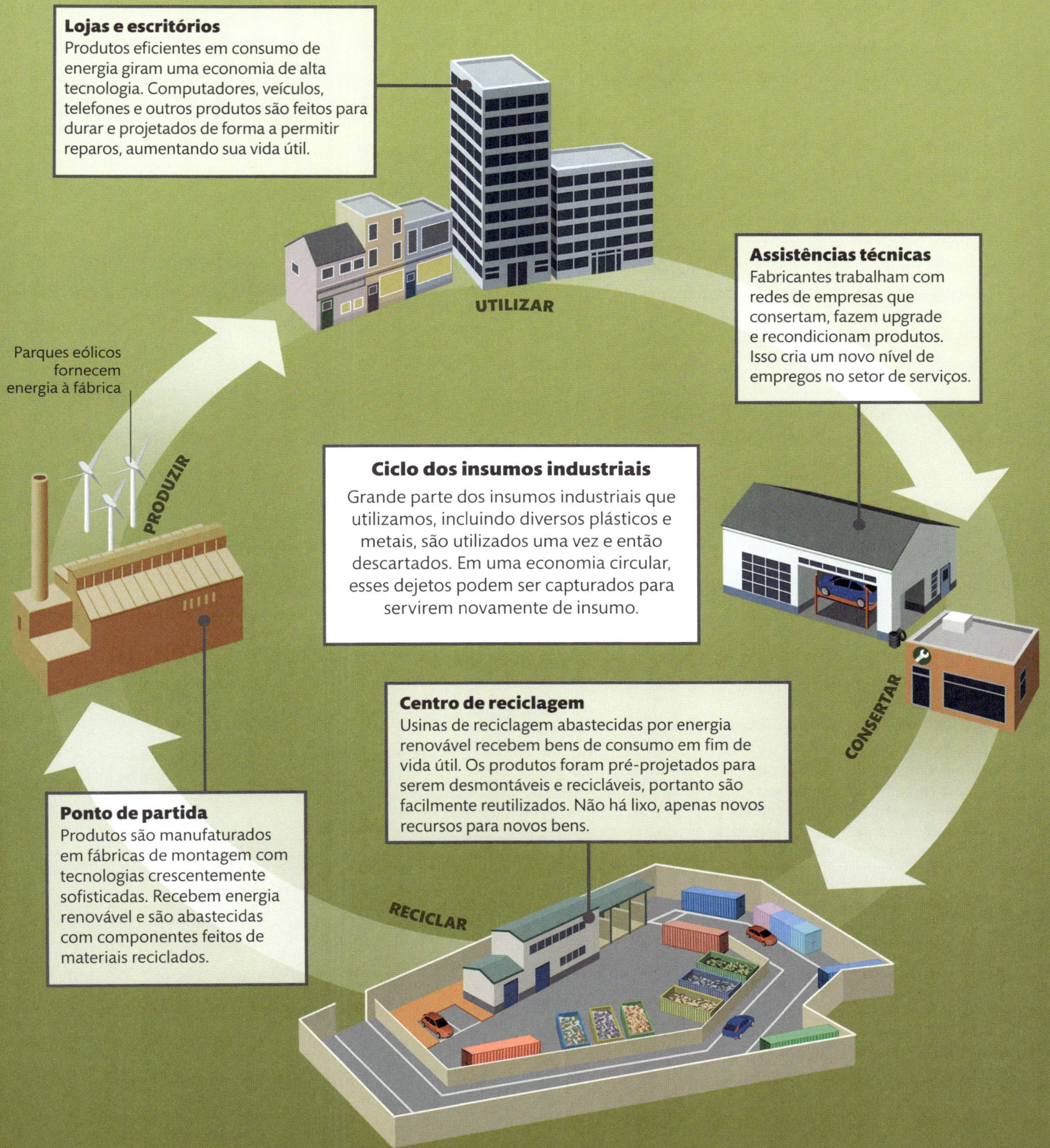

Lojas e escritórios
Produtos eficientes em consumo de energia giram uma economia de alta tecnologia. Computadores, veículos, telefones e outros produtos são feitos para durar e projetados de forma a permitir reparos, aumentando sua vida útil.

UTILIZAR

Assistências técnicas
Fabricantes trabalham com redes de empresas que consertam, fazem upgrade e recondicionam produtos. Isso cria um novo nível de empregos no setor de serviços.

Parques eólicos fornecem energia à fábrica

PRODUZIR

Ciclo dos insumos industriais
Grande parte dos insumos industriais que utilizamos, incluindo diversos plásticos e metais, são utilizados uma vez e então descartados. Em uma economia circular, esses dejetos podem ser capturados para servirem novamente de insumo.

CONSERTAR

Centro de reciclagem
Usinas de reciclagem abastecidas por energia renovável recebem bens de consumo em fim de vida útil. Os produtos foram pré-projetados para serem desmontáveis e recicláveis, portanto são facilmente reutilizados. Não há lixo, apenas novos recursos para novos bens.

Ponto de partida
Produtos são manufaturados em fábricas de montagem com tecnologias crescentemente sofisticadas. Recebem energia renovável e são abastecidas com componentes feitos de materiais reciclados.

RECICLAR

Uma nova forma de pensar

A retirada de recursos da natureza e o descarte do lixo na biosfera geram impactos ambientais crescentes que ameaçam o progresso. Novos padrões de desenvolvimento são necessários.

Nossas crescentes demandas sobre a natureza vêm causando mudanças profundas aos sistemas que sustentam a vida na Terra, trazendo enormes impactos econômicos e humanitários. É preciso uma mudança de abordagem para que o aumento da demanda humana não aconteça às custas do meio ambiente, incluindo a recuperação e a preservação dos sistemas ecológicos. Isso leva à necessidade de uma abordagem em prol do desenvolvimento econômico sustentável e da melhoria das condições sociais, respeitando os limites ecológicos.

Zona segura

A economista britânica e especialista em desenvolvimento Kate Raworth propõe a ideia da economia "donut", na qual fatores sociais e ecológicos são igualmente respeitados. Atualmente, um deles (avanços sociais, tais como melhoria na saúde, empregos e educação) se baseia no sacrifício do outro (sistemas ecológicos). O gráfico ao lado demonstra o conceito. O círculo externo é o "teto" ambiental, que consiste de nove fronteiras planetárias (ver p. 182-183). Níveis de dano ambiental além dessas fronteiras são inaceitáveis. O círculo interior consiste de dez fatores sociais. Níveis de privação humana abaixo desses parâmetros são inaceitáveis. Entre os dois círculos está um espaço com a forma de "donut", que é ambientalmente seguro e socialmente justo: esta é a zona na qual a humanidade pode prosperar.

"TETO" AMBIENTAL

USO DE ÁGUA DOCE
Danos aos ecossistemas e desperdício de água doce ameaçam aumentar o impacto sobre as águas e comprometer a segurança alimentar.

MUDANÇA CLIMÁTICA
O aquecimento global irá aumentar riscos de falta de alimentos, provocar impacto no abastecimento de água, gerar conflitos e propagação de doenças.

MUDANÇA NO USO DA TERRA
À medida que mais terra é utilizada para agropecuária e urbanização, uma série de ecossistemas essenciais são degradados.

PERDA DE BIODIVERSIDADE
Toda a nossa comida e muitos dos nossos medicamentos se originaram de espécies selvagens. A biodiversidade é essencial para um futuro sustentável.

DESTRUIÇÃO DO OZÔNIO
É uma grave ameaça ao bem-estar humano, à medida que o aumento da radiação ultravioleta eleva o risco de câncer de pele.

SUSTAINABLE ECONOMIC DEVELOPMENT / BASES DO DESENVOLVIMENTO ECONÔMICO

- ÁGUA
- ALIMENTOS
- SAÚDE
- IGUALDADE SOCIAL
- ENERGIA
- EMPREGO

DOMANDO AS CURVAS
Dando forma ao futuro

NITROGÊNIO E FÓSFORO
Aumentos nos níveis desses nutrientes no meio ambiente estão prejudicando os estoques de peixes (p. 162-163) e ameaçando a saúde humana.

- Teto ambiental
- Desenvolvimento econômico sustentável
- Bases do desenvolvimento econômico

ACIDULAÇÃO DOS OCEANOS
Espécies de plâncton marinho que reabastecem a atmosfera de oxigênio podem ser ameaçadas pela acidulação do oceano (p. 160-161), causada pelo aumento no dióxido de carbono.

POLUIÇÃO QUÍMICA
Materiais tóxicos afetam a diversidade natural, incluindo a vida selvagem que nos traz benefícios, tais como polinizadores que garantem uma oferta adequada de alimentos (p. 74-75).

POLUIÇÃO ATMOSFÉRICA
Poeira, fumaça e nevoeiros aumentaram em razão das atividades humanas, causando sério risco à saúde das pessoas.

RENDA
EDUCAÇÃO
TER VOZ
RESILIÊNCIA

ESTRESSE SOBRE O PLANETA

A Oxfam estima que um décimo da população é responsável pelos fatores que resultam no estresse planetário, tais como emissões de gases do efeito estufa e uso de energia. Seu consumo e os métodos produtivos das empresas que proveem os bens e serviços que essas pessoas mais ricas compram geram a maior parte do dano ambiental que ameaça a segurança da humanidade.

EMISSÕES
Metade das emissões de dióxido de carbono do mundo são geradas por 11% da população global.

POPULAÇÃO MUNDIAL

50% EMISSÕES

ENERGIA
16% da população do mundo vive em países de alta renda, mas consomem 57% de toda a eletricidade.

57% ELETRICIDADE

PODER DE COMPRA
Os mesmos 16% da população global respondem por 64% de todos os gastos com bens de consumo.

64% GASTOS

NITROGÊNIO (ALIMENTOS)
A UE tem 7% da população mundial, mas utiliza 33% do orçamento de nitrogênio sustentável do planeta, produzindo e importando alimentos para a pecuária.

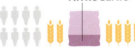
33% ORÇAMENTO DE NITROGÊNIO

O que podemos fazer?

- **Governos** em todo o mundo podem adotar os Objetivos de Desenvolvimento Sustentável de 2015 como fundamento econômico.
- **Empresas** devem alinhar seus planos com a sustentabilidade de longo prazo, protegendo valores sociais e econômicos.

O que eu posso fazer?

- **Eleger políticos** que apoiem a economia "donut".
- **Comprar de empresas** que tenham a economia "donut" como fundamento de suas estratégias comerciais.
- **Apoiar campanhas** que promovam o bem-estar humano dentro dos limites do planeta.

Restaurando o futuro

Para garantir um caminho a um futuro seguro, os séculos de degradação ambiental devem ser interrompidos e revertidos. Esta é uma prioridade alcançável e economicamente racional.

Nossa abordagem para o desenvolvimento e o crescimento econômico pressupõe que o sacrifício dos ecossistemas ambientais e a poluição do ar e da água são preços inevitáveis do progresso. Embora tal crescimento tenha levado conforto, conveniência e segurança para bilhões de pessoas, os danos causados pela mudança climática, poluição atmosférica e aquática, o esgotamento de recursos e a deterioração de ecossistemas ameaçam exceder todos os benefícios do crescimento. Porém, ainda é possível recuperar a saúde do ecossistema por meio do desenvolvimento sustentável.

Recuperação em curso

A degradação ambiental continuada não é inevitável e pode ser revertida se olharmos para os exemplos positivos de vários lugares do mundo que demonstram que isso é possível. Do Brasil à Dinamarca, do Uruguai ao Butão, há centenas de exemplos inspiradores quanto ao que pode ser feito em diversos setores, como agropecuária, transportes, preservação, infraestrutura e fornecimento de energia. Governos, agências internacionais, empresas e cidadãos possuem seu papel na transformação sustentável necessária no século XXI.

Ambientes naturais
Preservar a natureza é um investimento financeiro sólido, e a degradação dos ecossistemas e a extinção em massa de animais e plantas resulta da inabilidade de perceber tal solidez.

Agropecuária
Mudança climática, escassez de água, solos deteriorados e o declínio de animais benéficos, tais como abelhas, são grandes ameaças à futura segurança alimentar.

Infraestrutura
As abordagens atuais para a expansão e o desenvolvimento de espaços construídos "força" padrões de vida que geram desperdício e consomem alta intensidade de carbono e recursos.

Transportes
Poluição atmosférica, congestionamentos e mudança climática são algumas das caríssimas consequências do nosso sistema de transporte. Ir e voltar do trabalho leva tempo, causa estresse e para as ruas.

Fontes de energia
Emissões altas de carbono e poluição atmosférica causam danos generalizados. O desperdício no consumo de energia aumenta o impacto negativo sobre o meio ambiente.

Presente

DOMANDO AS CURVAS
Dando forma ao futuro

Ambientes naturais
O entendimento de que a saúde da natureza é essencial para a saúde das pessoas, para uma sociedade sólida e para uma economia confiável minimiza danos ambientais, recuperando ecossistemas.

Agropecuária
Práticas sustentáveis protegem o solo, a água e a vida selvagem. Mudanças generalizadas no sistema alimentar, incluindo uma vasta redução no desperdício de comida, resultam em segurança alimentar, causando menos danos ambientais.

Infraestrutura
As cidades do futuro são projetadas para serem locais eficientes e agradáveis de se viver. Engenharia e ecologia se combinam para criar cidades verdadeiramente sustentáveis e saudáveis.

Transportes
O uso de bicicletas e a caminhada melhoram a saúde pública, reduzem a poluição e emissões. Tecnologias digitais permitem trabalhar à distância. Veículos elétricos tornam o transporte mais limpo.

Fontes de energia
Emissões de gases do efeito estufa são reduzidas pelo uso eficiente da geração de calor e energia de formas renováveis. A eletricidade limpa carrega as baterias de veículos elétricos.

Futuro

> "No mundo há **desafios iminentes e... recursos limitados.** O desenvolvimento sustentável oferece a **oportunidade de mudar a história.**"
>
> **BAN KI MOON, EX-SECRETÁRIO-GERAL DA ONU**

O que podemos fazer?

- **Investidores podem adotar estratégias** para direcionar recursos financeiros para soluções positivas, tais como energia renovável e agropecuária sustentável.
- **Governos podem criar incentivos** para a adoção de tecnologias limpas, estimulando a proteção e recuperação dos ecossistemas.

O que podemos fazer?

- **Escolher produtos e serviços** de empresas que ofereçam soluções para os desafios de sustentabilidade, recompensando os líderes de mercado e pressionando as empresas que ficam para trás.
- **Pressionar seu banco** e fundo de pensão para conceder empréstimos e investir em empresas que promovam um futuro seguro e sustentável.

Glossário

UNIDADES

BTU – British thermal unit (unidade térmica britânica) Quantidade de calor necessária para aumentar a temperatura de 1 libra de água em 1 °F ao nível do mar. Utilizada como medida de saída de calor de sistemas de aquecimento e refrigeração.

DU – unidade Dobson Unidade utilizada para medir a concentração de gases marcadores na atmosfera, especialmente o ozônio.

Ej – exajoule Unidade de energia equivalente a 1 bilhão de gigajoules. Um gigajoule equivale a 1 bilhão de joules.

Gigatons (bilhões de toneladas) de CO_2 Unidade de medida para emissões de dióxido de carbono. Há uma unidade similar, $GtCO_2$-eq (gigatons de CO_2 equivalente), que pode ser utilizada para medir outros gases do efeito estufa na mesma "moeda" do aquecimento causado pelo dióxido de carbono. Para converter dióxido de carbono para carbono, divida por 3,67. Por exemplo, 1Gt de CO_2 equivale a 272 milhões de toneladas de carbono.

MTOE – milhões de toneladas de óleo equivalente Quantidade de energia liberada com a queima de 1 milhão de toneladas de petróleo, utilizada como medida da energia produzida ou consumida.

MWh – megawatt hora Medida de uso da energia elétrica. 1 megawatt corresponde a 1 milhão de watts, e 1 MWh é o poder de 1 milhão de watts utilizado ou consumido constantemente por 1 hora.

ng (nanograma) Um bilionésimo de um grama.

TWh – terawatt hora Medida de uso da energia elétrica. 1 terawatt corresponde a 1 trilhão de watts, e 1 TWh é a energia de 1 trilhão de watts utilizada ou consumida constantemente por 1 hora. Veja também *MWh*.

GERAL

Acidulação Processo por meio do qual oceanos, lagos ou rios se tornam gradualmente mais ácidos. A acidulação dos oceanos é decorrente principalmente da adição em grandes quantidades de CO_2 à atmosfera. Em lagos e rios, ela pode se originar da chegada da chuva ácida às águas.

Acordo ambiental multilateral (AAM) Acordo legalmente vinculante entre três ou mais Estados sobre questões ambientais. Atualmente, há mais de 250 AAM vigentes.

Agropecuária orgânica Práticas agropecuárias nas quais o produtor evita o uso de pesticidas e fertilizantes manufaturados, utilizando processos mais naturais para manter a fertilidade do solo, incluindo esterco e plantas que corrigem os níveis de nitrogênio.

Água subterrânea Reservatório de água localizado entre o solo e a rocha, notadamente em rochas saturadas de água, chamadas de aquíferos.

Alfabetização Capacidade de ler e escrever. Sobretudo quando aplicada a crianças e mulheres, é um indicador essencial para o desenvolvimento econômico e social de um país.

América Latina Países das Américas Central e do Sul, onde as populações falam, em sua maioria, espanhol, português e francês.

Aquecimento global Aumento nas temperaturas médias da atmosfera e/ou oceanos, que afeta a extensão da cobertura de gelo na Terra, eleva os níveis dos oceanos e altera as condições meteorológicas, incluindo o regime de chuvas. Atividades humanas têm um papel fundamental no aumento das temperaturas globais.

Armazenamento de energia Coleta e armazenamento de energia elétrica ou mecânica para uso posterior em pequena escala (uma pilha recarregável) ou em grande escala (um reservatório de uma hidrelétrica).

Atmosfera Camada de gases que circunda a Terra (ou qualquer outro planeta). A atmosfera terrena consiste principalmente de nitrogênio (78%) e oxigênio (21%).

Bifenilpoliclorados (PCBs) Grupo de compostos químicos produzidos pelo homem, utilizados amplamente no passado em produtos como equipamentos elétricos, adesivos e tintas. PCBs são poluentes orgânicos persistentes (POPs) que podem causar danos à saúde, tendo sido banidos em diversos países.

Biocombustíveis Termo geralmente utilizado para descrever combustíveis líquidos derivados de plantas e outras matérias orgânicas, como restos de comida, servindo de alternativa a gasolina, diesel e querosene. O biogás é uma alternativa ao gás natural fóssil e também é feito de matéria orgânica, como dejetos de animais ou restos de comida.

Biodegradável Expressão utilizada para materiais que se decompõem naturalmente por microrganismos e se tornam moléculas ou elementos básicos.

Biodiversidade Variedade de seres vivos. Biodiversidade de espécies é a variedade de espécies no meio ambiente. Biodiversidade genética é a variação dos genes em uma mesma espécie. Diversidade ecológica é a amplitude de ecossistemas e hábitats.

Bioenergia Energia renovável extraída de matéria orgânica, como madeira, palha, esterco e esgoto.

Bioma Uma área terrestre ou aquática caracterizada por tipos específicos de vegetação ou características físicas, como clima ou profundidade da água.

Biomagnificação Processo pelo qual um produto químico, como um pesticida, torna-se mais concentrado à medida que atravessa a cadeia alimentar. Por exemplo, organismos filtradores são comidos por criaturas maiores, que são comidas pelos grandes predadores.

Biomassa Massa dos organismos vivos (plantas, animais e microrganismos) em determinado ecossistema ou comunidade.

Biomimética Imitação das estruturas e processos naturais para ajudar a enfrentar os desafios do mundo.

Bioprodutividade Ritmo de produção da biomassa de determinado ecossistema em determinado período de tempo.

Biosfera Zona da Terra contendo todos os organismos vivos. Consiste na superfície da terra, oceanos e camadas mais baixas da atmosfera.

Cadeia alimentar Uma hierarquia ou rede de organismos na qual os que estão em um nível devoram os que estão em outros níveis. Por exemplo, uma espécie de ave de rapina se alimenta de uma ave insetívora, que se alimenta de um inseto, que se alimenta de plantas.

Camada de gelo Uma massa de gelo terrestre glacial que cobre mais de 50 mil km^2. As duas principais camadas de gelo da Terra estão na Groenlândia e na Antártica.

Camada de ozônio Camada atmosférica a 20-50 km de altura da superfície terrestre, que contém concentrações relativamente altas de ozônio. Sua diminuição pode expor organismos (inclusive humanos) a níveis perigosos de radiação ultravioleta.

Capacidade de carga Tamanho máximo da população de determinada espécie que um ecossistema ou hábitat pode suportar indefinidamente.

Captura e armazenamento de carbono (CCS) Processo por meio do qual o dióxido de carbono da queima dos combustíveis fósseis é capturado antes de atingir a atmosfera, para ser depositado em rochas profundas.

Carbono Um elemento químico comum (representado por C) que se liga a outros elementos, como hidrogênio (H) e oxigênio (O), formando compostos como o dióxido de carbono. O carbono é encontrado em todos os organismos vivos.

Chuva ácida Chuva, granizo ou neve contaminados com poluentes atmosféricos, como dióxido de enxofre e óxidos nitrosos. A chuva ácida polui o solo e a água e destrói edificações.

Ciclo de nutrientes Circulação de matéria orgânica e química, como carbono ou nitrogênio, entre ambientes físicos e organismos vivos, que retorna a um determinado ecossistema.

Clima Condições atmosféricas médias em uma área em um longo período de tempo. É influenciado pela latitude e elevação da região, além de outros fatores, como temperaturas médias e chuvas.

Clorofuorcarbonetos (CFCs) Compostos químicos formados de cloro, flúor e carbono. Eram amplamente utilizados em refrigeração, como propelentes de aerossóis e solventes. Com a descoberta de que destruíam a camada de ozônio, seu uso tornou-se restrito.

Combustível fóssil Combustível produzido de restos de plantas e animais que morreram dezenas ou centenas de milhões de anos atrás, como carvão, petróleo ou gás natural. Esses combustíveis contêm carbono capturado da atmosfera; portanto, liberam dióxido de carbono quando são queimados, retornando à atmosfera.

Compostos orgânicos voláteis (COVs) Compostos químicos derivados de carbono que evaporam rapidamente. Encontrados em substâncias produzidas pelo homem, como combustíveis, pesticidas e solventes, são poluentes atmosféricos que causam *smog* fotoquímico.

Consumo (econômico) Compra e uso de bens e serviços por indivíduos ou domicílios.

Convecção Transferência de calor por meio do movimento de um fluido, como ar ou água. Por exemplo, nas células de convecção na atmosfera (ver p. 128-129), o ar aquecido se expande e sobe, enquanto o ar resfriado baixa, criando correntes de ar.

Densidade urbana Medida da intensidade da utilização humana da terra em uma área urbanizada. Por exemplo, a quantidade de pessoas ou a área total das edificações por km^2.

Desagregação Desgaste da superfície da rocha em determinado local causado por vento, água, mudanças na temperatura ou reações químicas. Veja também *Erosão*.

Desertificação Avanço de condições desérticas para áreas que eram previamente cobertas por vegetação. É causada por diversos fatores, incluindo

GLOSSÁRIO

redução no regime de chuvas e excesso de pastoreio de animais de criação.

Desmatamento Destruição e/ou remoção das árvores de uma área de floresta para criar clareiras. As principais causas são a exploração da madeira, pecuária e agricultura. O desmatamento pode levar à erosão do solo e à perda de biodiversidade.

Desnutrição Estado no qual a dieta não contém o equilíbrio adequado de nutrientes. Por exemplo, falta de vitamina C ou quantidade excessivamente baixa de proteína. Veja também *Subnutrição*.

Dessalinização Remoção do sal e outros minerais da água para que se torne adequada para consumo humano ou irrigação.

Dióxido de carbono Gás com moléculas formadas por um átomo de carbono e dois átomos de oxigênio (fórmula: CO_2). É produzido pela respiração dos organismos vivos, fermentação da matéria morta e combustão (incêndios, fogo, queima de combustíveis fósseis ou biocombustíveis).

Dióxido de enxofre Um poluente atmosférico emitido principalmente pela queima de combustíveis fósseis, por exemplo o carvão. Pode se misturar ao vapor de água e formar chuva ácida, sendo um risco à saúde de pessoas e animais.

Dioxina Grupo de químicos persistentes que podem ser emitidos por indústrias em processos, como alvejamento de papel e incineração do lixo. Esses químicos são tóxicos e nocivos a animais e à saúde humana por meio da bioacumulação nas cadeias alimentares.

DU – Unidade Dobson Veja *Unidades*.

Ecologia Ciência que cuida das inter-relações entre os organismos e o seu meio ambiente não vivo, incluindo ar, água e geologia.

Ecossistema Uma comunidade autossustentável de seres vivos que interage entre si e com o ar, a água e o solo de seu meio ambiente.

Efeito estufa Processo por meio do qual a atmosfera da Terra aprisiona mais energia solar, aquecendo a atmosfera e os oceanos.

El Niño Um distúrbio climático de larga escala que ocorre a cada 3-7 anos no Oceano Pacífico equatorial central e oriental. Nele, o aquecimento das correntes oceânicas superficiais causa mudanças nos padrões meteorológicos prevalentes no mundo todo, sobretudo nos litorais das Américas do Norte e do Sul e norte da Austrália. Veja também *La Niña*.

Emissões Liberação de gases, vapores líquidos e pequenas partículas na atmosfera. Geralmente se referem às liberações de origem humana vindas, por exemplo, de veículos, usinas elétricas e desmatamento.

Emissões de CO_2 Liberação de dióxido de carbono por meios naturais (como em incêndios florestais e erupções vulcânicas) ou artificiais (como na queima de combustíveis fósseis).

Energia geotérmica Energia derivada do calor gerado naturalmente pela Terra, por exemplo, o calor obtido das fontes de água quente em áreas de atividade vulcânica.

Energia hidrelétrica Eletricidade obtida pela queda em desnível ou fluxo da água. Por exemplo, quando produzida por turbinas em uma represa hidrelétrica.

Energia nuclear Separação dos átomos de determinados elementos (fissão nuclear) para liberar energia, que é utilizada para gerar eletricidade. A energia nuclear produz baixas emissões de carbono; entretanto, o lixo nuclear permanece tóxico por muitos anos.

Energia renovável Expressão que se refere a uma fonte de energia (elétrica, aquecimento ou transporte) que pode ser constantemente reabastecida, ao invés de progressivamente esgotada. Exemplos: energias solar, eólica e hídrica.

Erosão Processo no qual solos ou rochas são deteriorados e levados por vento, água corrente ou gelo. O processo erosivo pode ser mecânico (quando uma rocha ou solo é fisicamente desgastado) ou químico (quando uma rocha ou solo é dissolvido pela água).

Espécie exótica invasora Espécie não nativa a um ecossistema específico e que causa danos ao ser introduzida naquele sistema.

Eutrofização Mudança ecológica resultante do aumento na concentração de nutrientes, como nitrogenados e fosfatos, em um ecossistema – como uma massa aquática. A eutrofização pode gerar explosões de algas e zonas mortas.

Evaporação Processo pelo qual moléculas superficiais de um líquido se transformam em vapor, geralmente em razão de aumento na temperatura. Isso ocorre, por exemplo, quando a água evapora do mar ou de um lago em um dia quente.

Explosão de algas Crescimento explosivo de algas em um lago ou oceano, frequentemente em razão do excesso de nutrientes, como nitrogênio ou fósforo. As algas podem bloquear a luz solar e esgotar o oxigênio. Algumas explosões de algas geram toxinas nocivas a humanos e outros animais.

Extinção Desaparecimento de uma espécie, subespécie ou grupo de organismos determinado pela morte do último indivíduo.

Faturamento O valor total que uma empresa recebe pela venda de bens ou serviços durante determinado espaço de tempo, sem o desconto de impostos ou outros custos.

Fitoplâncton Minúsculas formas de plâncton que vivem nas camadas superiores de oceanos e lagos, que são banhadas pela luz solar. Utilizam a fotossíntese para absorver dióxido de carbono e liberar oxigênio, sendo uma parte vital do ciclo de carbono.

Floresta úmida Densas áreas de floresta em áreas tropicais ou temperadas, com alto índice pluviométrico anual. Muitas dessas florestas notadamente possuem alta biodiversidade e são grandes produtores de oxigênio e sumidouros de carbono.

Fluxo biogeoquímico Circulação de uma substância química, como carbono ou nitrogênio, no solo, na atmosfera, na biosfera (plantas e animais) e na água.

Fotossíntese Processo pelo qual plantas e alguns microrganismos utilizam a energia solar para converter dióxido de carbono em água e glucose, liberando oxigênio como dejeto do processo.

Fraturamento hidráulico (*fracking*) Injeção de uma mistura altamente pressurizada de água, areia e produtos químicos em rochas que sejam depósito de petróleo ou gás para criar rachaduras (fraturas) e liberar o petróleo ou gás. *Fracking* pode levar à contaminação dos lençóis freáticos e até mesmo causar pequenos terremotos.

Fundo do mar A superfície do fundo de mares e oceanos.

Gás do efeito estufa Gás que aprisiona calor na atmosfera. O mais importante é o dióxido de carbono, mas também há o metano e o óxido nitroso. Emissões de gases do efeito estufa de atividades humanas, como a queima de combustíveis fósseis, contribuem para o aquecimento global.

Gás natural Combustível fóssil composto sobretudo por metano. Extraído de rochas, está geralmente associado a depósitos de petróleo. É extraído por meio da perfuração de poços ou por fraturamento hidráulico (*fracking*).

Giro Enormes sistemas de correntes oceânicas que giram em espiral.

Hábitat Um ecossistema, como florestas ou campos, que suporta comunidades características de animais e plantas.

HANPP – Apropriação humana da produtividade primária líquida Medida da utilização humana da atividade fotossintética da Terra. A produtividade primária líquida é o valor líquido de energia solar convertido em matéria vegetal. A HANPP é vista no uso da produtividade primária líquida como alimentos, por exemplo, ou na produção de madeira, papel e fibras vegetais.

Hidroenergia Energia obtida da queda de água em desnível ou do fluxo da água. Utilizada, por exemplo, para a geração hidrelétrica, quando uma turbina é impulsionada pela água e gera energia.

Infravermelho Forma de energia eletromagnética na qual as ondas são mais longas que as ondas da luz visível. Parte da energia solar e parte do calor da superfície da Terra têm a forma de radiação infravermelha.

Intensidade de carbono Medida de emissão de gases do efeito estufa calculada como a massa de carbono emitida por unidade de energia consumida. Um exemplo é a medida grama de gases CO_2 equivalente por megajoule de energia (gCO_2e/MJ). A intensidade de carbono também pode ser calculada em relação às emissões por unidade de PIB. Nesse caso, o conceito inclui emissões de desmatamento, bem como de energia.

Inundação Grande quantidade de água que cobre partes normalmente secas de terra, como quando um rio transborda ou uma tempestade atinge o litoral.

Invertebrado Um animal que não possui espinha dorsal. Por exemplo, insetos, moluscos, crustáceos e vermes.

La Niña Mudança de larga escala nas temperaturas que ocorre a cada 3-7 anos no Oceano Pacífico equatorial central e oriental. Nela, a superfície do oceano fica mais fria que o normal, causando disrupção nos eventos meteorológicos prevalentes no mundo todo, sobretudo nas Américas, na Austrália e no sudeste asiático. Homólogo ao El Niño.

Lençol freático No solo ou nas rochas abaixo da superfície terrestre, é o nível no qual o meio fica saturado de água subterrânea.

Lista vermelha da IUCN Lista de espécies animais e vegetais e de fungos em todo o mundo, que são consideradas por estarem enfrentando algum nível de risco de extinção.

Luz ultravioleta Forma de energia eletromagnética cujas ondas são mais curtas que o espectro visível da luz. Parte da energia solar está na forma de radiação ultravioleta (UV-A e UV-B), e a maior parte dela é bloqueada pela atmosfera da Terra antes de atingir a superfície terrestre.

Megalópole Cidade e entorno com população maior do que 10 milhões de habitantes, como Tóquio, Nova York e São Paulo.

Mercado emergente Uma economia nacional que está crescendo, se desenvolvendo e se industrializando rapidamente a partir de bases econômicas e renda relativamente baixas em comparação a outras nações já desenvolvidas. Diversos desses países estão se tornando cada vez mais poderosos em termos de indústria, comércio internacional e tecnologia.

Metano Hidrocarboneto gasoso incolor e altamente inflamável, é o principal componente do gás natural e um poderoso

GLOSSÁRIO

gás do efeito estufa. Globalmente, mais de 60% de suas emissões induzidas por humanos vêm da indústria, agropecuária e aterros sanitários.

Meteorologia Condições atmosféricas cotidianas em determinado local. Seus aspectos incluem temperatura e pressão do ar, horas de luz solar, camada de nuvens, umidade e precipitação na forma de chuva ou neve.

Monção Mudança sazonal nas condições meteorológicas geralmente associada ao subcontinente indiano. Ocorrem mudanças na direção do vento e na pressão atmosférica, causando fortes ventos marinhos que trazem chuvas torrenciais no verão.

Monocultura Prática agropecuária de produzir um único tipo de produto, planta, animal de criação, variedade ou raça em um sistema de lavouras ou em outras estruturas em determinado período de tempo.

MTOE Milhões de toneladas de óleo equivalente. Veja *Unidades*.

Mundo pré-industrial O mundo antes de 1750, quando teve início a Revolução Industrial. A sociedade vivia basicamente da produção agrícola e de indústrias de pequena escala. Os impactos ambientais eram muito mais baixos do que os atuais.

MWh Megawatt hora. Veja *Unidades*.

Objetivos de Desenvolvimento do Milênio Conjunto de 8 objetivos de desenvolvimento (incluindo um sobre o meio ambiente) criados pela Organização das Nações Unidas (ONU) em 2000. Deveriam ser atingidos até 2015, e foram substituídos pelos atuais 17 Objetivos de Desenvolvimento Sustentável.

Óxido nitroso Um gás poluente do efeito estufa. A atmosfera naturalmente possui uma quantidade ínfima de óxido nitroso, mas seus níveis vêm crescendo sobretudo em virtude das atividades humanas.

Ozônio Gás incolor que pode ser nocivo a plantas e animais no ar respirável, mas que, quando está nas camadas mais altas da atmosfera, protege a Terra da radiação solar ultravioleta. A concentração de ozônio é feita com Unidades Dobson.

Países da OCDE Nações que fazem parte da Organização para Cooperação Econômica e Desenvolvimento, órgão criado, em 1968, pelos países mais desenvolvidos para promover o desenvolvimento econômico e o avanço social. Há 34 países na OCDE.

País desenvolvido País com uma economia industrial ou pós-industrial relativamente estável, segurança política consolidada, nível tecnológico avançado e alto padrão de vida generalizado em comparação a outras nações.

País em desenvolvimento País com infraestrutura precária e serviços públicos insuficientes, no qual a maioria das pessoas possui renda relativamente baixa, menor expectativa de vida e acesso limitado à saúde e educação modernas e completas.

Países do E7 Grupo de 7 países com maior poderio em economias de mercado emergentes: China, Índia, Brasil, Rússia, México, Turquia e Indonésia. O E7 atualmente é responsável por 30% do PIB global.

Países do G7 Grupo das 7 principais nações industrializadas: Estados Unidos, Canadá, Reino Unido, França, Alemanha, Itália e Japão. Seus líderes e ministros das finanças se reúnem anualmente para discutir a política econômica global e segurança internacional.

Países menos desenvolvidos (LDC) Nações com rendas *per capita* muito baixas. São os mais pobres entre os países em desenvolvimento.

Permafrost Solo ou rocha que permanece continuamente congelado por mais de dois anos. Em algumas áreas, como Alasca ou Sibéria, o *permafrost* existe há milhares de anos.

Petroquímicos Compostos químicos derivados do petróleo ou do gás natural. São utilizados em milhares de produtos, como solventes, detergentes, plásticos e fibras sintéticas.

PIB – Produto Interno Bruto Valor monetário de todos os bens acabados e serviços produzidos em um país dentro de determinado período, geralmente um ano. Veja também *PIB real*.

PIB *per capita* Medida de desempenho econômico calculada pela divisão do PIB de um país pela quantidade de pessoas em sua população.

PIB real Medição do valor de todos os bens e serviços produzidos em um determinado ano e ajustado pela inflação.

Plâncton Pequenos organismos, que vão desde algas e bactérias unicelulares a águas-vivas que passam parte ou toda sua vida em mares e lagos. O plâncton tem um papel fundamental nas cadeias alimentares aquáticas. Veja também *Fitoplâncton* e *Zooplâncton*.

Poluentes orgânicos persistentes (POPs) Compostos químicos que resistem à quebra e permanecem no meio ambiente por um longo período de tempo. Alguns POPs, como o DDT, são nocivos à vida selvagem e à saúde humana.

Precificação do carbono Um imposto ou preço de mercado cobrado sobre as emissões de dióxido de carbono para incentivar mudança de comportamento, como uso mais eficiente de energia ou expansão da geração renovável.

Processo Haber-Bosch Processo sintético por meio do qual o nitrogênio do ar é combinado com hidrogênio para formar amônia. Usado principalmente na produção de fertilizantes.

Produtividade primária Índice de conversão da energia solar em nova biomassa vegetal por meio da fotossíntese.

Pterópodes Grupo de caramujos marinhos que nada livremente. São reconhecidos como vítimas da acidulação dos oceanos, que causa a dissolução de suas conchas.

Quilômetros de comida (*food miles*) Distância percorrida entre o local de produção de um alimento e seu consumidor. Distâncias mais longas requerem maior utilização de combustíveis, ou seja, quanto menos quilômetros/comida, menos emissões são geradas no transporte dos alimentos.

Radiação UV Veja *Luz ultravioleta*.

Reciclagem Conversão de lixo doméstico, agropecuário ou industrial em novos materiais utilizáveis. A reciclagem ajuda a economizar energia e reduzir a poluição.

Retração (*dieback*) Em árvores e arbustos, é a morte progressiva de ramos, depois galhos e finalmente a planta inteira. Possíveis causas incluem infecção, infestação por pragas, seca e poluição.

Revolução Verde Conjunto de avanços no cultivo de lavouras que começou na década de 1940 e ampliou muito a oferta de alimentos, sobretudo nos países em desenvolvimento.

Savana Tipo de vegetação que consiste basicamente de campos abertos com árvores e arbustos esparsos.

Segurança alimentar Estado em que as pessoas têm acesso e renda suficiente para adquirir alimentos ricos em termos nutricionais para manter uma vida saudável.

Sistema fotovoltaico Tecnologia na qual células ou painéis fotovoltaicos convertem a luz solar em eletricidade. Sistemas FV produzem energia limpa e renovável.

***Smog* fotoquímico** Forma de poluição atmosférica que ocorre quando a luz solar reage com o óxido nitroso e compostos orgânicos voláteis, tornando o ar turvo ou nebuloso. O *smog* contém ozônio e pode ser perigoso se inalado.

Subnutrição Consequência do consumo de quantidades muito baixas de nutrientes essenciais, ou consequência da excreção destes ou da utilização em ritmo mais acelerado do que sua reposição. Veja também *Desnutrição*.

Sumidouro de carbono Sistema ecológico que absorve e armazena dióxido de carbono da atmosfera. Oceanos e florestas são os dois principais sumidouros de carbono da Terra.

Sustentabilidade Termo que descreve as circunstâncias nas quais uma atividade humana pode continuar indefinidamente no futuro. Por exemplo, em relação à agropecuária, geração de energia, gestão do lixo, exploração de florestas ou consumo de matérias-primas.

TWh Terawatt hora. Veja *Unidades*.

Urbanização Processo pelo qual uma enorme quantidade de pessoas se reúne para viver e trabalhar em áreas relativamente pequenas, formando cidades ou agrupamentos urbanos menores.

Várzea Regiões planas às margens de um rio que ficam naturalmente alagadas nas cheias, quando o nível da água ultrapassa o nível das margens do rio.

Vertebrado Animal com espinha dorsal e esqueleto interno. São animais vertebrados os peixes, anfíbios, répteis, aves e mamíferos.

Zona morta Área de um lago ou oceano na qual a água tem níveis tão baixos de oxigênio que muitos animais não conseguem sobreviver naquele local. Zonas mortas podem ser o resultado de uma explosão de algas causada por poluição na água.

Zooplâncton Animais que vivem parte ou a totalidade de suas vidas como plâncton. Abrange amebas, larvas de peixes e peixes ainda jovens, larvas de moluscos, crustáceos e águas-vivas. O zooplâncton se alimenta de fitoplâncton e é uma fonte de alimento vital para animais maiores.

Índice remissivo

Números de páginas em **negrito** indicam a referência principal

A

A Grande Aceleração, **178-179**
Abelhas, 174, 175
Acidulação dos oceanos, **160-161**, 183, 205
Acordo de Basileia, 186
Acordo de Viena, 186
Aerossóis na atmosfera, 183
Afeganistão, 22, 115, 116, 117
África
  alfabetização, 107
  alterações nos padrões sazonais, 127
  aquisição de terras, 154-155
  crescimento populacional, 17, 18, 19
  degradação do solo, 75
  desmatamento, 150
  energia renovável, 53
  fome, 72
  índices de mortalidade, 108
  megalópoles, 40
  telefones celulares, 98
  terrorismo, 114
  urbanização, 39
  uso da terra, 64-65
  uso de energia, 48
África do Sul, 89, 110, 155
Agropecuária
  a Grande Aceleração, 178
  desperdício de alimentos, **70-71**
  e desertificação, 152-153
  e fim da vida selvagem, 166
  e urbanização, 38
  economia circular, 202
  fertilizantes, **66-67**
  fronteiras planetárias, 182-183
  mudanças na época e na intensidade das chuvas sazonais, 127
  mudanças no uso da terra, **148-149**
  pesticidas, **68-69**, 92-93
  polinização, 173, **174-175**
  produção de grãos, **62-63**, 65
  restaurando o futuro, 206-207
  segurança alimentar, **74-75**
  uso da terra, 64-65
Água
  água potável, **78-79**, 86, **104-105**, 131
  aquecimento solar, 55
  ciclo da água, **80-81**, 173
  consumo nas cidades, 42
  desperdício de alimentos, 70
  e corrupção, 112, 113
  economia "donut", 204
  efeitos interconectados, 184-185
  enchentes, 124, 127, 130-31, 153
  energia renovável, 46, 47, **58-59**, 60-61, 194
  fronteiras planetárias, 182
  pegada hídrica, **82-83**
  políticas de sucesso, 189
  saneamento, **104-105**
  seca, 75, 77, 78, 127, 130-31
  uso de, **76-77**
  veja também Lagos, Oceanos, Chuvas, Rios
Água virtual, 82-83
Águas-vivas, 161
Ajuda humanitária, 34
Alemanha
  aquisição de terras, 155
  comércio internacional, 35
  economia, 32
  energia renovável, 56, 199
  lixo, 89
  população, 23
Alfabetização, 22, **106-107**
Algas marinhas, 163, 171
Alimentos
  aquicultura, **158-159**
  aumento de preços, 184
  carne e laticínios, **63**, 64
  consumo nas cidades, 42
  custo dos, 73
  desperdício de alimentos, **70-71**
  e mudanças em regimes de chuvas e temperatura, 139
  economia circular, 202
  escassez de, 131
  fome, **72-73**
  produção de grãos, **62-63**, 65
  segurança alimentar, **74-75**
  veja também Agropecuária
Ameaças à saúde
  nitratos, 67
  poluição do ar, **144-145**
  vida mais saudável, **108-109**
América Central, 48, 74
América do Norte
  degradação do solo, 74-75
  desmatamento, 150
  energia renovável, 52, 56
  população, 18
  telefones celulares, 98
  urbanização, 39
  uso da terra, 64-65
  uso de energia, 48
América do Sul
  buraco na camada de ozônio, 123
  degradação do solo, 74
  desertificação, 152
  população, 18
  uso da terra, 64-65
  uso de energia, 48
  veja também América Latina
América Latina
  aquisição de terras, 154
  desmatamento, 150
  telefone celulares, 98
  veja também América do Sul
Animais
  pecuária, 64, 174
  veja também Vida selvagem
Antártica
  camada de gelo, 78, 124, 125
  camada de ozônio, 122, 123
Aquecimento global veja Mudança climática
Aquicultura, **158-159**
Ar veja Atmosfera
Arábia Saudita, 155
Áreas desérticas, energia solar, 55
Áreas pantanosas, 172, 173, 177
Argentina, 82
Ártico, 125, 134
Árvores veja Florestas
Ásia
  aquisição de terras, 154
  degradação do solo, 75
  desertificação, 152
  desmatamento, 150
  energias renováveis, 53
  fome, 73
  população, 17, 18
  rotas aéreas, 101
  telefones celulares, 98
  terrorismo, 114
  urbanização, 39
  uso da água, 77
  uso da energia, 49
  uso da terra, 64-65
Aterro sanitário, destinação de lixo, 90
Atmosfera, **118-119**
  a Grande Aceleração, 178
  aerossóis, 183
  camada de ozônio, 67, **122-123**, 183, 204
  chuva ácida, **146-147**
  ciclo do carbono, **140-141**
  como funcionam os padrões climáticos, 128-129
  efeito estufa, **120-121**
  eventos meteorológicos extremos, 130
  níveis de dióxido de carbono, 118-119
  óxido nitroso, 67
  políticas bem-sucedidas, 188
  poluição do ar, **144**
  poluição, 44, 45, 48, **144-145**, 205
  veja também Mudança climática
Austrália
  alterações nos padrões sazonais, 127
  desertificação, 152
  hotspots de biodiversidade, 169
  lixo, 89
  pegada hídrica, 83
  população, 23

B

Banco Mundial, 30
Bancos, crise financeira, 37
Bangladesh, 103, 124, 125
Beijing, 41, 145
Besouros, 170
Bilionários, 111
Biocombustíveis, 46, 52, 61
Biodiversidade, **168-169**, 187, 188, 204
Biomagnificação, químicos, **92-93**
Biomassa, 45, 61, 149
Biomimética, 168, 195
Bolívia, 23, 72
Bornéu, 169
Borboletas, 174
Botswana, 23, 110
Brasil
  crescimento econômico, 33
  emissores de dióxido de carbono, 142
  energia renovável, 57, 199
  enriquecimento, 29
  escassez de água, 78
  hotspots de biodiversidade, 168
  lixo, 89
  megalópoles, 41
  pegada hídrica, 82, 83
  população, 18
  quantidade de veículos, 87
  saneamento, 105
Brometo de metila, 123
Burundi, 19

C

Cairo, 41
Camadas de gelo
  água doce nas, 78, 79
  derretimento, 124, 125, 134
Camarões, 104
Caminhos Representativos de Concentração (RCPs), 138-139

Campos, 177
Canadá, 32, 35, 78, 82, 142
Caribe, 99, 168
Carne, **63**, 64, 71
Carvão, 60
   chuva ácida, 146
   e níveis de dióxido de carbono, 118
   geração de eletricidade, 44, **45**, 46
   poluição do ar, 144
   redução do uso, 136-137
Casas, energia solar, 55
Cáucaso, 169
CFCs (clorofluorcarbonetos), 123
Chade, 22, 72
China
   água, 78, 83
   aquisição de terras, 154, 155
   comércio internacional, 35
   crescimento econômico, 33, 37
   desertificação, 152
   desigualdade, 110
   emissores de dióxido de carbono, 137, 142
   energias renováveis, 53, 56, 199
   fome, 73
   lixo, 89
   megalópoles, 41
   pobreza, 103
   política do filho único, 23
   população, 17, 19, 23
   quantidade de veículos, 87
   queima de carvão, **45**
   riqueza, 29, 111
   rotas aéreas, 101
Chuva ácida, **146-147**
Chuvas
   chuva ácida, **146-147**
   ciclo da água, 80-81
   enchentes, 124, 127, 130-131, 153
   monções, 127
   sazonais, 127
   seca, 75, 77, 78, 127, 130-131
Cianobactérias, 122
Ciclo de nutrientes, 173
Ciclones tropicais, 130-131
Cidade do México, 40
Cidades
   densidade, **42**
   mais ricas, 32
   megalópoles, **40-41**
   pegada ecológica, **42-43**
   urbanização, **38-39**
   valor global da natureza, 177
Cidades mais ricas, 32
Cingapura, 42
Circuitos de retorno, **134-135**
CITES, 186

Classe média, crescimento da, 29
Coeficiente de Gini, 110, **111**
Coelhos, 170
Colômbia, 104
Colônias de corais, 139, 161
Combustíveis fósseis, 44-45
   captura de carbono, 133, 136
   ciclo do carbono, 141
   explosão da demanda por, 46-47
   orçamento de carbono, **136-137**
   preços da energia, 53
   subsídios, 133
Combustíveis *veja* Energia
Comércio internacional, **34-35**
Compostagem, 91
Computadores, 96, 195, 203
Comunicações, **96-99**
Concentração de energia solar (CSP), 54
Conferência das Nações Unidas sobre o Meio Ambiente e o Desenvolvimento (ECO92), no Rio de Janeiro, 187, 192
Conflito, 131
Congo, 72, 104
Consumismo, **86-87**
   destinação do lixo, **90-91**
Convenção para o Patrimônio Mundial, 186
Coreia do Norte, 73
Coreia do Sul, 82, 87, 101, 155
Corporações multinacionais, 30-31
Correntes oceânicas, 128
Corrupção, **112-113**
Costa do Marfim, 83, 107
Crianças
   educação das, 189
   perfil etário da população, 21
   redução da mortalidade, 108, 189
   tamanho das famílias, **22-23**
Cupins, 195

D

DDT, 92-93
Degradação do solo, **74-75**
Délhi, 41, 145
Desertificação, **152-153**
Desigualdade, **110-111**
Desmatamento, 133, 140, **150-151**, 168-169
Diesel, 52, 144
Dinamarca, 111
Dinheiro *veja* Economia
Dióxido de carbono
   acidificação dos oceanos, **160-161**
   captura de carbono, 60, 133, 136, 173
   ciclo do carbono, **140-141**

   dilema do carbono, **138-139**
   e efeito estufa, 121, 123
   estresse sobre o planeta, 205
   metas para o futuro, **142-143**
   níveis na atmosfera, **118-119**
   no permafrost, 134
   orçamento de carbono, **132-133**, **136-137**
   pegada de carbono, **50-51**
   preços da energia, 53
   redução da intensidade de carbono, 196-197
   taxação do carbono, 133
Dióxido de enxofre, chuva ácida, 146-147
Diversidade genética, 183
Dívida pública, **36-37**
Dívida, **36-37**
Doenças
   causas de mortalidade, 20
   e saneamento, 105
   epidemia, 17
   imunização, 17
   poluição do ar e, 144-145
   sistemas naturais, 173
Doenças e renda, 109
Drogas, 113, 159

E

E7 (7 Emergentes), 32
Economia
   circular, **202-203**
   comércio exterior, **34-35**
   consumismo, **86-87**
   corporações multinacionais, **30-31**
   corrupção, **112-113**
   crise financeira (2008), 37
   desigualdade de riqueza e renda, **110-111**
   dívida, **36-37**
   "donut", 204, 205
   e demanda por energia, **46-47**, 48-49
   e eventos meteorológicos extremos, **130**
   e níveis de dióxido de carbono, 119
   expansão econômica, **24-25**
   Grupo dos 7 (G7), **32-33**
   indústria pesqueira, 156
   inovação, 194-195
   internet e, 97
   pobreza, **102-103**
   recursos naturais, 85
   redução da intensidade de carbono, **196-197**
   sustentável, **200-201**
   tecnologia limpa, **198-199**
   valor da natureza, **176-177**

   veja também Produto Interno Bruto (PIB)
Ecossistemas
   danos aos, 148
   e mudanças em regimes de chuvas e temperaturas, 139
   espécies invasoras, **170-171**
   fronteiras planetárias, 182
   serviços ecossistêmicos, **172-173**
   valor financeiro dos serviços dos, **176-177**
Educação, 22, **106-107**, 189
Egito, 31
El Salvador, 23
Eletricidade, 44, 46
   disparidades no uso de energia no mundo, 48-49
   energia das ondas, **58-59**
   energia eólica, **56-57**
   energia maremotriz, **58-59**
   energia renovável, **52-53**, 133
   energia solar, **54-55**
   inovação, 195
   pegada de carbono, **50-51**
   redução de emissões, 133
   veículo elétrico, 145
Emigração *veja* Migração
Emirados Árabes Unidos (EAU), 19, 155
Emissões *veja* Dióxido de carbono
Emprego, 20
Energia
   consumo de, 43
   dilema do carbono, **138-139**
   dilema energético, **60-61**
   disparidades no uso de energia no mundo, **48-49**
   e crescimento econômico, **46-47**
   economia circular, 203
   efeito estufa, **120-121**
   efeitos interconectados, 184-185
   eficiência energética, 61
   estresse planetário, 205
   fontes de, **44-45**
   inovação, 194-195
   orçamento de carbono, **132-133**, **136-137**
   pegada de carbono, **50-51**
   preços da, 53
   restaurando o futuro, 206-207
   tecnologia limpa, **198-199**
   veja também Energia renovável
Energia a vapor, 194
Energia das ondas, **58-59**, 61
Energia eólica 44, 45, 52, **56-57**, 61
Energia hidrelétrica, 44, 46, 47, 60
Energia maremotriz, **58-59**, 61
Energia nuclear, 44, 45, 46, 60

ÍNDICE REMISSIVO

Energia renovável, 46, 47, **52-53**
  e empregos, 199
  energia das ondas, **58-59**
  energia eólica, **56-57**
  energia maremotriz, **58-59**
  energia solar, **54-55**
  redução das emissões, 133
Energia solar, 44, 49, 52, **54-55**, 61
Enriquecimento, **28-29**
Envelhecimento da população, **20-21**
Era do Antropoceno, **180-181**
Era espacial, 195
Eritreia, 116, 117
Escrever, **106-107**
Esgoto, **104-105**, 162, 202
Eslovênia, **111**
Espanha, 41
Espécies invasoras, **170-171**
Estações, **126-127**, 128
Estados Unidos da América (EUA)
  água, 78, 82
  aquisição de terras, 155
  comércio internacional, 35
  custo da comida, 73
  degradação do solo, 74
  desigualdade, 111
  dívida, 36-37
  emissões de carbono, 143
  energia renovável, 56, 199
  lixo, 89
  megalópoles, 41
  poluição do ar, 145
  população, 18, 23
  quantidade de veículos, 87
  riqueza, 28, 111
Esterilização, controle do crescimento populacional, 22
Estratosfera, 122
Estresse planetário, 205
Estresse sobre o planeta, 205
Etiópia, 72, 155
Europa
  degradação do solo, 75
  desmatamento, 150
  emissões de carbono, 143
  energia renovável, 53
  pegada hídrica, 83
  população, 18
  telefones celulares, 98
  urbanização, 39
  uso da terra, 64-65
  uso de energia, 48
  veículo pessoal, 87
Eutrofização, 162
Eventos meteorológicos
  alterações nos padrões sazonais, **126-127**

chuva ácida, **146-147**
como funcionam os padrões climáticos, **128-129**
e desertificação, 153
extremos, **130-31**
veja também Mudança climática
Expectativa de vida, **20**
Extinção, vida selvagem, **166-167**, 183

F

Falta de moradia, 131
Fertilizantes, 70, 162, 183, 202
Finanças *veja* Economia
Florestas
  chuva ácida, 147
  ciclo da água, 81
  desmatamento, 133, 140, **150-151**, 168-169
  e poluição do ar, 145
  extração ilegal de madeira, 113
  hotspots de biodiversidade, 168-169
  incêndios florestais, 127
  retração das, 134
  valor econômico das, 177
Fome, **72-73**, 131
Fósforo, 66, 162, 183, 202, 205
Fotossíntese, 122, 172
França, 32, 56, 89
Fronteiras planetárias, **182-183**, 204-205
Furacão Mitch, 131

G

Gâmbia, 19
Gás, 44, 46, 52, 60, 136-137
Gás natural *veja* Gás
Gases do efeito estufa, 45, 118, 119
  derretimento do permafrost, 134
  desperdício de alimentos, 70
  e camada de ozônio, 123
  efeito estufa, **120-121**
  liberação do metano do fundo do mar, 134
  óxido nitroso, 67
Gasolina, 52, 144
Giros, nos oceanos, 164-165
Glaciares, 79, 80, 124, 125
Globalização, **96-97**
Golfo do México, 162
Grã-Bretanha *veja* Reino Unido
Grécia, 36
Groenlândia, 78
Guatemala, 72
Guerra
  mudanças climáticas e, 131

população deslocada, 116-117
terrorismo, **114-115**

H

Hábitats *veja* Ecossistemas, Florestas, Oceanos
Haiti, 72
Halogênios, 123
Houston, Texas, 42

I

Iêmen, 73
Imigração *veja* Migração
Imunização, 17
Incêndios florestais, 127
Incineração, destinação de lixo, 90
Índia
  água, 83, 105
  aquisição de terras, 155
  crescimento populacional, 19, 23
  desigualdade, 110
  dívida, 37
  economia, 33
  emissões de carbono, 143
  energia renovável, 57, 199
  fome, 73
  megalópoles, 40, 41
  monções, 127
  pobreza, 103
  quantidade de veículos, 87
  saúde, 18, 112
Índices de mortalidade *veja* Morte
Índices de natalidade, 18, 22-23
Indonésia, 33, 83, 103, 143
Indústria
  chuva ácida, **146-147**
  e efeito estufa, 120
  economia circular, 203
  inovação, **194-195**
  manufatura de um carro, 87
  Produto Interno Bruto (PIB), **26-27**, 176-177, 196
  redução da intensidade de carbono, **196-197**
  tecnologia limpa, **198-199**
Indústria do transporte, 35, 171
Infraestrutura
  e eventos meteorológicos extremos, 131
  restaurando o futuro, 206-207
Inovação, **194-195**
Insetos
  extinção, 167
  pesticidas, **68-69**
  polinização, 173, **174-175**

Internet, **96-97**, 99
Iraque, 73, 105, 115
Israel, 75
Itália, 32

J

Japão
  quantidade de veículos, 87
  comércio exterior, 35
  dívida, 36
  economia, 32
  emissões de carbono, 142
  enriquecimento, 28
  lixo, 89
  megalópoles, 41
  pegada hídrica, 83
Jordânia, 155

K

Kinshasa, 40
Kudzu tropical, 170
Kuwait, 19

L

Lago Chade, 152
Lagos
  acidez, 146, 162
  água doce, 78
  ciclo da água, 80
  valor econômico, 177
Laticínios, **63**, 64, 71, 139
Leitura (ler), **106-107**
Lesoto, 110
Libéria, 72
Litorais, 177
Lixo, **88-89**
  destinação do lixo, **90-91**
  economia circular, 203
  políticas de sucesso, 189
  poluição por plásticos, **164-165**
Lobby político, 30
Londres, **42-43**, 145
Luz
  energia solar, 54
  ultravioleta, **122-123**
Luz solar
  como funcionam os padrões climáticos, 128
  efeito estufa, **120-121**
  energia solar, 44, 49, 52, **54-55**, 61
  fotossíntese, 172
Luz ultravioleta (UV), **122-123**

M

Madagascar, 72
Madeira, como combustível, 46, 52, 61
Mali, 107
Mares *veja* Oceanos
Mariposas, 174
Mata Atlântica, 168
Materiais
  consumo na cidade, 43
  economia circular, 202-203
  veja também Recursos naturais
Mauritânia, 107
MEAs (acordos ambientais multilaterais), **186-187**
Megalópoles, **40-41**
Mesosfera, 122
Metano, 88, 119, 134
Métodos contraceptivos, 22
México, 33, 35, 82, 142
Mexilhão-zebra, 171
Migração, 18
  e desertificação, 131, 153
  população deslocadas, **116-117**
Moçambique, 155
Monções, 127
Mongólia, 73, 105
Monóxido de carbono, 144
Morte
  e eventos meteorológicos extremos, 130
  expectativa de vida, 20
  mortalidade infantil, 189
  poluição do ar, 144-145
  terrorismo, **114-115**
  vida mais saudável, **108-109**
Moscas das flores, 174
Mudança climática
  a Grande Aceleração, 178-179
  alterações nos padrões sazonais, **126-127**
  ameaças aos polinizadores, 174-175
  circuitos de retorno, **134-135**
  como funcionam os padrões climáticos, **128-129**
  dilema do carbono, **138-139**
  economia "donut", 204
  efeito estufa, **120-121**
  eventos meteorológicos extremos, **130-131**
  fronteiras planetárias, 182
  metas para o futuro, **142-143**
  mudanças na, **118-119**
  orçamento de carbono, **132-133, 136-137**
  redução da intensidade de carbono, **196-197**
  temperaturas, **124-125, 132-133, 136-137**
Mulheres, alfabetização de, 106
Mumbai, 41
Mundo desigual, **110-111**

N

Namíbia, 72
Níger, 19, 23, 107
Nigéria, 83, 89, 103, 115
Nitrogênio, 66-67, 162, 183, 205
Norte da África, 80, 99, 152
Nova York, 40, 42
Nova Zelândia, 123
Nuvens, 80, 81, 134

O

Obesidade, 72
Objetivos de Desenvolvimento do Milênio (ODMs), 189, 192
Objetivos de Desenvolvimento Sustentável (ODSs) **192-193, 200-201**
Oceania, 18, 49, 53, 75
Oceano Atlântico, 165
Oceano Índico, 164
Oceano Pacífico, 164-165
Oceanos
  acidulação, **160-161**, 183, 205
  aquecimento, 127
  aumento da concentração de óxido nitroso, 67
  aumento do nível do mar, 124, 125
  cadeia alimentar, 172
  ciclo do carbono, **140-141**
  como funcionam os padrões climáticos, 128-129
  correntes, 128
  energia das ondas, **58-59**
  energia maremotriz, **58-59**
  espécies invasoras, 171
  inundações costeiras, 124
  liberação de metano, 134
  pesca, **156-157**
  poluição por plásticos, **164-165**
  valor econômico, 177
  zonas mortas, **162-163**
Omã, 19
Organização das Nações Unidas, 186, 188-189
Oriente Médio, 49, 80, 99, 114, 152
Osaka, 40
Óxido de nitrogênio 144, 146-147
Óxido nitroso 67, 119
Oxigênio na atmosfera, 122
Ozônio, poluição do ar, 144
  camada de ozônio, 67, **122-123**, 183, 204

P

Painéis solares fotovoltaicos, 54
Países desenvolvidos
  comércio exterior, 35
  desigualdade de riqueza e renda, 110-111
  população, 18
Países do G7, **32-33**
Países em desenvolvimento
  comércio exterior, 34
  crescimento populacional, 18
  desigualdade de riqueza e renda, **110-111**
  dívida, 37
  economias emergentes, 32
  tecnologia limpa, 198
  urbanização, 38
  uso da energia, 48-49
Papua Nova Guiné, 23
Paquistão, 22, 41, 73, 83, 115
Parafina, 48
Paris, 42
Parques nacionais, **190-191**
Pássaros, 127, 159
Pegada ecológica, cidades, **42-43**
Peixes
  acidificação dos oceanos, 160
  aquicultura, **158-159**
  cadeia alimentar, 172
  desperdício de alimentos, 71
  enchentes, 124, 127, 130-131, 153
  espécies invasoras, 171
  mudanças no mar, **156-157**
  pesticidas e, 93
  poluição da água, 162-163
Perca do Nilo, 171
Permafrost, derretimento, 134
Pessoas mais ricas *veja* Enriquecimento
Pesticidas, **68-69**, 92-93, 123
Petróleo, 46, 60
  custo, 52
  geração de eletricidade, 44
  redução no uso, 136-137
Piscina de maré de Swansea, 59
Píton birmanesa, 170
Plâncton, 122, 172
Plantas
  biodiversidade, 168, 204
  bioenergia, 46
  chuva ácida, 147
  ciclo da água, 80
  ciclo do carbono, 140-141
  fotossíntese, 172
  polinização, 173, 174-175
  veja também Agropecuária, Florestas
Plásticos, poluição por, **164-165**
Pobreza, **102-103**
  e acesso à eletricidade, 48
  e fome, **72-73**
  desigualdade de riqueza, **28-29, 110-111**
Polinização, 173, **174-175**
Poluição
  aquicultura, 158
  atmosférica, 44, 45, 48, **144-145,** 205
  chuva ácida, **146-147**
  fertilizantes, 67
  no oceano, **162-163**
  por plásticos, **164-165**
  química, **92-93**, 205
Pontos críticos, 124, 134
POPs (poluentes orgânicos persistentes), 92-93
População
  a Grande Aceleração, 180-181
  deslocada, **116-117**
  disparidades no uso de energia no mundo, 48-49
  enriquecimento, **28-29**
  expansão econômica, 24-25
  expectativa de vida, 20
  explosão populacional, **16-17**
  gestão do crescimento, **22-23**
  megalópoles, **40-41**
  mudança populacional, **18-19**
  perfil etário, **21**
  redução da intensidade de carbono, 197
  urbanização, **38-39, 42**
Potássio, 66
Primavera, mudanças sazonais, 126
Problemas sociais, 110
Produção de grãos, **62-63**, 65, 70, 71
Produto Interno Bruto (PIB), **26-27**, 30-31, 176-177, 196
  desigualdade de renda, 28-29, **110-111**
  e emissões de carbono, 196
  expansão econômica, 24, 25
  valor da natureza, 176-177
Produtos elétricos, 45, 89
Protocolo de Kyoto, 186, 187
Protocolo de Montreal, 123, 186

Q

Qatar, 19, 29, 155
Quênia, 155

ÍNDICE REMISSIVO

Química
  biomagnificação, **92-93**
  política de sucesso, 189
  poluição, 205

R

Radiação infravermelha, 120
Radiação infravermelha, 120-121
Rebanhos *veja* Animais
Reciclagem, 91, 203
Recursos naturais, **84-85**
  consumismo, **86-87**
  corrupção, 112
  lixo, **88-89**
  mudanças no uso da terra, **148-149**
Refugiados, **116-117**
Região florística do Cabo, 169
Reino Unido
  aquisição de terras, 155
  desigualdade, 111
  economia, 32, 36
  energia maremotriz, 58-59
  enriquecimento, 28
  lixo, 89
  pegada de carbono, **50-51**
  pegada hídrica, 82
  população, 19, 23
Rendas, coeficiente de Gini, 110, 111
República Centro-africana, 72, 107
República Democrática do Congo, 23, 107, 155
Reservas naturais, **190-191**
Restaurando o futuro, **206-207**
Retração das florestas úmidas, 134
Revolução Industrial, 38, 44, 118, 180, 181
Revolução Verde, 62, 66, 77
Rio Mississippi, 162
Rios
  água doce, 78
  chuva ácida, 146
  ciclo da água, 80
  e desertificação, 153
  valor econômico, 177
Ruanda, 37, 72
Rússia
  água, 78, 83
  economia, 33, 37
  emissões de carbono, 143
  lixo, 89
  megalópoles, 41
  quantidade de veículos, 87
  riqueza, 111
  saneamento, 105

S

Samoa, 23
Saneamento, **104-105**
São Francisco, 42
São Paulo, 40
Seca, 75, 76, 78, 127, 130-131
Serra Leoa, 22, 110, 112
Shell, 30
Sinopec, 30
Síria, 114, 115, 116
Sistemas naturais
  benefícios, **172-173**
  restaurando o futuro, 206-207
  valor, **176-177**
Smog fotoquímico, 144
Solo
  chuva ácida, 147
  ciclo da água, 80
  ciclo do carbono, 140
  degradação do, **74-75**
  derretimento do permafrost, 134
  desertificação, 153
  desmatamento, 133
Somália, 116, 117
Sondalândia, 169
Sri Lanka, 73
Subornos, 112-113
Sudão do Sul, 116, 155
Sudão, 23, 29, 116, 155
Suécia, 111, 155
Sumatra, 169

T

Tadjiquistão, 73
Tailândia, 83
Tamanho das famílias, **22-23**
Tanzânia, 72, 155
Taxação do carbono, 133
Tecnologia, **198-199**, 203
Telefones celulares, **98-99**
Temperaturas
  alterações nos padrões sazonais, **126-127**
  circuitos de retorno, 134
  dilema do carbono, **138-139**
  efeito estufa, **120-121**
  eventos meteorológicos extremos, 130
  limite de 2 graus, **132-133**, 138-139
  mudanças climáticas, 118, **124-125**
Tempestades, 130-131
Terras degradadas, 43
Terrorismo, **114-115**
Togo, 105
Tóquio, 40
Transportes, 43, **100-101**, 206-207
Troposfera, 122
Tunísia, 23
Turbinas, energia renovável, 57, 58, 59
Turquia, 33

U

Uganda, 19, 23
Urbanização, **38-39**, **40-41**
Uso da terra
  acordos de sucesso, 188
  agropecuária, **64-65**
  aquisição de terras, **154-155**
  desertificação, **152-153**
  desmatamento, **150-151**
  economia "donut", 204
  efeitos interconectados, 184-185
  fronteiras planetárias, 182
  mudanças no, **148-149**
  parques e reservas naturais, **190-191**
  terras degradadas, 43

V

Veículos, **87**, 133, 144-145
  carros, **87**
  eficiência energética, 133
  poluição do ar, 144-145
Vespas, 174
Viagens aéreas, **100-101**
Vida selvagem
  benefícios da, **172-173**
  biodiversidade, **168-169**, 188, 204
  ciclo do carbono, 140-141
  e corrupção, 112, 113
  e desertificação, 153
  espécies invasoras, **170-171**
  extinção, **166-167**, 183
  mudanças no uso da terra, **148-149**
  pesticidas e, 69
  poluição por plásticos, 164-165
Vietnã, 29

W

Wal-Mart, 31

X

Xangai, 41

Z

Zâmbia, 72, 155
Zimbábue, 36, 72, 195

Referências e agradecimentos

A Dorling Kindersley gostaria de fazer os seguintes agradecimentos:
Hugh Schermuly e Cathy Meeus, por seu trabalho na concepção original desta obra; Peter Bull, por suas ilustrações; Andrea Mills, Nathan Joyce, e Martyn Page, pelos trabalhos editoriais adicionais; Katie John, pela revisão e pelo glossário; Hilary Bird, pelo índice remissivo.

Para mais informações sobre o autor e sobre as fontes utilizadas para produzir este livro, visite o site de Tony Juniper: www.tonyjuniper.com/whatisreallyhappeningtoourplanet/

Principais referências
P. 16-17: ONU, Departamento de Assuntos Econômicos e Sociais, Divisão de População (2013), Perspectivas da população mundial: "Most populous countries, 2014 and 2050", Dados sobre a População Mundial 2014, Departamento de Referência sobre a População, http://www.prb.org; Dados revisados: Banco Mundial: https://data.worldbank.org/indicator/SP.POP.TOTL?locations=BR-CN-IN-ID-US; citação de Al Gore: originalmente publicada na *O, The Oprah Magazine*, fevereiro de 2013; **p. 18-19:** ONU, Departamento de Assuntos Econômicos e Sociais, Divisão de População (2013), Perspectivas da população mundial; "África abrigará 2 em cada 5 crianças até 2025: Relatório da Unicef", comunicado para a imprensa da Unicef, 12 de agosto de 2014, http://www.unicef.org; **p. 20-21:** ONU, Departamento de Assuntos Econômicos e Sociais, Divisão de População. Perspectivas da população mundial, revisão de 2015; "Correlação entre fertilidade e educação de mulheres", Agência Ambiental Europeia, 2010, http://www.eea.europa.eu; **p. 24-25:** Estimativas do PIB Mundial, de um milhão A.C. até o presente, J. Bradford De Long, Departamento de Economia, U.C. Berkeley, 1998; Rastreador do crescimento global: Economia Mundial – 50 anos de crescimento quase contínuo, Dariana Tani, World Economics, março de 2015, http://www.worldeconomics.com; citação de Kenneth Boulding em United States Congress House (1973), Energy reorganization act of 1973: hearings; **p. 28-29:** PIB *per capita*, indicadores do Banco Mundial, contas federais do Banco Mundial e arquivos de dados das Contas Federais da OCDE, Banco Mundial, 2015, http://www.worldbank.org; SOER 2010 – avaliação das megatendências globais, Meio-ambiente europeu: estado atual e previsões 2010, 28 de novembro de 2010, Agência Ambiental Europeia, Copenhague, 2011; **p. 30-31:** PIB (atual), Indicadores do Banco Mundial, contas federais do Banco Mundial e arquivos de dados das Contas Federais da OCDE, Banco Mundial, 2015, http://www.worldbank.org; Fortune 500, http://fortune.com/fortune500; Centro para Políticas Responsivas, baseado em dados do Departamento de Registros Públicos do Senado, 23 de outubro de 2015, https://www.opensecrets.org/lobby; **p. 32-33:** O mundo em 2015: a mudança no poder econômico mundial continuará?, PricewaterhouseCoopers LLP, fevereiro de 2015; Extraído de "Concentração econômica urbana se move para o oriente", março de 2011, Instituto Global McKinsey, www.mckinsey.com/mgi. © 2011 McKinsey & Company. Todos os direitos reservados. Reproduzido sob permissão; **p. 34-35:** Exportações de bens e serviços (em US$ atuais), Indicadores do Banco Mundial, contas federais do Banco Mundial e arquivos de dados das Contas Federais da OCDE, Banco Mundial, 2015, http://www.worldbank.org; Maiores parceiros comerciais dos EUA, Departamento de Comércio Internacional, Administração de Comércio Internacional, http://www.trade.gov; **p. 36-37:** PIB (atual), Indicadores do Banco Mundial, contas federais do Banco Mundial e arquivos de dados das Contas Federais da OCDE, Banco Mundial, 2015, http://www.worldbank.org; The World Factbook, Agência Central de Inteligência, EUA, https://www.cia.gov; **p. 38-39:** Perspectivas da urbanização mundial 2014, Departamento de Assuntos Econômicos e Sociais do Secretariado da ONU, Destaques 2014; Gráfico Principal – Banco Mundial: https://data.worldbank.org/indicator/SP.URB.TOTL.IN.ZS; citação de George Monbiot, publicada no site do *The Guardian*, 30 de junho de 2011, http://www.monbiot.com/2011/06/30/atro-city/; **p. 40-41:** Perspectivas da urbanização mundial 2014, Departamento de Assuntos Econômicos e Sociais do Secretariado da ONU, destaques 2014; http://www.un.org/en/development/desa/population/publications/pdf/urbanization/the_worlds_cities_in_2016_data_booklet.pdf; **p. 42-43:** City limits: a resource flow and ecological footprint analysis of Greater London (2002), encomendado pelo IWM (EB) Instituto Credenciado de Gestão de Lixo Órgão Ambiental, 12 de setembro de 2002, http://www.citylimitslondon.com; "If the world's population lived like...", Per Square Mile, Tim de Chant, 8 de agosto de 2012, http://persquaremile.com; **p. 44-45:** Global Energy Assessment: Towards a Sustainable Future. Instituto Internacional para Análise de Sistemas Aplicados, Cambridge University Press, 2012; 2014 Key World Energy Statistics, Agência Internacional de Energia (IEA), Paris: 2014, http://www.iea.org; Consumo *per capita* de energia para alguns países, baseado nos dados estatísticos sobre consumo energético da BP e nas estimativas de população da Angus Maddison, World Energy Consumption Since 1820 in Charts, Our Finite World, Gail Tverberg, 2012, http:// ourfiniteworld.com; Citação de Desmond Tutu do *The Guardian*, 10 de setembro de 2015; **p. 46-47:** Energy and Climate Change, World Energy Outlook Special Report, Agência Internacional de Energia, 2015; **p. 48-49:** Administração de Informações sobre Energia dos EUA,

REFERÊNCIAS E AGRADECIMENTOS

Estatísticas de Energia Internacional, Total Primary Energy Consumption, http://www.eia.gov; **p. 50-51:** The Rough Guide to Green Living, Duncan Clark, Rough Guides, 2009, p. 26; **p. 52-53:** produção renovável global de eletricidade por região, histórica e projetada, Agência Internacional de Energia, http://www.iea.org; "Not a toy: plummeting prices are boosting renewables, even as subsidies fall", *The Economist*, 9 de abril de 2015; **p. 56-57:** Great Graphic: Renewable Energy Solar and Wind, Marc Chandler, Financial Sense, 14 de novembro de 2013, http://www.financialsense.com; http://files.gwec.net/files/GWR2016.pdf; Citação de Arnold Schwarzenegger, *BBC news*, abril de 2012; **p. 62-63:** gráfico principal: https://data.worldbank.org/indicator/AG.PRD.CREL.MT?locations=CN-1W; Global Grain Production 1950–2012, Compilado pelo Instituto de Políticas da Terra do Departamento de Agricultura dos EUA (USDA), http://www.earth-policy.org; Estoques globais de grãos caem para níveis perigosamente baixos similares a 2012, consumo excede produção, J. Larson, Instituto de Política da Terra, 17 de janeiro de 2013; Agricultura mundial em 2015/2030: uma perspectiva da FAO, editado por J. Bruinsma, Earthscan Publications, Organização para Agricultura e Alimentação, 2003; Citação de Norman Borlaug, palestra para o Nobel, 11 de dezembro de 1970; **p. 64-65:** Banco Mundial https://data.worldbank.org/indicator/AG.PRD.CREL.MT?locations=CN-1W; Estado dos recursos terrestres e hídricos do mundo para a produção de alimentos e agricultura: gestão de sistemas ameaçados, Organização das Nações Unidas para Agricultura e Alimentação e Earthscan, 2011; Importância de três séculos de mudança no uso da terra para o ciclo de carbono terrestre global e regional, Mudança climática, 97, 2 de julho de 2009, p. 123–144; Utilização da produção mundial de cereais, Fome em tempos de abundância, Agricultura Global, http://www.globalagriculture.org; **p. 66-67:** Fonte: https://ourworldindata.org/fertilizer-and-pesticides#fertilizer-consumption Max Roser (2015) – "Fertilizantes e pesticidas". Postado em OurWorldInData.org. Obtido de: http://ourworldindata.org/data/food-agriculture/fertilizer-and-pesticides/; **p. 68-69:** "Cobrimos o mundo de pesticidas. Isso é um problema?", Brad Plumer, *The Washington Post*, 18 de agosto de 2013; Max Roser (2015) "Fertilizantes e pesticidas" Postado em OurWorldInData.org. http://ourworldindata.org/data/food-agriculture/fertilizer-and-pesticides/; Popular Pesticides Linked to Drops in Bird Populations, de Helen Thompson, *Smithsonian Magazine*, julho de 2014, http://www.smithsonianmag.com/; **p. 70-71:** http://www.fao.org/save-food/resources/keyfindings/infographics/fish/en/ SAVE FOOD: Iniciativa Global sobre a perda de alimentos e redução de lixo, Organização das Nações Unidas para Alimentos e Agricultura, http://www.fao.org; **p. 72-73:** http://www.fao.org/3/a-I7695e.pdf; Estado da insegurança alimentar no mundo, Organização das Nações Unidas para Alimentos e Agricultura, 2015; Os EUA gastam menos com comida que qualquer outro país, Alyssa Battistoni, Mother Jones, quarta-feira, 1 de fevereiro de 2012, http://www.motherjones.com/; citação de John F. Kennedy, cortesia da American Presidency Project; **p. 74-75:** Recuperando a terra, dimensões na necessidade: um atlas sobre alimentos e agricultura, FAO, Roma, Itália, 1995, http://www.fao.org; Recursos naturais e meio ambiente, FAO, 2015; **p. 76-77:** "Great Acceleration", Programa Internacional Geosfera-Biosfera, 2015, http://www.igbp.net; Tendências no uso global de água por setor, Gráfico sobre a água vital: um panorama do estado atual da água doce e salgada no mundo, Programa das Nações Unidas para o Meio ambiente/GRID-Arendal, 2008, http://www.unep.org; Extração e consumo de água: a grande discrepância, Gráfico sobre a água vital: Um panorama do estado atual da água doce e salgada no mundo, Programa das Nações Unidas para o Meio Ambiente/GRID-Arendal, 2008; citação de Lyndon B Johnson, da carta do presidente ao Senado e ao presidente do Congresso, novembro de 1968; **p. 78-79:** Oferta renovável total de água por país (atualização de 2013), http://worldwater.org; **p. 82-83:** Contas das pegadas hídricas nacionais: as pegadas azul, verde, azul e cinza na produção e no consumo, M. M. Mekonnen e A. Y. Hoekstra, Série Pesquisa sobre o valor da água nº 50, UNESCO-IHE Instituto de Educação para as Águas, maio de 2011; "Galeria de produtos", Ferramentas Interativas, Rede da Pegada Hídrica, http:// waterfootprint.org; Relatório sobre o Planeta Vivo 2010, Rede Global da Pegada, Sociedade Zoológica de Londres, World Wildlife Fund, http://wwf.panda.org; **p. 84-85:** "Viciado em recursos", Mudança global, Programa Internacional Geosfera-Biosfera, 10 de abril de 2012, http://www.igbp.net; Consumo e consumismo, Anup Shah, 05 de janeiro de 2014, http://www.globalissues.org; "Desperdício com consumo e produção – Nossa crescente voracidade por recursos naturais", Gráfico sobre a água vital, GRID-Arendal 2014, http://www.grida.no; citação do Papa Francisco em uma carta para o primeiro-ministro da Austrália Tony Abbott, presidente da conferência das nações do G20, novembro de 2014; **p. 86-87:** "Água engarrafada", compilado por Stefanie Kaiser, Dorothee Spuhler, Gestão Sustentável de Água e Esgoto, http://www.sswm.info/; "New NIST Research Center Helps the Auto Industry 'Lighten Up'", Mark Bello, Centro para Diminuição do Peso dos Veículos (NCAL), Instituto Nacional de Normas e Tecnologia (NIST), 26 de agosto de 2014, http://www.nist.gov/; "Frota de carros de passageiros *per capita*", Associação Europeia dos Fabricantes de Veículos, 2015. http://www.acea.be/statistics/tag/category/passenger-car-fleet-per-capita; **p. 88-89:** "Quando atingiremos o nível máximo de lixo?", Joseph Stromberg, *Smithsonian Magazine*, 30 de outubro de 2013, http://www.smithsonianmag.com; Status da gestão do lixo, Dennis Iyeke Igbinomwanhia, Gestão Integrada do Lixo, v. II, editado por Sunil Kumar, 23 de agosto de 2011; "Composição e caracterização do lixo sólido: composição dos materiais encontrados na coleta municipal no Estado de Nova York", Departamento Estadual de Preservação Ambiental de Nova York, 2015, http:// www.dec.ny.gov; 9 de toneladas de lixo eletrônico foram gerados em 2012, Felix Richter, Statista, 22 de maio 2014, http://www.statista. com/; **p. 90-91:** Compêndio de dados ambientais da OCDE, Organização para a Cooperação e Desenvolvimento Econômico (OCDE), Lixo, março de 2008, http://www.oecd.org; **p. 92-93:** CAS concede 100 milionésimo número de registro para uma substância que trata a leucemia mieloide aguda, Chemical Abstracts Service: a division of the American Chemical Society, 29 de junho de 2015, https://www.cas.org; **p. 94-95:** Citação de Sir David Attenborough no lançamento da primeira câmera de vida selvagem do Fundo das Terra do Mundo (World Land Trust – WLT), em janeiro de 2008. http://www. worldlandtrust.org/;

p. 96-97: Internet Live Stats, http://www.internetlivestats.com; ICT Fatos e dados 2015, Divisão de dados e estatísticas da ICT, Telecomunicação, Agência de Desenvolvimento, União Internacional de Telecomunicações, Genebra, maio de 2015, http://www.itu.int; Valor da conectividade: benefícios econômicos e sociais da expansão do acesso à internet, Deloitte, 2014, http://www2.deloitte.com; citação de Kofi Annan, discurso de abertura do 53º Congresso anual DPI/NGO, 2006; **p. 98-99:** https://www.itu.int/en/ITU-D/Statistics/Documents/facts/ICTFactsFigures2017.pdf; Ascensão dos telefones celulares: 20 anos da adoção global, SooIn Yoon, Cartesian, 29 de junho de 2015, http://www.cartesian.com; Telecomunicações no mundo /base de dados de indicadores da ICT, 19ª edição, União Internacional de Telecomunicações, 1 de julho de 2015, http://www.itu.int; "Custo histórico de telefones móveis", Adam Small, Marketing Tech Blog, 20 de dezembro de 2011, https://www.marketingtechblog.com; **p. 100-101:** Gráfico principal: https://data.worldbank.org/indicator/IS.AIR.PSGR; Principais rotas aéreas: http://www.iata.org/pressroom/pr/Pages/2016-07-05-01.aspx; http://www.panynj.gov/airports/pdf-traffic/ ATR2016.pdf; Indicadores de transporte aéreo, número de passageiros, Indicadores de desenvolvimento do mundo, Organização Internacional de Aviação Civil, Estatísticas da aviação civil no mundo e estimativa da equipe do ICAO, Banco Mundial, http://www.worldbank.org; "300 'super rotas' concentram 20% de todo o tráfego aéreo", Amadeus, 16 de abril de 2013, http://www.amadeus.com; **p. 102-103:** Fonte: https://data.worldbank.org/topic/poverty; Max Roser (2016) – "Pobreza no mundo". Publicado em OurWorldInData.org. Obtido de: http://ourworldindata.org/data/growth-and-distribution-of-prosperity/world-poverty; 5 razões para acreditar que 2013 foi o melhor ano da história humana, Zack Beauchamp, ThinkProgress, 11 de dezembro de 2013, http://www.thinkprogress.org; Mapas dos Indicadores de Desenvolvimento do Mundo 2015, Banco Mundial, 2015, http://data.worldbank.org/maps2015; citação de Ban Ki-moon, "Energia sustentável para todos é uma prioridade do segundo mandato do secretário-geral da ONU", Nova York, 21 de setembro de 2011; **p. 104-105:** Proporção da população utilizando melhores fontes de água potável, Rural: 2012, OMS, 2014. http://www.who.int/en; proporção da população utilizando melhores instalações sanitárias, OMS, Total: 2012, OMS, 2014; **p. 106-107:** Educação: índice de alfabetização, Instituto de Estatísticas da UNESCO, Organização das Nações Unidas para a Educação, a Ciência e a Cultura, 23 de novembro de 2015, http://data.uis.unesco.org; **p. 108-109:** Estatísticas de mortalidade materna de https://data.unicef.org/topic/maternal-health/maternal-mortality/; Gráfico principal: http://www.who.int/healthinfo/global_burden_disease/estimates/en/index1.html; *Causas mortis*, por região da OMS, Observatório Global da Saúde, OMS, http://www.who.int; As 10 principais *causas mortis* por grupo de renda nacional (2012), Centro de Mídia, OMS; **p. 110-111:** PIB *per capita* (US$ atual), Indicadores de desenvolvimento do mundo, dados das contas federais do Banco Mundial e arquivos de dados das Contas Federais da OCDE, http://www.worldbank.org; Comparação entre países: distribuição de renda familiar – índice de GINI, The World Factbook, Agência Central de Inteligência, https://www.cia.gov; Fortunas pessoais de bilionários em 2015 como percentual do Produto Interno Bruto (PIB) by Nation, Areppim, 24 de abril de 2015, http://stats.areppim.com/stats/stats_richxgdp.htm; **p. 114-115:** Índice Global de Terrorismo 2014: medindo e entendendo o impacto do terrorismo, Instituto para Economia e Paz, http://www.visionofhumanity.org; Mundo em guerra: ACNUR Tendências Globais: deslocamentos forçados em 2014, ACNUR – Alto Comissariado das Nações Unidas para Refugiados, © ACNUR 2015, http://www.unhcr.org; **p. 116-117:** http://www.unhcr.org/5943e8a34.pdf **p. 118-119:** "Great Acceleration", Programa Internacional Geosfera-Biosfera, 2015, (dados para dióxido de carbono, óxido nitroso e metano) http://www.igbp.net; Painel Intergovernamental sobre Mudanças Climáticas (IPCC). 2013. IPCC Quinto relatório de avaliação – Mudanças climáticas 2013: a base da ciência física, https://www.ipcc.ch; Futuro do Transporte Ártico, Malte Humpert e Andreas Raspotnik, Instituto Ártico, 11 de outubro de 2012, www.thearcticinstitute.org; citação de Leonardo di Caprio: discurso na Conferência do Clima da ONU, Nova York, setembro de 2014; **p. 128-127:** Pesca do linguado no verão acirra conflitos sobre a mudança climática entre o norte e o sul, Marianne Lavelle, *The Daily Climate*, 3 de junho de 2014; Principais cientistas concordam que o clima mudou para sempre, Sarah Clarke, *ABC News*, 3 de abril de 2013, http://www.abc.net.au; A primavera está chegando mais cedo, Climate Central, 18 de março de 2015, http://www.climatecentral.org; **p. 132-133:** Mudança climática: ação, tendências e implicações para os negócios, Quinto relatório de avaliação do IPCC, Grupo de trabalho 1, Universidade de Cambridge, Judge Business School de Cambridge, Programa de Cambridge para Liderança em Sustentabilidade, setembro de 2013, http://www.europeanclimate.org/documents/IPCCWebGuide.pdf; **p. 134-135:** Seca amazônica de 2010, *Science*, v. 331, edição 6.017, p. 554, 4 de fevereiro de 2011. http://science.sciencemag.org; **p. 136-137:** Dados do conceito do carbono não queimável de 2013, Carbon Tracker Initiative, 17 de setembro de 2014, http://www.carbontracker.org; **p. 138-139:** IPCC, 2014: mudanças climáticas 2014: Relatório resumido. Contribuição dos grupos de trabalho I, II e III ao Quinto Relatório de Avaliação do Painel Intergovernamental sobre Mudanças Climáticas; citação do Papa Francisco, em reunião com líderes políticos, empresariais e comunitários, Quito, Equador, 7 de julho de 2015; **p. 140-141:** "Estimativas do desflorestamento: estimativas de desflorestamento em macro-escala (FAO 2010)", Monga Bay, http://www.mongabay.com; **p. 142-143:** "6 gráficos explicam os 10 maiores emissores do mundo", Mengpin Ge, Johannes Friedrich e Thomas Damassa, World Resources Institute, 25 de novembro de 2014; citação de Barack Obama, discurso na Conferência GLACIER, Anchorage, Alasca, 1 de setembro de 2015; **p. 144-145:** "Desolação do smog: lidando com a crise na qualidade do ar na China", David Shukman, BBC News: Science and Environment, 7 de janeiro de 2014, http://www.bbc.co.uk; Peso das doenças causadas pela poluição do ar atmosférico de 2012, OMS, 2014, http://www.who.int; **p. 148-149:** Apropriação humana global líquida da produtividade primária duplicou no século XX, Anais da Academia Nacional de Ciências dos Estados Unidos da América, 2013, http://www.pnas.org; "Sobre combustíveis fósseis e o destino humano",

REFERÊNCIAS E AGRADECIMENTOS

Peak Oil Barrel, http://peakoilbarrel.com; citação de SMR O Príncipe de Gales do Discurso Presidencial, Palácio Presidencial, Jakarta, Indonésia, novembro de 2008; **p. 150-141:** Estado das florestas do mundo, Organização para Alimentos e Agricultura da ONU, 2012, p. 59, http://www.fao.org; **p. 152-153:** Lago Chade – diminuição da área em 1963, 1973, 1987, 1997 e 2001, Philippe Rekacewicz, UNEP/GRID-Arendal 2005, http://www.grida.no; **p. 154-155:** IFPRI (International Food Policy Research Institute). 2012. Mapa "Corrida pela terra". Insights 2 (3). Washington, DC, EUA: International Food Policy Research Institute. http://insights.ifpri.info/2012/10/land-rush/; **p. 156-157:** Coleções Estatísticas Pesqueiras, Pesqueiras e Aquicultura, FAO-ONU, 2015, http://www.fao.org; Colapso dos estoques de bacalhau da costa de Newfoundland em 1992, Avaliação do Ecossistema do Milênio, 2007, Philippe Rekacewicz, Emmanuelle Bournay, UNEP-GRID-Arendal, http://www.grida.no; Guia do Bom Peixe, Sociedade de Preservação Marinha, 2015, http://www.fishonline.org; citação de Ted Danson, reportada pelo *New York Times*, "O que é pior que um derramamento de óleo?", 20 de abril de 2011; **p. 158-159:** Guia do Bom Peixe, Sociedade de Preservação Marinha, 2015, http://www.fishonline.org; **p. 162-163:** "Principais fontes de poluição dos nutrientes" e "Processo de Eutrofização", Índice de Saúde Oceânica 2015, http://www.oceanhealthindex.org; N.N. Rabalais, Consórcio Marinho das Universidades de Louisiana e R.E. Turner, Universidade Estadual de Louisiana, http://www.noaanews.noaa.gov/stories2013/2013029_deadzone.html; **p. 164-165:** 22 fatos sobre a poluição por plásticos (e 10 coisas que podemos fazer sobre isso), Lynn Hasselberger, The Green Divas, EcoWatch, 7 de abril de 2014, http://ecowatch.com; "Quando as sereias choram: a enorme maré de plásticos", Claire Le Guern Lytle, Plastic Pollution, Coastal Care, http://plastic-pollution.org; **p. 166-167:** GLOBIO3: quadro para investigar opções de redução da perda da biodiversidade terrestre global, Ecossistemas (2009), 12, p. 374–390, Rob Alkenmade, Mark van Oorschot, Lera Miles, Christian Nellemann, Michel Bakkenes e Ben ten Brink, http://www.globio.info; Perdas aceleradas de espécies modernas induzidas por humanos: Entrando na sexta extinção em massa, Gerardo Ceballos, Paul R. Ehrlich, Anthony D. Barnosky, Andrés García, Robert M. Pringle e Todd M. Palmer, Science Advances, 19 de junho de 2015, http://advances.sciencemag.org; Perda de fauna no Antropoceno, *Science*, v. 345, edição 6.195, 25 de julho de 2014, p. 401-406, http://science.sciencemag.org; citação de Sir David Attenborough durante uma sessão de perguntas e respostas na rede social Reddit, 8 de janeiro de 2014; **p. 168-169:** "Onde trabalhamos", Critical Ecosystem Partnership Fund, http://www.cepf.net; **p. 176-177:** Mudanças no valor global dos serviços ecossistêmicos, Robert Costanza et al., Mudança ambiental global, 26, Elsevier, 1 de abril de 2014; citação de Satish Kumar, reportada pela Resurgence and Ecologist, 29 de agosto de 2008; **p. 178-179:** Citação de Sir Jonathon Porritt, em "Capitalismo: como se o mundo importasse", publicado originalmente em 2005; **p. 180-181:** "Era dos humanos: perspectivas evolucionárias no Antropoceno", Human Evolution Research, Museu Nacional de História Natural Smithsonian, 16 de novembro de 2015; "O Antropoceno é funcionalmente e estratigraficamente distinto do Holoceno", *Science*, v. 351, edição 6.269, http://science.sciencemag.org; citação de Will Steffen do relatório do IGBP, janeiro de 2015; **p. 182-183:** "As nove fronteiras planetárias", 2015, Centro de Resiliência de Estocolmo da Ciência da Sustentabilidade para Manejo da Biosfera, http://www.stockholmresilience.org; "Quantas Chinas são necessárias para sustentar a China?", Infographics, Earth Overshoot Day 2015, http://www.overshootday.org; **p. 184-185:** Consumo de água para fins operacionais por tipo de energia, Climate Reality Project, 5 de outubro de 2015, https://www.climaterealityproject.org; **p. 186-187:** Retificação de acordos ambientais multilaterais, Riccardo Pravettoni, UNEP/GRID-Arendal, http://www.grida.no; 100 Years of Multilateral Environmental Agreements, Plotly, 2015, https://plot.ly/~caluchko/39/_100-years-of-multilateral-environmental-agreements; **p. 188-189:** Medindo o progresso: metas ambientais e falhas, Programa para o Meio Ambiente da ONU (UNEP), 2012, Nairóbi, http://www.unep.org; Relatório 2015 dos Objetivos de Desenvolvimento do Milênio, ONU, Nova York, 2015, http://www.un.org; **p. 190-191:** Deguignet M., Juffe-Bignoli D., Harrison J., MacSharry B., Burgess N., Kingston N., (2014) Lista de áreas de preservação da ONU – 2014, UNEP-WCMC: Cambridge, Reino Unido, http://www.unep-wcmc.org; **p. 192-193:** "Objetivos de desenvolvimento sustentável: 17 objetivos para transformar nosso mundo", ONU, 2015, http://www.un.org; **p. 194-195:** Figura 2, "Ondas de inovação da primeira Revolução Industrial", TNEP International Keynote Speaker Tours, The Natural Edge Project, 2003-2011, http://www.naturaledgeproject.net; "Exemplos de biomimética", The Biomimicry Institute, 2015, http://biomimicry.org; **p. 196-197:** Prosperidade sem crescimento?, Comissão de Desenvolvimento Sustentável, Professor Tim Jackson, março de 2009, http://www.sd-commission.org.uk; Dois graus de separação: ambição e realidade. Índice da Economia de Baixo Carbono 2014, PricewaterhouseCoopers LLP, setembro de 2014, http://www.pwc.co.uk; **p. 198-199:** http://www.irena.org/-/media/Files/IRENA/Agency/Publication/2017/May/IRENA_RE_Jobs_Annual_Review_2017.pdf [Empregos limpos e verdes] "Pequenas e médias empresas podem acessar US$ 1,6 trilhão do mercado de tecnologias limpas nos próximos 10 anos", The Climate Group, 25 de setembro de 2014, http://www.theclimategroup.org; infoDev. 2014. Criando indústrias verdes e competitivas: clima e oportunidade de tecnologia limpa para países em desenvolvimento. Washington, DC, EUA: Banco Mundial. Licença: atribuição Creative Commons CC BY 3.0, http://www.infodev.org; IRENA (2014), Energia renovável e emprego – Revisão anual 2014, Agência Internacional de Energia Renovável, http://www.irena.org; **p. 200-201:** Recriando a lógica econômica, Instituto para Liderança em Sustentabilidade de Cambridge, 2015, http://www.cisl.cam.ac.uk; **p. 202-203:** "Economia Circular", Fundação Ellen MacArthur, http://www.ellenmacarthurfoundation.org; "Reciclagem do fósforo", Friends of the Earth Sheffield, domingo, 27 de janeiro de 2013. http://planetfriendlysolutions.blogspot.co.uk; **p. 204-205:** "Um espaço seguro e justo para a humanidade: conseguimos viver dentro de um *"donut"*?", Kate Raworth, Oxfam Discussion Papers, Oxfam Internacional, fevereiro de 2012, https://www.oxfam.org; **p. 206-207:** citação de Ban Ki-moon, comentários da Assembleia Geral em sua Agenda de ação de cinco anos: "O futuro que queremos", 25 de janeiro de 2012.

Agradecimentos

Do autor

Sou grato a muitas pessoas que tornaram possível o projeto deste livro. Peter Kindersley teve a ideia inicial de reunir em um só lugar a vasta quantidade de informação, explicando as profundas mudanças que estão acontecendo no planeta Terra. Ele forneceu os recursos necessários para desenvolver uma proposta, e foi nesse processo que eu tive o prazer de trabalhar com Hugh Schermuly e Cathy Meeus, os quais forneceram serviços especializados impecáveis para produzir gráficos da mais alta qualidade, entre outras coisas. Quando essa fase inicial foi concluída, tive o prazer de ser convidado para liderar a pesquisa e escrita desta obra que está diante de você neste momento. Minha agente Caroline Michel, da Peters Fraser and Dunlop, conversou com colegas da Dorling Kindersley e chegou aos entendimentos necessários com o diretor editorial Jonathan Metcalf e sua equipe (incluindo Liz Wheeler, Janet Mohun e Kaiya Shang) para produzir o livro. Jonathan e seus colegas na Dorling Kindersley também desenvolveram a ideia conceitual inicial e cuidaram do complexo processo de produção de gráficos, de qualidade impecável, para transmitir a riqueza dos dados que havíamos conseguido reunir. Foi um prazer trabalhar com as equipes de design e editorial, incluindo Duncan Turner, Clare Joyce, Ruth O'Rourke e Jamie Ambrose.

Agradeço muito às contribuições ao conteúdo de meus amigos e colegas da Unidade Internacional de Sustentabilidade Príncipe de Gales (ISU) na fase inicial do projeto, os quais me inspiraram a desenvolver muitas das ideias expressas neste meu livro nos últimos anos. Gostaria de agradecer em especial a Edward Davey, que fez a imensa gentileza de ler e comentar uma versão inicial da obra. Michael Whitehead e Claire Bradbury, do gabinete do Príncipe de Gales, também contribuíram enormemente para viabilizar o excelente prefácio escrito por Sua Alteza Real, cujos esforços em dedicar tempo para escrever um texto de tão alta qualidade são dignos do mais alto agradecimento.

Meus colegas do Instituto de Liderança e Sustentabilidade da Universidade de Cambridge (CISL) me inspiraram muito ao longo dos anos em relação à natureza das tendências descritas neste livro, e gostaria de agradecer a todos eles por isso, incluindo seu trabalho mais recente "Mudando a lógica da economia" ("Rewiring the Economy"), para o qual tive o prazer de dar uma pequena contribuição. Gostaria de expressar também meus agradecimentos a Madeleine Juniper por todo o trabalho pesado de busca e processamento das informações e pelo texto preliminar.

O professor Neil Burgess, diretor de Ciência no UNEP-WCMC de Cambridge, deu conselhos de enorme valia sobre as fontes de dados e também fez a gentileza de ler e comentar uma versão mais desenvolvida do texto. Rishi Modha fez recomendações sobre as fontes de dados relativas à globalização digital; Philip Lymbery, sobre alimentos e agropecuária, e Jordan Walsh foi assistente de pesquisa para as necessidades mais gerais.

Owen Gaffney, anteriormente do Programa Internacional Biosfera-Geosfera (IGBP) de Estocolmo, e agora parte do Centro de Resiliência de Estocolmo, na Suécia, fez contribuições valiosas durante o desenvolvimento conceitual e deu sugestões sobre fontes de dados. Agradeço igualmente a Will Steffen, também do Centro de Resiliência de Estocolmo, pela inspiração sobre o conceito da Grande Aceleração e por ter tido o trabalho de fazer seus comentários em algumas das páginas do manuscrito.

À Dra. Emily Shuckburgh OBE, da Pesquisa Antártica Britânica, que fez uma revisão especializada e deu aconselhamento sobre as seções relacionadas às mudanças climáticas e atmosfera, meu muito obrigado por sua contribuição.

Finalmente, gostaria de expressar meu apreço e minha admiração pelos milhares de cientistas, pesquisadores, coletores de dados e experts em números, cujos trabalhos permitem que saibamos o que está realmente acontecendo no nosso planeta. São pessoas que trabalham em organizações como o Banco Mundial, Oxfam, agências especializadas da ONU e grupos conservacionistas. Sem seus esforços, não seria possível produzir um livro como este. Tampouco seria possível tal desafio sem o apoio de minha esposa, Sue Sparkes. Fomos muito cuidadosos para evitar todos os erros possíveis, mas, caso algo tenha escapado às etapas do processo editorial, assumo absoluta responsabilidade por eles.

Dr. Tony Juniper, Cambridge, janeiro de 2016

Créditos

A editora gostaria de fazer os seguintes agradecimentos pela gentil permissão de reproduzir suas fotos:
(Legenda: a-acima; b-abaixo; c-centro; e-esquerda; d-direita; t-topo)

22 Dreamstime.com: Digitalpress (bc). **29 Getty Images**: Frederic J. Brown / AFP (bd). **32 Extraído de** "Urban economic clout moves east," março de 2011, Instituto Global McKinsey, www.mckinsey.com/mgi. Direitos autorais © 2011 McKinsey & Company. Todos os direitos reservados. Reprodução sob permissão (b). **37 Corbis**: Visuals Unlimited (bd). **42 Tim De Chant**: (be). **49 NASA**: Observatório da Terra da NASA / NOAA NGDC (bd). **56 123RF.com**: tebnad (be). **69 Dreamstime.com**: Comzeal (td). **79 Dreamstime.com**: Phillip Gray (bd). **91 123RF.com**: jaggat (td). **98 Getty Images**: Joseph Van Os / The Image Bank (cda). **105 Dreamstime.com**: Aji Jayachandran – Ajijchan (ca). **106 Corbis**: Liba Taylor (b). **108 Dreamstime.com**: Sjors737 (be). **115 Getty Images**: Aurélien Meunier (be). **116 123RF.com**: hikrcn (cb). **124 Corbis**: Dinodia (td). **125 The Arctic Institute**: Andreas Raspotnik e Malte Humpert (bd). **126 Climate Central**: www.climatecentral.org/gallery/maps/spring-is-coming-earlier (bd). **130 123RF.com**: Meghan Pusey Diaz - playalife2006 (be). **154 IFPRI (International Food Policy Research Institute). 2012**: mapa "Land Rush". Insights 2 (3). Washington, DC: International Food Policy Research Institute. http://insights.ifpri.info/2012/10/land-rush/. Reproduzido sob permissão. **162 Data source: N.N. Rabalais, Consórcio Marinho das Universidades de Louisiana e R.E. Turner, Universidade Estadual da Louisiana**: (be). **169 Dreamstime.com**: Eric Gevaert (td). **175 Dreamstime.com**: Viesturs Kalvans (bc). **182 Fonte: Global Footprint Network, www.footprintnetwork.org**: (be). **191 123RF.com**: snehit (cdb). **194-195 The Natural Edge Project**.
Todas as outras imagens © Dorling Kindersley
Para saber mais, visite: **www.dkimages.com**

Edição de arte do projeto
Duncan Turner,
Rupanki Arora Kaushik

Diagramação
Clare Joyce, Mandy Earey

Design de capa
Tanya Mehrotra,
Surabhi Wadhwa-Gandhi

Editoração eletrônica
Rakesh Kumar, Sachin Gupta

Editor-gerente de arte
Michael Duffy

Produção e pré-produção
Gillian Reid

Produtor sênior
Alex Bell

Direção de arte
Karen Self

Direção editorial
Jonathan Metcalf

Editora sênior
Janet Mohun

Editores
Kaiya Shang,
Jamie Ambrose,
Ruth O'Rourke

Edição de capa
Amelia Collins

Coordenação editorial de capa
Priyanka Sharma

Editor-gerente
Angeles Gavira

Editor-gerente de capa
Saloni Singh

Diretora editorial associada
Liz Wheeler

Título original: How We're F***ing Up our Planet
© 2016, 2018 Dorling Kindersley Limited
Publicado originalmente nos Estados Unidos pela DK Publishing,
345 Hudson Street, New York, New York 10014
Impresso e encadernado na Malásia

Administração Regional do Senac no Estado de São Paulo
Presidente do Conselho Regional: Abram Szajman
Diretor do Departamento Regional: Luiz Francisco de A. Salgado
Superintendente Universitário e de Desenvolvimento: Luiz Carlos Dourado

Editora Senac São Paulo
Conselho Editorial: Luiz Francisco de A. Salgado
　　　　　　　　　　Luiz Carlos Dourado
　　　　　　　　　　Darcio Sayad Maia
　　　　　　　　　　Lucila Mara Sbrana Sciotti
　　　　　　　　　　Jeane Passos de Souza

Gerente/Publisher: Jeane Passos de Souza (jpassos@sp.senac.br)
Coordenação Editorial: Luís Américo Tousi Botelho (luis.tbotelho@sp.senac.br)
　　　　　　　　　　　Márcia Cavalheiro Rodrigues de Almeida
　　　　　　　　　　　(mcavalhe@sp.senac.br)
Administrativo: João Almeida Santos (joao.santos@sp.senac.br)
Comercial: Marcos Telmo da Costa (mtcosta@sp.senac.br)

Preparação e Edição de Texto: Heloisa Hernandez
Coordenação de Revisão de Texto: Luiza Elena Luchini
Revisão de Texto: Sandra Regina Fernandes
Editoração Eletrônica: Marcio da Silva Barreto

Dados Internacionais de Catalogação na Publicação (CIP)
(Jeane Passos de Souza – CRB 8ª/6189)

Juniper, Tony
　　Como nós estamos destruindo o planeta: os fatos visualmente explicados em infográficos / Tony Juniper; tradução de André Botelho. – São Paulo: Editora Senac São Paulo, 2019.

　　Título original: How we're f***ing up our planet
　　Bibliografia.
　　ISBN 978-85-396-2913-8 (impresso/2019)
　　e-ISBN 978-85-396-2914-5 (ePub/2019)
　　e-ISBN 978-85-396-2915-2 (PDF/2019)

　　1. Meio ambiente   2. Impacto ambiental   3. Problemas ambientais   4. Mudanças ambientais   5. Guia infográfico – Meio ambiente   6. Sustentabilidade ambiental.   I. Botelho, André.   II. Título.

19-993t
　　　　　　　　　　　　　　　　　　　　　　　CDD-304.28
　　　　　　　　　　　　　　　　　　　　　　　BISAC NAT010000

Índice para catálogo sistemático:
1. Meio ambiente: Impacto ambiental   304.28

Todos os direitos reservados. Sem limitação aos direitos autorais reservados acima, nenhuma parte desta publicação pode ser reproduzida, armazenada ou inserida em um sistema de recuperação ou transmitida em qualquer formato ou por qualquer meio (eletrônico, mecânico, fotocópia, gravação ou qualquer outro) sem autorização expressa do detentor dos direitos autorais.

Proibida a reprodução sem autorização expressa.
Todos os direitos desta edição reservados à
Editora Senac São Paulo
Rua 24 de maio, 208 – 3º andar – Centro – CEP 01041-000
Caixa Postal 1120 – CEP 01032-970 – São Paulo – SP
Tel. (11) 2187-4450 – Fax (11) 2187-4486
E-mail: editora@sp.senac.br
Home page: http://www.editorasenacsp.com.br

Edição brasileira © 2019 Editora Senac São Paulo

UM MUNDO DE IDEIAS
www.dk.com